KB047638

아시아 시골 여행

아시아 시골 여행

남경우 지음

프롤로그

언제부터 내게 방랑의 기질이 생겨난 것인지 확실치 않다. 21세기가 시작되고 난 후부터였는지, 아니면 기억나지 않는 어렸을 때부터였는지 알 수 없다. 다만'살아간다는 것'의 의미를 화두話頭로 삼으며 성인이 된 것은 확실하다.

우연찮은 기회에 일본으로 파견 연수를 나가게 되었고, 이때 일본 열도 대부분을 홀로 여행 다녔다. 그때 나는 치열하지만 맹목적이었던 삶에서 벗어나 객관적이며 방관자적인, 느긋한 시각으로 사람들이 사는 모습을 보게 되었다. 학위를 따야 할 학생도 아니었고, 먹고살기 위해 직장을 얻어야 할 입장도 아니었기에 가능했을 것이다. 그때 나는 이방인의 시선으로 그들을 보며'어떻게든 다들 살아간다'라는 너무나 당연한 이치를 깨달았다. 이것이 계기가 되었다. 나와 다른 자연환경과 다른 역사·문화·환경 속에 살아가는 사람들이 궁금해졌고, 그렇게 시작된 여행은 올해로 11년째가 되었다.

그동안 터키를 제외한 동부 아시아와 남부 아시아 지역 대부분을 여행했다. 여행을 다녀온 후에는 사진으로 슬라이드 쇼를 만들어 학생들과 지인들에게 보여주며, 그곳만의 독특한 모습이나 여행지에서의 에피소드 등을 이야기해주는 것이 내 나름의 여행 후기였다. 그리고 이제 그 후기들을 모아 책을 출간하게 되었다. 10년간 여행지에서 만난 사람들, 구름과 바람과 햇살이 함께했던 풍경이 고스란히 이 책에 담겨 있다. 무엇보다도 여행을 통해 비로소 삶의 의미를 알게 된 나의 이야기가 담겨 있다.

사람들은 내게 "왜 하필이면 그런 나라에 가요? , "왜 사진 속의 사람들은 다 행복해 보여요?"라는 질문을 가장 많이 한다. 그때마다 나는 "그런 나라에 사는 사람들이기 때문에 웃는 거예요"라고 답한다. 물론 이 대답은 잘못된 것이다. 가난한 나라에 사는 사람이라고 해서 화날 일이 왜 없겠으며, 더군다나 슬픈 일이 왜 없겠는가. 다만 그곳 사람들에게는 종교를 향한 절대적인 믿음과 대자연의 아름다움이 주는 여유, 그리고 웃지 않고서는 견딜 수 없는 고단한 삶이 있다. 그래서 그들에게 그런 맑은 표정이 남아 있는 게 아닐까 싶다.

아시아 시골 마을로의 여행은 유년기에 대한 나의 회귀 본능일지도 모르겠다. 가난하고 불편했지만, 순수하고 따뜻했던 그 시절로 돌아가고 싶은 잠재적인 욕구. 지금의 우리가 잃어버린 모습을 이들 나라에 들어서면 만날 수 있다. 여행지에서 만나는 사람들이 나를 향해 환하게 웃어줄 때는, 생활은 빈곤했지만 마음은 한없이 풍요로웠던 어린 시절이 생각나 가슴이 먹먹해지고 행복한 눈물이 난다.

이 책이 청소년들에게는 다른 문화와 환경을 이해하는 데, 성인들에게는 유년기의 따뜻했던 추억을 일깨우는 데 도움이 되었으면 좋겠다. 그것은 그곳에 사는 사람들 역시 우리와 더불어 사는 사람들이란 사실을 깨닫게 할 것이며, 살아 있음이 얼마나 행복한 일인지 감사한 마음을 갖게 할 것이다. 내가 살아 있어 그들을 만날 수 있었고, 그들의 이야기를 쓸 수 있었고, 그들의 모습을 보여줄 수 있어서 행복했던 것처럼 말이다.

2011년 봄, 남경우

차례

5장
싸바이디 라오스 | 195

6장
소수민족들의 공화국, 베트남 북서부 | 229

7장
호찌민 루트와 무이네, 베트남 중남부 | 275

8장
하늘만큼 넓은 땅, 신장웨이우얼 자치구 | 319

9장
딜리 두르헤, 라자스탄 | 369

1

시라카와고, 동화 속 마을에 가다

일본어 중에 '기즈나絆'라는 말이 있다. '끊기 어려운 정리情理,' '유대'라는 뜻인데 일본은 내게 기즈나를 선물해준 곳이다. 사실 일본은 문명의 손길이 닿지 않은 곳이라 할 만한 지역도 없고, 사람 사는 모습도 우리네와 비슷해서 사진에 담아두고픈 욕심이 나던 곳은 아니었다. 하지만 우연히 찾아간 시라카와고는 일본의 재발견이라고나 할까, 사뭇 충격적인 모습이었다. 이곳 사람들은 그간 내가 알던 일본인이 아니었다. 그 때문에 처음엔 나를 가족으로 대하던 시라카와고 사람들의 따뜻함이 자꾸만 불편한 예의로 느껴졌다. 아마도 내가 일본인의 순수함에 익숙하지 않은 한국인이었기 때문일 것이다.

처음 시라카와고에 간 것은 2006년 8월이었다. 당시 아버지를 병으로 하늘나라에 보내드리고 직장에 복귀하기까지 내겐 2주 정도의 시간이 있었다. 그저 빨리 이 나라를 벗어나고 싶다는 생각에 정한 곳이 일본이었다. 그렇지만 딱히 어느 지역을 가야겠다고 결정한 것은 아니었다. 다만 지도를 펴놓고 보니 일본의 히다飛騨 산맥 서쪽 땅, 노토반도能登半島는 가보지 않았다는 생각이 들었을 뿐이다(웬만한 유명 관광지는 일본에서 유학할 때 거의 가보았다). 노토반도를 한 바퀴 돌면서 온천에 들락거리며 쉬고, 운이 좋아 작은 축제라도 만나 사진을 찍게 된다면 다행이라 생각했다. 중요한 것은 그저 이 나라를 잠시 떠나는 것이었다. 그것뿐이었다.

Introduction

시라카와고白川郷는 인구 1,900여 명이 사는 작은 마을이다. 도야마富山 현과 이시카와石川 현 사이의 하쿠산白山 줄기의 아늑한 분지에 위치해 있지만 행정적으로 기후岐阜현에 속한다.

이 지역의 합장식 가옥은 1995년에 유네스코 지정 세계문화유산으로 등재되었는데, 거대한 나무로 '∧' 모양의 뼈대를 세우고 억새풀을 엮어 지붕을 만든 것이 특징이다. 이 독특한 건축 양식을 '갓쇼즈쿠리合掌造り'라 한다. '갓쇼합장'란 지붕의 모양이 마치 두 손을 합장하고 있는 것과 같다고 해서 붙여진 이름이다. 이 가옥은 작게는 2~3층, 크게는 4~5층 높이로 일본의 일반적인 가옥보다 크며, 지붕 밑 다락은 누에를 치는 용도로 쓰였다고 한다.

이곳 사람들이 뾰족하고 큰 지붕을 만들게 된 것은 기후와 밀접한 연관이 있다. 겨울이 되면 많은 양의 눈이 내리기 때문에 건물을 보호하기 위해 급경사의 단단한 지붕을 만들 수밖에 없었고, 이를 위해 마을 사람들이 모두 함께 집을 지었다고 한다. 과거에는 이로리いろり: 일본식 화롯불의 연기와 그을음이 억새를 단단하게 만들어주어 50년마다 지붕을 교체했지만, 지금은 이로리 대신 온풍기를 사용하는 집이 대다수라 30년에 한 번씩 지붕을 새로 얹어야 한다고 했다. 한 집의 지붕을 새로 교체하는 데 무려 300여 명이 동원되기 때문에 이 행사는 마을 전체의 축제가 되기도 한다.

시라카와고는 계절에 따라 색다른 매력을 갖고 있다. 봄에는 연분홍빛 벚꽃이, 여름에는 초록색 논이, 가을에는 붉은 단풍이, 겨울에는 흰 눈이 마을 전체를 감싸고 있으며, 사람들은 이러한 자연을 아끼고 가꾸는 마음으로 살아간다.

이곳 사람들은 과거 화전을 일구고 누에를 치며 살았지만 현재는 농사와 관광이 주된 생업이다.

—

시라카와고의 여름날 초저녁.
앙증맞은 삼각 지붕은 물론 생활풍습, 논과 밭, 산과 나무까지
모두 세계문화유산이다.

해가 지면 동화 속 마을로 변하는 시라카와고.
모두 잠들 시간이면 호수에는 하나둘씩 쌍둥이들이 생겨난다.

시라카와고의 한겨울.
사흘간 내린 눈으로 작은 창고도, 감나무도 모두 하얀 솜뭉치에 덮였다.

하루코마 마쓰리의 일곱 신.
모두 변장한 남자들이다.

분장 중인 작은오빠 고우지.
일곱 신들의 대장 역할이다.

기즈나가 된 인연

한국에서 노토반도로 가기 위해서는 고마쓰小松 공항을 이용하는 것이 가장 빨랐다. 공항의 입국심사 카드에는 목적지를 기록하게 되어 있는데 막연히 노토반도에 가야지 하고 마음먹었을 뿐, 지역을 정하지 않은 나로서는 빈칸으로 남겨둘 수밖에 없었다. 이를 본 입국심사원은 몇 초간 생각하더니 "일주일 후에는 반드시 한국으로 돌아가 주십시오"라며 내게 겁을 주었다. 뭐야, 내가 일본에서 불법 노동자로 눌러앉을 것처럼 생겼나. "한국으로 돌아가지 않으면 제가 더 곤란합니다"라는 나의 대답에 심사원은 그제야 웃음을 보였다.

고마쓰공항에 내려서 가나자와金澤까지 버스로 한 시간가량 이동해야 했다. 사전에 정보를 얻을 시간이 전혀 없었기 때문에 가나자와역의 여행안내소 직원에게 상담을 받은 후 목적지를 정하기로 한 것이다. 일본인의 친절함이야 세계적으로 유명하다지만 시종일관 웃는 표정으로, 아무런 여행정보 없이 온 외국인에게 30분 넘도록 "이런 곳은 어떨까요"라며 권하는 안내소 직원들은 무섭기까지 했다. 이때 직원이 추천했던 지역 중 하나가 시라카와고였다. 세계문화유산이 있는 곳으로 일본에서는 꽤 유명하다고 말이다. 하지만 내 사진 취향은 유명한 관광지의 모습이 아니다. 그래서 직원의 추천은 마음속으로 조용히 사양하고 노토반도 일대를 여유롭게 돌며 여행하기로 했다. 이때 머물렀던 곳들은 와쿠라輪倉, 와지마輪島, 몬젠門前, 쿠로베黑部, 이쿠지生地 등이었다. 그런데 종착지인 이쿠지에 왔는데도 하루가 남았다. 그 하루가 계기였다. 기왕 이렇게 된 거

여행안내소의 직원이 추천해준 시라카와고나 한번 들러볼까 하고 전차를 탄 것이다. 이것이 '끊기 어려운 정리', 시라카와고와의 인연이 되었다. 이후 시라카와고를 두 번 더 찾았고 그곳 사람들과 영원한 가족이 되었기 때문이다.

친절이 겹치면 그것은 행운의 징조

시라카와고로 가는 길은 가나자와나 다카오카高岡에서 들어가는 것이 가장 짧다. 이쿠지에 있던 나는 다카오카역으로 가서 기차를 타고 조하나城端에서 내려 버스를 타고 시라카와고로 들어가는 길을 택했다. 오후 1시 20분, 운 좋게도 시라카와고행 마지막 버스를 탈 수 있었다. 워낙 오지다 보니 아침과 점심, 하루 두 번밖에 버스가 다니질 않는다고 했다.

버스에 올랐을 때 승객은 나와 할아버지 한 분뿐이었다. 30분 후 경사진 산속을 달릴 무렵 별안간 운전기사가 내게 어디서 왔냐고 물었다. 한국에서 왔다고 하니 운전기사는 깜짝 놀랐다. 한국인 관광객은 흔치 않았던 모양이다. 이윽고 우리 셋은 자연스레 대화를 하게 되었다. 그러다 숙소는 정했냐는 물음에 그리 볼만한 게 있을까 싶어 정하지 않고 왔다고 했더니 기사 아저씨는 나보다 더 펄쩍 뛰며 걱정하기 시작했다. 이곳은 유명한 관광지라 예약을 하지 않고는 잠을 잘 수 없으며, 더구나 이 버스가 막차이기 때문에 내리자마자 숙소를 잡지 못하면 이 버스를 타고 다시 되돌아 나와

봄에는 벚꽃이, 여름에는 벼가, 가을에는 낙엽이, 겨울에는 흰 눈이 마을을 감싸준다.
사계절 내내 아름다운 시라카와고는 그곳에 머무는 사람마저 아름답게 만든다.

야 한다는 것이었다. 함께 버스에 탄 할아버지는 서둘러 민박을 운영하고 있는 며느리에게 전화를 해서 방을 알아보더니 그날 밤은 예약이 꽉 차 있다고 했다. '대략 난감'이었다. 아직 도착도 하지 않았는데 되돌아가야 할지도 모른다는 걱정을 하고 있었으니. 어쨌든 버스는 시라카와고에서 U턴을 해야 하므로 별 수 없었다. 일단은 그냥 가보는 수밖에.

일본인은 매우 친절하지만 정 없어 보일 정도로 매사에 똑 부러지고 예외를 두지 않으며, 친한 사이에도 더치페이를 한다고 알려져 있다. 하지만 그것도 다 사람 나름이고 상황 나름이었다. 운전기사는 내가 사진을 찍으러

왔다는 것을 알고선 중간 중간 경치가 좋은 곳에서 일부러 버스를 세워주기도 했고, 심지어 휴게소에 들러 자판기에서 캔커피를 뽑아주며 자신이 한턱 내는 거라고 하기도 했다. 이런 경우는 일본에서 보기 드문 일이다.

약 1시간 40분을 달려 드디어 시라카와고에 도착했다. 마을을 둘러싼 푸른 산과 초록빛 논, 억새풀로 만든 지붕을 얹고 서 있는 키 큰 집들, 그리고 예상치 못한 인파로 내 눈은 휘둥그래졌다. 이렇게 깊은 산속에 이런 앙증맞은 마을이 있을 거라고 그 누가 짐작이나 할까. 반쯤은 정신이 나간 나를 관광안내센터에 내려주며 기사 아저씨가 다시 한 번 일렀다. 30분 후 버스가 돌아올 테니 그때까지 숙소를 못 잡으면 자신의 버스를 타야 한다고. 나는 연방 고맙다고 인사를 했다. 정말이지 친절한 아저씨였다.

서둘러 관광안내센터에 들어서니 귀여운 외모의 친절해 보이는 젊은 오빠가 그날의 근무담당이었다. 그는 내 상황을 듣고 '어떻게 예약도 안 하고 이곳에 올 생각을 다 했느냐' 하는 어이없다는 듯한 표정을 지었다. 하지만 불쌍해 보이는 내 눈은 어느새 젊은 오빠의 동정심을 유발했고, 그는 서둘러 여관에 전화를 해대기 시작했다. 몇 군데에 전화를 했을까. 20여 분이 지나 겨우 비어 있는 방 하나를 찾을 수 있었다. 방을 구한 것만으로도 감지덕지인 내게 젊은 오빠는 걸어서 10분 정도의 거리에 있는 여관이라며, 너무 먼 곳을 잡아준 건 아닌지 괜찮으냐고 물었다. 여차하면 그냥 되돌아가야 할 판에 걸어서 10분이 대수인가. 홀가분한 마음으로 관광안내센터를 나서자 때마침 버스가 지나가며 기사 아저씨가 고개를 내밀었다. 여관을 잡았다며 손을 흔들자 아저씨는 연방 잘되었다며 고개를 끄덕여 주었다. 그렇게 시라카와고에서의 소중한 인연이 시작되고 있었다.

—
일본의 사진 작가 마쓰나가 히로시 선생님에게 기증받은 사진.

다케다 가문의 여동생이 되다

여관에 짐을 푼 후 우선 마을의 전경을 보기 위해 전망대가 있는 천수각에 오르기로 했다. 마을 뒷길에 있는 계단을 따라 20분쯤 올라가자 천수각에 도착했다. 시간은 이미 오후 5시 반. 산속이라 해가 빨리 지는 까닭에 관광객은 모두 빠져나간 후였다. 시원한 음료수라도 마시려 했더니 매점에는 큼지막하게 '폐점'이라고 쓰여 있었다. 불빛도 석양도 없는 어정쩡한 시간대여서 결국 사진 찍는 것은 다음 날로 미루고 내려갈까 했더니 다행히도 매점 앞에 포장마차처럼 생긴 가게가 열려 있었다. 살짝 들여다보니 인상 좋은 아저씨 둘이 앉아 있었는데, 중국 배우 청룽成龍처럼 생긴 아저씨는 꼬치를 굽고 있었고 탤런트 백일섭을 닮은 아저씨는 나무 의자에 앉아 캔맥주를 마시고 있었다.

그들의 첫인상은 둘 다 얼굴이 참 크다는 것이었다. 나는 떡꼬치를 하나 주문해 먹으며 가게의 이름인 '돗코라쇼どっこらしょ'의 의미가 무엇인지 물었다. 내 머릿속의 단어장에서는 도통 찾을 수가 없는 말이었다. 그도 그럴 것이 돗코라쇼란 시라카와고 지방의 방언으로, 힘들 때 주저앉으며 내는 소리인 '에휴'라는 말이었다. 이 질문이 계기가 되어 나와 두 아저씨는 이런저런 이야기를 나누었다. 내가 한국에서 왔다고 하자 한국 사람과 대화해보기는 처음이라며 둘 다 신기해했다.

그런데 갑자기 주인아저씨가 쇠고기 꼬치(히다규飛驒牛라고 하는 이 지방의 별미다)와 캔맥주를 내왔다. "전 시킨 적이 없어요" 하며 어리둥절해하고 있는데 맞은편에 앉아 있던 아저씨가 자신이 한턱내는 것이라며 푸근한 웃음을 지어 보였다. 두 번 사양하는 건 예의가 아니다 싶어 냉큼 꼬치와 맥주를 먹었다. 사실 두 아저씨는 형제였다. 주인아저씨가 동생인 다케다 고우지武田孝治고 내게 맥주를 사준 아저씨가 형인 다케다 유우고武田勇孝로, 형은 천수각의 매점과 식당을 운영하는 사장이었다. 산꼭대기 주변의 땅이 이들 부모의 재산이라 형제는 두 누나와 함께 천수각을 운영하고 있었던 것이다.

수다를 떨다 보니 날이 거의 저물어 합장식 가옥에 하나둘 노란 불빛이 밝혀지기 시작했다. 그러자 어딘가 모르게 밋밋했던 마을이 순식간에 인형들이 살고 있을 것 같은 동화 속 마을이 되었다. 내가 사진을 찍는 사람이라고 하자 유우고 씨가 삼각대를 꺼내 들고 나왔다. 사진을 찍을 수 있는 시간은 아주 잠깐이었다. 몇 컷 찍고 나자 완전히 깜깜해져 합장식 지붕은 감쪽같이 실루엣을 감추었고 집집마다에서 새어나온 노란 불빛만이 이곳이 마을임을 유유히 증명하고 있었다.

유우고 씨가 캔맥주와 안줏거리를 갖고 나오더니 괜찮으면 함께 마시자고 했다. 홀로 일주일간 여행을 다닌 터라 사람과의 대화가 그리웠던 나는 흔쾌히 말동무가 되기로 했다. 함께 마을을 내려다보며 이런저런 이야기를 나누던 중 유우고 씨는 자신의 어머니가 한 달 전에 돌아가셨다는 말을 했다. 순간 나는 쏟아지는 눈물을 참지 못했다. 보름 전 아버지를 보내드리고 떠나온 여행이 아니었던가. 나는 아버지 이야기를 하며 펑펑 울었다. 우는 여자를 달래는 데 익숙하지 않은 듯 유우고 씨는 당황스러움과 쑥스러움을 감추지 못하며, "남들이 보면 내가 널 울린 줄 안다"며 다독여주었고 나는 그 말에 겨우 눈물을 멈출 수 있었다. 마음씨 좋은 유우고 씨는 여관까지 나를 차로 데려다주었다. 이토록 작은 시골 마을에 음주단속이 있을 리 없으니 안심이었다.

사계절이 세계문화유산

다음 날 오전 6시에 일어나 보니 마을에 안개가 제법 끼어 있었다. 서둘러 전망대에 오르면 안개 낀 마을을 촬영할 수 있겠다 싶어 아침을 대충 먹고 천수각에 올랐다. 관광객이 한 명도 없어 다행이다 싶었는데 산에 올라가는 사이에 안개가 다 걷히고 말았다. 별 수 없이 조용한 마을 풍경을 몇 컷 찍고 돌아서는데 천수각 2층에서 나를 내려다보고 있던 유우고 씨와 눈이 마주쳤다. 간밤의 인연이 아침까지 이어질 줄이야. 유우고 씨는 안으로 들어와 커피 한잔 하라며 권했다.

지난밤엔 가게 문이 닫혀 있어서 몰랐는데 들어가 보니 실내가 소박한 듯하면서도 화려해 깜짝 놀랐다. 매장 안의 천장과 벽은 각지에서 온 사진가들이 찍은 작품사진으로 채워진 전시회장이었던 것이다. 시라카와고의 실체를 알게 된 순간이기도 했다. 단순히 세계문화유산에 등재된 예쁜 마을이라 생각했는데 사진을 통해 본 마을은 그 이상이었다. 벚꽃 속에 파묻힌 시라카와고의 봄과 모내기가 한창인 초여름, 마을 사람 모두가 나서서 벼를 수확하는 가을, 눈 덮인 겨울, 그리고 축제인 도부로쿠 마쓰리どぶろく祭り와 전통 혼례를 올리는 예쁜 신부의 모습 등 시라카와고의 사계절과 이 지역의 각종 행사를 담은 사진들을 모두 보자면 한 시간은 족히 걸릴 것 같았다. 그중에서 나의 시선을 사로잡은 사진은 시라카와고의 겨울 풍경이었다. 뾰족한 합장식 지붕에 두껍게 쌓인 하얀 눈과 노란 불빛이 박힌 창문들, 이곳의 겨울 풍경은 현실 세계에는 도저히 있을 수 없는 동화 속의 한 장면이었다. 또한 '하루코마 마쓰리春駒祭り'라는 축제 사진도 눈길을 끌었

천수각의 내부.
밖에서 보면 단순한 식당 같지만 들어가 보면 매달 수 있는 모든 곳에
시라카와고 사진들이 걸려 있어 전시회장을 방불케 했다.

다. 이 축제는 매년 1월 1일에 행해지는데 전통의상을 입은 일곱 명의 남자들이 재미있게 화장을 한 채 마을의 가게를 돌며 복을 기원하는 행사다. 사람의 모습을 카메라에 담길 좋아하는 나로서는 무척 매력적인 사진이었다.

나는 겨울에 꼭 다시 오겠다는 약속을 하고 커피 한 잔을 얻어 마셨다. 유우고 씨는 가게에서 일하고 있던 자신의 누나들과 부인에게 나를 한국에서 온 여동생이며 이제부터 시라카와고의 가족이라고 소개했다. 그저 두 번 만났을 뿐인데 가족이라고 하는 게 겸연쩍었지만 이 사람이 왜 유독 내게 친절한 것인지 궁금하기도 했다. 그 이유는 이곳을 다시 방문했을 때 알게 되었다.

가족의 힘

2007년 1월 26일. 겨울에 또 오겠다는 약속을 지키기 위해, 무엇보다 동화 같은 마을의 야경을 찍기 위해 시라카와고를 다시 찾았다. 이곳은 겨울이 절경이라 이를 위해 '라이트 업 light up'이라는 행사를 한다. 대개 1월 하순부터 2월 중순까지 주말에 열리는데 마을 곳곳에 작은 조명을, 마을을 둘러싸고 있는 산에는 커다란 조명을 설치해 저녁 6시 반에 일제히 불을 밝히는 행사다.

산지이다 보니 겨울이 되면 눈이 1미터 이상 쌓이는 것은 기본이어서 이맘때의 시라카와고는 아름다운 눈의 나라가 된다. 조명을 받은 하얀 눈의 나라를 찍기 위해 1년 전부터 사진가들과 관광객들이 숙소를 예약할 정도니, 라이트 업 행사 때가 되면 시라카와고는 엄청난 인구의 대도시가 된다. 촬영 명소는 하루 전부터 삼각대를 설치해 자리를 찜해두는 사진가들로 북새통을 이룬다. 새가슴인 내가 이 틈바구니에서 과연 사진을 잘 찍을 수 있을까 걱정했는데 역시 가족의 힘은 위대했고, 그 위력은 라이트 업 행사 당일에 발휘되었다.

첫 번째 여행에서 가족의 인연을 맺은 후 나는 천수각 식구들과 자주

국제 전화와 편지를 주고받았는데(호칭은 자연스레 오빠, 언니였다) 그 덕에 우리는 제법 친숙한 사이가 되어 있었다. 시라카와고를 다시 찾았을 때 유우고 오빠는 터미널에 마중 나와 예약해둔 숙소까지 데려다주었고 3박 4일치 숙박비도 내주었다. 말도 안 된다며 말리는 내게 오빠는 가족이기 때문에 당연하다고 했다. 익숙하지 않은 친절에 당황했지만 덕분에 다음 날부터 할 일이 생겼다. 천수각 식당에서 예약손님들의 식사 준비를 하는 것이었다. 손님들 식탁에 나갈 반찬을 작은 그릇에 옮겨 담는 단순 노동이었다.

하루 일과를 마친 후 유우고 오빠는 내게 보여줄 게 있다며 유도장에 데려갔다. 자신이 이곳의 아이들에게 유도를 가르치는 사범이라는 것을 자랑하고 싶었던 것이다. 오빠의 불룩 나온 배를 보고 "나는 도저히 못 믿겠는걸"이라고 했더니 이를 증명해 보이려는 것이었다. 정말 순수한 오빠였다. 수련이 끝난 후 사범들과의 술자리가 있었다. 유우고 오빠가 한국에서 온 여동생이라며 만나는 사람마다 내 소개를 하는 통에 나는 누가 누군지도 모르면서 연방 인사를 하기 바빴다. 유우고 오빠와 얼큰하게 취해 숙소까지 걸어오면서 참으로 대단한 하루를 보냈다 싶었다.

다음 날 아침. 천수각에 올라 언니들에게 반갑게 인사를 건넸더니 갑자기 언니들은 소개할 사람이 있다며 내 손목을 잡아끌었다. 마쓰나가 히로시松永広라는 분으로 1년 중 절반가량을 시라카와고에 머물며 사진을 찍는 일본의 유명한 사진 작가였다. 사람의 인연이라는 것은 참으로 예측 불가능한 일이다. 훗날 마쓰나가 선생님과 내가 일본에서 합동 사진전을 열게 될 줄 그때 상상이나 할 수 있었을까. 선생님과의 인연은 세 번째 여행

이야기에서 다시 설명하고자 한다.

드디어 라이트 업 행사가 시작되었다. 이날은 일본의 공영방송사인 NHK에서도 촬영을 하러 왔고, 마을이 내려다보이는 촬영장에는 낮부터 몰려든 사람들이 삼각대를 세우기 위해 받아든 번호표를 갖고 대기하고 있었다. 촬영 전쟁이 따로 없었다. 이 와중에 어찌 사진을 찍을 수 있을까 하고 있는데 유우고 오빠와 마쓰나가 선생님이 걱정하지 말라고 했다. NHK 촬영 구역 바로 옆에 천수각 주인 몫의 촬영장을 마련해두었던 것이다. 노끈으로 둘러쳐진 그곳에는 마쓰나가 선생님과 나 그리고 또 다른 한 사람, 이 셋만이 삼각대를 놓을 수 있었던 것이다. 대단한 가족의 힘이었다. 하지만 예년에 비해 적설량이 적은 데다 포근한 날씨로 그나마 내린 눈이 다 녹아버려 동경했던 마을 풍경은 찍을 수 없었다. 눈이 오지 않는 것을 어쩌겠는가.

유우고 오빠의 끝나지 않은 첫사랑

이튿날은 일요일이었다. 라이트 업 행사는 계속되었지만 어차피 눈이 내리지 않아 전망대에서 사진을 찍어봐야 별 의미가 없을 것 같기에 이번에는 마을로 내려가기로 했다. 유우고 오빠는 다음 날이면 떠나는 나와 이야기도 변변히 나누지 못했다며 저녁 8시쯤 촬영을 끝내고 술 한잔 하자고 했다. 여행의 마지막 밤, 유우고 오빠는 만두를 안주 삼아 맥주를 마시며 뜬금없이 자신의 첫사랑 이야기를 하기 시작했다. 이제부터 그의 첫사랑에 대해 말하고자 한다.

그는 시라카와고에서 태어났다. 그리고 유치원과 초등학교, 중학교까지 함께 다녔던 여자가 있었다. 둘은 서로 사랑했고, 학교를 졸업한 후 결혼하는 것을 당연하게 여겼다. 인근 도시에서 고등학교를 졸업한 그는 그곳에서 첫 직장을 구하자, 부모를 졸라 차를 구입했다. 차를 산 지 일주일 정도 지났을 무렵 그는 경리를 보던 여직원을 태우고 은행에 다녀오라는 지시를 받았다. 자신보다 다섯 살 위였던 여직원에게 딱히 관심이 있었던 건 아니지만 그는 새 차에 여자를 태운다는 사실에 약간 들뜬 기분으로 수다를 떨며 운전을 했다. 그러다 갑자기 바뀐 빨간불을 보지 못했고, 횡단보도를 건너고 있는 할머니를 발견하고 핸들을 꺾으면서 그의 차는 전봇대를 박고 말았다.

정신을 차려보니 병원이었고, 다리만 조금 다친 그와 달리 함께 탔던 여직원은 머리부터 이마의 반까지 파열되는 중상을 입었다. 당시는 의료기술이 미흡했던 탓에 여직원은 평생 이마의 흉터를 가린 채 교통사고 후유증을 달고 살아야 할 처지에 놓였다. 죄책감을 느낀 그는 여직원의 부모를 찾아가 자신이 그녀의 인생을 책임지겠다고 했다. 그리고 시라카와고로 돌아와 첫사랑에게 이별을 통보했다. 그의 첫사랑은 미수에 그쳤지만 자살을 시도했다. 그리고 결혼식 전날까지 두 사람은 부둥켜안고 울었다. 첫사랑은 마을을 떠났고 그는 여직원과 결혼해 시라카와고에서 아버지의 사업을 물려받아 천수각을 운영하기 시작했다.

가슴 아픈 첫사랑 이야기를 끝낸 유우고 오빠는 "내가 널 왜 가족처럼

하얀 솜뭉치를 밟고 건너면 저 작은 집에 들여보내 주려나.

느끼는지 아느냐?"고 물었다. 그 이유는 그의 첫사랑과 내가 똑같이 생겼기 때문이라는 것이었다. 나를 처음 본 순간 깜짝 놀랐고 그래서 많은 이야기를 나누게 되었던 것이라고 했다. 그제야 많은 의문이 풀렸다. 모든 사람의 운명이 한 편의 드라마 같다고 하듯 그의 순수한 사랑과 인생이 애달프게 느껴졌다. 또 다시 음주운전으로 숙소까지 내려오며 내가 그의 두 번째 사랑이 되지 않길 바랐다.

다음 날 아침 천수각 식구들과 인사를 한 후 한국으로 돌아오며 사람의 인생이란 무엇인지 생각하게 되었다. 운명이란 내가 예상하고 계획했던 것들을 얼마나 자주 배반하는지, 운명이라는 이름으로 우리는 얼마나 많은 꿈을 포기해야 하는지, 소소한 일상 속에 그래도 이만한 게 다행이라고 위안하며 얼마나 쉽게 운명의 저주를 잊은 채 살아가고 있는지.

하얀 마을에서의 그믐날 밤 송년회

세 번째 시라카와고 방문은 1월 1일에 행해지는 하루코마 마쓰리를 찍기 위해서였다. 시라카와고에 처음 갔을 때 천수각에서 본 사진 중 해학적인 분장을 하고 웃고 있던 고우지 오빠의 사진이 너무 마음에 들었기 때문이다. 하루코마 마쓰리는 일곱 명의 남자가 독특한 복장과 분장, 여장을 하고 미리 신청한 가게들을 찾아가 노래를 불러주고 춤을 추면서 한 해의 복을 빌어주는 행사다. 꼭 한 번 찍고 싶었던 장면이기에 연말연초의 바쁜 시간을 쪼개 3박 4일간의 일정을 잡았다.

2007년 12월 30일 비행기를 타고 고마쓰공항에 내렸다. 이번에는 유우고 오빠가 공항까지 마중을 나왔다. 전화와 편지로 전보다 더 가까워졌는데도 막상 1년 만에 다시 만나니 좀 어색하고 쑥스러웠다. 첫사랑과 닮았다는 이유로 내게 지극 정성인 그에게 오로지 좋은 사진을 찍고 싶어서 왔다고는 차마 말할 수 없어서, 그 가책 때문에라도 마냥 반가워할 수만은 없었다.

그의 사륜 구동 자동차로 고속도로를 타고 시라카와고로 향했다. 이 지역은 워낙 눈이 많이 오는 탓에 소형차도 모두 사륜 구동이다. 아무리 눈이 많이 와도 고속도로가 통제되는 법은 없다. 제설 차량들이 신속히 움직이기 때문에 폭설에도 거의 무리 없이 통행이 유지된다. 지난 1월에 라이트 업 행사를 찍을 때는 눈이 안 와서 사진다운 사진을 찍을 수 없었는데 이번에는 눈이 너무 많이 와서 탈일 것 같았다.

유우고 오빠는 일주일째 계속 눈이 내리고 있어 하루코마 마쓰리가 제대로 진행이 될 수 있을지 걱정이라고 했다. 눈이 너무 많이 와서 이동이 쉽지 않을 거라는 것이었다. 그러나 나는 오빠의 걱정이 귀에 들어오질 않았다. 쉴 새 없이 내리는 하얀 눈 때문에 마치 눈을 처음 보는 사람처럼 마냥 설레고 들떠버려 축제나 촬영은 저만치 딴 세상 이야기였다.

거의 1년 만의 천수각이었다. 지난번에 만났던 마쓰나가 선생님과 사진가들, 천수각의 궂은일을 도와주고 있는 지인들과도 인사를 나눴다. 그동안 촬영했던 베트남 중부와 북부, 중국 신장웨이우얼, 인도 라자스탄 등의 사진을 모아 만든 사진 쇼를 모두에게 보여주니 마쓰나가 선생님이 관심을 보였다. 자신이 활동하고 있는 규슈九州에서 공동으로 사진전을 개최하고 싶다고 했다. 우연찮게 들른 시라카와고에서 새로운 인연을 만들게 된 것도 모자라 이 만남이 이어져 뜻밖에도 한국이 아닌 일본에서 데뷔전을 하게 된 것이었다. 사람의 인연이란 참으로 알 수가 없었다. 어쨌든 시라카와고의 풍경과 사람들에 대한 이야기를 나누다 여관에 돌아가니 새벽 1시였다. 첫날부터 대단한 하루를 보냈다.

다음 날 아침에 일어나 보니 여전히 흰 눈이 펑펑 쏟아지고 있었다. 눈

쌓인 눈 더미에 작은 구멍이 있어서 카메라 렌즈를 대고 보았더니 동화 속 세상이 펼쳐져 있었다.
한 페이지를 넘기면 계절이 바뀌어 주인공들이 벚꽃 놀이를 하고 있을 것만 같았다.

을 치우지 않고 그냥 두었다면 2미터는 되었을 것 같았다. 엄청난 양에 낭만은 사라지고 지붕이 무너지지 않을까 하는 두려움마저 생겼다. 여관집 주인 다쿠야拓也 씨는 부지런하게도 집 앞의 눈을 치우기 바빴다. 마쓰나가 선생님도 같은 여관이었기에 우리는 함께 아침 식사를 하고 천수각에 올랐다. 점심 손님 준비로 바쁜 천수각 식구들의 일손을 거들며 틈틈이 흰 눈을 뒤집어쓴 새하얀 마을을 찍고 나니 금세 저녁이 되었다. 모두가 둘러앉아 그믐날 밤의 만찬을 즐겼다. 잠시라도 눈이 멈추면 야경을 찍으려 했는데 도무지 멈출 기미가 보이지 않아 결국 촬영도 포기하고 먹고 마시고 떠들다 여관에 돌아오니 또 새벽 1시였다. 하루를 지나치다 싶을 정도로 길게 보내게 만드는 곳이 시라카와고였다.

행복을 전달하는 하루코마 마쓰리의 일곱 신

드디어 2008년 1월 1일 새해 아침이 밝았다. 초하루를 한국이 아닌 일본에서 또 다른 가족과 시작했다. 여전히 눈이 내리는 새해 첫날, 여관 방 창밖을 보니 연못 주변의 소나무 가지는 금세라도 부러질 것 같았고, 두껍게 쌓인 눈은 지붕에서 흘러 떨어지며 육중한 소리를 내 깜짝깜짝 놀라게 했다. 아, 오늘도 눈이구나. 오랄 때는 안 오고 그만 왔으면 할 땐 멈추지 않는 것이 눈이고 만남이고 인생이었다.

여관 주인이 아침 식사를 차려주었다. 일본 여관에서 내오는 아침 식사는 간소하면서도 화려하다. 따끈한 흰쌀밥에 미소시루味噌汁: 된장국, 튀겨낸 작은 생선 한 마리, 김 몇 장, 반숙한 계란 프라이, 단무지 두 개, 장아찌 네 개. 너무도 소박한 이 아침 식사가 화려해 보이는 것은 갖가지 접시 탓이었다. 모든 반찬의 접시가 제각기 달라 언뜻 보면 진수성찬 같았다.

그래도 맛이 없거나 소홀하게 느껴지진 않는다. 기름이 잘잘 흐르는 흰쌀밥만으로도 먹음직스러워 보여 나도 모르게 두 공기는 뚝딱 비우게 된다. 또 어김없이 따라 나오는 이 지역의 독특한 된장 구이도 빼놓을 수 없다. 조그만 화로 위에 석쇠를 올려놓고 포일을 깐 다음 그 위에 한국의

하루코마 마쓰리의 일곱 신.
천수각의 복을 빌고 있는 하루코마 마쓰리의 일곱 신.

된장보다 조금 더 묽고 달달한 된장과 잘게 썬 파, 버섯 등을 올려 함께 익혀 먹는 것으로 흰쌀밥과 함께 먹으면 담백하고 소박한 맛이 일품이다.

오전 10시, 마을 회관으로 향했다. 하루코마 마쓰리를 위해 '시치후쿠진七福神: 복덕의 신으로서 신앙의 대상이 되고 있는 일곱 신'으로 분할 남자들이 분장을 하는 곳이다. 원래 이날은 여자들의 출입이 금지되지만 유우고 오빠의 배려로, 무엇보다 이 마쓰리의 주역인 고우지 오빠 덕분에 나는 여자로서는 최초로 분장하는 장면을 촬영할 수 있었다. 나와 마쓰나가 선생님만이 입회하여 회관 안에서 촬영을 하는 동안 나는 마치 대단히 유명한 사진가가 된 것 같

슬픈 첫사랑의 주인공인 유우고 오빠 부부와 분장을 한 고우지 오빠.
하루코마 마쓰리는 천수각에서 시작된다.

아 가슴이 설레었다. 여장을 하면서 담배를 물고 있는 남자들과 얼굴을 하얗게 칠한 채 코믹한 모양의 눈썹과 콧수염을 그리는 남자들의 모습이 우스웠지만, 매년 이어지는 시라카와고의 전통이 무척 부러웠다. 우스꽝스러운 표정의 고우지 오빠는 사람 찍기를 좋아하는 내게 최고의 모델이었다. 일곱 신의 모습을 카메라에 담고 천수각으로 향했다. 이 행사의 시작은 천수각이기 때문이었다. 그들을 쫓아 두세 군데 더 따라가며 사진을 찍는 것으로 이번 여행의 목적을 이뤘다.

떠나려는 내게 고우지 오빠는 부적을 가져가야 한다며 내 이름을 한

시로야마(城山) 여관의 초롱에 '一期一會(이치고이치에)'라고 적혀 있다.
일생에 한 번뿐인 만남이지만 그 만남을 소중히 생각한다는
시라카와고 마을 모든 이의 마음이다.

문으로 써 달라고 했다. 그는 A3 정도 사이즈에 황금색으로 '開運'이라고 쓰고 그 밑에 내 이름을 써 주었다. 이것을 집에 붙여두면 올해 운이 좋다고 하니 안 붙인 것보다는 나을 것이고, 무엇보다 그의 따뜻한 마음이 느껴져 감사히 받아 들고 왔다.

너무나도 짧은 일정이었지만 시라카와고 여행은 이것이 마지막이 아니기에 그리 서운하지 않았다. 주차장에서 자원봉사를 하고 있는 캐나다 여인은 이 축제를 위해 아무런 보수도 없이 눈을 맞아가며 주차 안내를 하고 있었다. 이곳을 좋아해 전국에서 모인 사진작가들도 촬영을

하지 않을 때면 길 안내며 짐꾼 역할을 하며 마을 사람들의 일을 도와주고 있었다. 시라카와고는 머무는 사람들을 가족으로 만든다. 그들은 누가 시키지도 않았는데 그저 자신이 좋아서 그 일을 하고 있었다. 내가 그랬듯 말이다. 작년에 딱 한 번 봤던 사람이라도 반갑게 인사하게 만드는 곳이 바로 시라카와고다. 사람 냄새 맡고 싶을 때 조만간 다시 찾게 되지 않을까 싶다.

2

보지 않고는 믿을 수 없는 야칭스

인생의 권태기는 언제쯤일까. 살아가는 모든 일이 권태롭다고 느끼게 되는 때, 지금까지 만난 수많은 사람들에게서 느낀 즐거움과 슬픔, 사랑과 질투, 행복과 불행으로도 충분하다 싶은 때. 우리 인생에서 그런 권태기는 몇 살쯤 되어야 찾아오는 걸까.

지금이 내 인생의 권태기일 거라며, 이제 곧 괜찮아질 거라고 스스로를 다독이던 2010년 8월의 어느 날 중국 야칭스亞靑寺로의 여행을 제의 받았다. 야칭스는 비구와 비구니가 모여 수련하는 곳으로 정확한 명칭은 야칭포쉐위안亞靑佛學院이다. 주저 없이 야칭스로 떠나기로 한 데에는 '직장, 가족, 사진…… 이 모든 속세의 삶을 버릴까'라고 할 만큼 권태에 빠져 있었기 때문이다. 여행사에 사후 처리를 부탁하고, 소중한 카메라도 기증하며, "전 여기에 두고 가세요"라는 말까지 남길 생각을 했을 정도이니 당시 나는 삶에 대해 나름 진지하게 고민했던 것 같다. 그런데 야칭스에 첫발을 내딛자마자 내 입에서 튀어나온 말은 "그냥 돌아가면 안 돼요?"였다. 지난 몇 년간 시골 여행 마니아라고 자처하며 다녔는데, 야칭스는 시골이란 개념을 단번에 업그레이드시킨 엄청난 곳이었다.

여행 첫째 날, 허페이合肥를 경유해 쓰촨성四川省의 청두成都 국제공항에 도착했다. 그곳에서 만난 조선족 가이드는 이튿날부터 여행할 곳에 대해 설명하면서 대부분이 해발 고도 3,000미터 이상이므로 고산병을 주의하라고 일러주었다. 그러다 "고산병은 일종의 정체입니다"라고 하는 게 아닌가. 정체? 정체라니 무슨 뜻인가, 도로정체인가? 아니면 정치를 잘못 들었나? 혼자 한참을 생각하다가 그 말은 '정체'가 아니라 '증세'라는 것을 알게 되었다. 고산병은 병이 아니라 일종의 증세일 뿐이라고 설명한 것인데 조선족 출신이다 보니 발음이 세게 된 것이다. 당시에는 그저 웃고 지나쳤던 정체라는 말은 여행을 끝내고 난 후 내게 중요한 의미가 되었다. 과연 야칭스의 정체성을 무엇이라고 정의내릴 수 있을까.

Introduction

여행지인 신두챠오 新都橋, 야칭스, 쓰구냥산 四姑娘山 등은 행정적으로 쓰촨성에 속해 있지만 종교적^문화적으로는 티베트 자치구에 속한다. 이 지역이 행정적으로 티베트 자치구에 속할 수 없었던 것은, 이들 사이에 거대한 양쯔강이 흐르고 있기 때문이다. 따라서 이 지역에 대한 이해는 중국의 쓰촨성이 아닌 티베트에서 시작되어야 한다. 그러나 아쉽게도 핵심 목적지인 야칭스에 대한 정보는 구체적이고 정확하게 나와 있는 자료가 없는 것이 현실이다.

티베트는 고대에 창족 羌族 의 영토였다. 7세기 초 토번 왕조의 손챈감포 松贊幹布 가 티베트를 최초로 통일하며 번영을 누렸는데, 이때 불교가 전파되면서 티베트 고유 신앙인 본Bon 교와 결합되어 현재 라마교라고 불리는 티베트 불교가 형성되었다.

티베트는 1951년에 중국에 강제 합병되었고, 1959년 라싸 拉薩 에서 제14대 달라이 라마 Dalai Lama 를 중심으로 반란이 일어났지만 수많은 희생자를 낸 채 실패로 끝났다. 제14대 달라이 라마를 비롯한 추종자들은 히말라야를 넘어 인도 다람살라에 망명 정부를 구성하고, 현재까지 티베트의 자치권을 주장하는 노력을 계속하고 있다.

중국은 2006년 7월, 베이징과 라싸를 연결하는 '칭짱철도 靑藏鐵道'를 개통해 티베트의 중국화에 박차를 가하고 있고, 티베트의 중심 도시인 라싸는 티베트다운 모습을 빠른 속도로 잃어가고 있다. 우리나라의 불교 단체가 달라이 라마의 한국 방문을 추진하고 있지만 중국 정부의 압력으로 이루어지지 않는다는 뉴스를 접할 때면, 21세기에 마지막 식민지를 갖고 있는 중국이라는 나라에 대해 도저히 좋은 감정이 생기지 않는다.

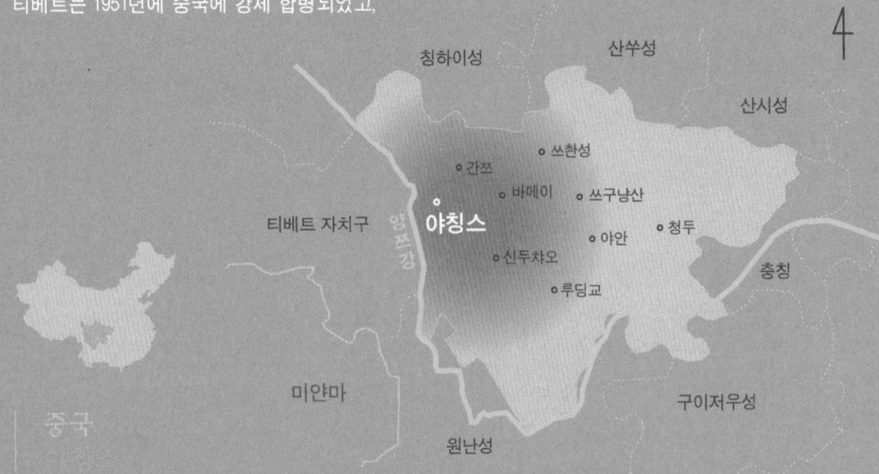

—

야칭스의 아름다운 전경.

그저 아름다운 모습만을 기억하고 싶다면 다리를 건너지 말아야 한다.

–

루딩교 호텔 앞산에서 바라본 룽다와 옴마니반메훔.

마을의 가장 높은 곳에 이러한 종교적 상징물들이 있는 것은 흔한 광경이다.

야칭스 승려들의 귀가.
법회를 마치고 나오는 누 떼 같은 승려들 때문에 조록의 초원은 순식간에 붉게 물들었다.

초원 위의 거대한 원형 타르쵸(위)와
경전을 새긴 긴 천을 대나무에 매달아 꽂은 룽다(아래).

바삐 걸어오던 비구가 다리 아래에서 용변을 보는 비구니를 흘깃 보더니 걸음이 빨라졌다(위).
두 스님은 각자 무슨 생각을 했을까.

법회를 마치고 일제히 귀가하는 승려들(아래).
이 순간 역주행은 불가능하다.

'만만디 중국'은 바뀌어야 한다

여행 둘째 날, 아침에 일어나보니 비가 오고 있었다. 누군가 창문을 손톱으로 때리는 것 같은 소리에 새벽에 잠시 깼는데, 잠결에 들은 소리는 빗소리였다. 창문을 열어보니 자욱한 안개와 함께 부슬부슬 비가 내리고 있었다. 우산을 챙겨오지 않아 걱정스러웠지만, 다행히도 이동하는 데 하루를 보내야 했기 때문에 더운 것보다는 오히려 나을 것이라며 위안했다. 목적지는 신두챠오. 청두의 해발 고도가 500미터이고, 신두챠오는 3,350미터니 단 하루 만에 백두산보다 더 높은 곳까지 오르는 것이다.

오전 7시 30분에 출발할 예정이었는데 호텔을 나가보니 비가 내리는 와중에 현지 가이드와 운전기사 여섯 명이 둘러서서 말싸움을 하고 있었다. 싸움의 내용은 이랬다. 기사들은 얼굴만으로도 급진파와 온건파로 구분할 수 있었다. 깡마른 체구에 반바지를 입은 남자, 배만 뽈록 나온 빡빡이 남자, 분홍 티셔츠를 입고선 어울리지도 않게 화난 표정을 하고 있는 눈이 큰 남자, 이렇게 셋은 급진파였고, 대꾸도 없이 가만히 듣고만 있는 특징 없는 나머지 세 남자는 온건파였다. 급진파의 조합은 어쩌면 그리도 안 어울리는지 반바지는 체구와 달리 대장이었고, 빡빡이는 재주도 좋게 이마에 열 줄의 주름살을 만들어낼 줄 알았으며, 분홍 티셔츠는 미간에 정확하게 내 천川 자를 그려냈다. 급기야 가이드가 폭발해 소리를 지르더니 가방을 열고 지폐를 세어서 반바지에게 건넸다. 영수증을 받아 챙기는 가이드를 보니 나중에 딴소리를 할 것 같으니까 확실하게 해두자는 것 같았다. 어쨌든 내용인즉, 급진파 기사들이 "갑자기 일정이 마음에 안 든다", "이

가웅 마을 사람들.
소년은 강아지와 눈매가 닮았다.
그런데 왜 할머니와는 닮지 않은 걸까, 외탁을 했나?

여행사는 돈을 제대로 안 준다" 등등 억지를 부리며 출발 시점에 시비를 걸고 있는 것이었다.

나중에 안 일이지만 급진파의 반바지가 지난 2월 야칭스 여행 때의 대장 기사였고, 그때 손님들을 개고생시킨 끔찍한 기사였다고 한다. 그런데 그런 악연을 또 만났으니 가이드며 반바지 모두 황당했을 것이고, 가이드의 기분 나빠하는 눈빛을 보고 반바지 기사가 어깃장을 놓았던 것이다. 결국 급진파 기사 세 명은 빠지고 새로운 중도파 기사 세 명이 합류했다. 이 소동 덕에 일정이 예정보다 무려 한 시간이나 지체되었다. 비는 내리지, 목소리 큰 중국인들은 싸우고 있지, 하필 일행들이 지프를 기다리며 서 있던 곳이 은행 앞이어서 현금 수송차량의 무장경찰은 비키라고 하지……, 돌이켜보면 대단한 여행을 알리는 심상치 않은 조짐이었던 것 같다.

손님들을 호텔 로비에 세워두고 이런 행태를 보이는 게 중국 서비스업의 현주소였기에 더욱 씁쓸했다. 일정이 끝날 때까지 기사들은 한 번도 캐리어 가방을 날라준 적이 없었다. 자신들은 기사지 짐꾼이 아니라는 태도였다. 그런 걸 떠나서 여자들의 짐은 들어줄 수도 있을 것 같은데, 이들에게는 '기사도騎士道 정신'이라는 단어를 '기사도技士道 정신'으로 바꾸어 교육시켜야 할 것 같았다.

파투를 놓는 기사들의 꿈을 꾸며 잠깐 졸았나 보다. 오전 11시, 야안雅安에 도착했다. 야안은 차마고도의 시작점으로 차밭이 유명하다. 1년에 220일 정도 비가 내려 연강수량이 1,300밀리미터 이상이어야 하는 차의 재배 조건에 적합하기 때문이다. 이곳에서 자라는 차 중 가장 유명한 것은 몽정차蒙項茶로, 쓰촨성의 명산인 멍딩산蒙項山의 정상에서 재배되며 중국 십 대 명차 중 하나라고 한다. 차마고도가 유명해진 계기는 명나라 때로 거슬러 올라간다. 당시 명나라는 몽골족과 전쟁을 하기 위해 말이 필요했다. 하여 쓰촨성의 질 좋은 차를 티베트의 말과 교환했는데, 이때 상인들이 이동했던 길이 바로 차마고도다. 현재는 거의 남아 있지 않을 뿐더러 과거의 험난하고도 애잔했던 상도商道는 그저 관광지로 변모해버렸다.

다두강大渡河 협곡을 따라 계속 서쪽으로 이동, 오후 1시경 톈촨天全현에 도착해 점심을 먹고 다시 출발했다. 그런데 좀 달리나 싶더니 차가 멈춰버렸다. 도로 공사 때문에 차량 행렬이 끝없이 펼쳐졌던 것이다. 중국은 도로 공사를

바메이에서 만난 할머니.
마늘종을 다듬던 할머니는 내게 많은 이야기를 하셨지만,
나의 대답은 오로지 "팀부동(모르겠다)", "한궈런(한국 사람이다)", "셰셰(감사합니다)"였다.
선문답도 이 정도면 경지에 오른 것이리라.

할 때 양쪽 차선을 한꺼번에 공사하기 때문에 상하행 모두 올 스톱all stop이 되고 만다. 우리나라였다면 바로 해당 관공서의 홈페이지가 다운되고 항의 전화가 빗발칠 텐데, 이곳은 차량 통행을 관리하는 사람 하나 나와 있지 않았다.

길이 뚫리길 기다리고 있는데 급기야 말도 안 되는 상황이 벌어졌다. 얼량산二良山 터널을 앞두고 뒤차들이 우리 옆에 나란히 차를 대는 것이었다. 더구나 오르막길인데! 졸지에 도로를 모두 막아버렸으니, 앞 커브 길에서 대형 트럭이라도 내려오면 양쪽 모두 도저히 빠져나갈 수 없게 되었던 것이다. 더 어이없는 것은 그렇게 길을 막아버리고도 아무렇지도 않게 웃고 있는 중국 사람들의 태도였다. 도대체 왜 이런 현상이 벌어지는지 가이드에게 물으니, 그들에게는 이런 일이 일반적이어서 개의치 않는다는 것이었다. 참으로 어처구니없는 상황이었다. 결국 우려했던 사태가 발생했다. 대형 트럭들이 줄줄이 내려오기 시작했던 것이다. 그런데도 불법으로 차선을 막고 있는 운전자와 그의 일행들은 아무렇지도 않게 차 안에서 음악을 듣고 있었다. 결국 외국인인 인솔자가 나서서 교통정리를 했고, 두 시간이 지나서야 움직일 수 있었다. 더 어이없는 것은 그렇게 겨우 출발했는데도 뒤차들이 또 앞으로 나오기 시작했다는 것이다.

중국에서 '질서'라는 뜻은 '나란히 서 있기만 하면 됨'으로 되어 있는 게 분명하다고 생각했다. 누가 중국의 국민성을 '만만디慢慢的: 행동이 굼뜨거나 일의 진척이 느림'라고 했는지 따지고 싶을 정도였다.

If의 아쉬움, 루딩교

오후 6시, 드디어 루딩교瀘定橋에 도착했다. 루딩교는 1935년 대장정大長征 때, 마오쩌둥毛澤東의 홍군이 장제스蔣介石의 국민당군을 피해 다두강을 건널 때 이용한 다리로 유명하다. 역사란 'If의 아쉬움'이 아닐까 싶다. 만약 이때 홍군이 루딩교를 건너지 못해 마오쩌둥의 중국이 되지 않았다면 오늘날 중국과 세계, 우리나라의 현재 모습은 과연 어떨까. 적어도 「우리의 소원은 통일」이라는 노래를 부르며 자라지는 않았을 것이다.

1705년에 쇠사슬을 엮어 만든 이 다리는 300여 년이 지난 지금까지도 건재했다. 이 다리를 굳이 건널 필요가 있을까 싶었지만 언제 또 와보랴 싶어 일단 걸었다. 아니 걸었다기보다 밀려갔다는 표현이 맞을 것이다. 아래로는 회색의 다두강이 급물살을 타며 흐르고 있고 다리는 출렁거리고 있었다. 바람에 다리가 흔들리나 싶었지만 사람들 때문이었다. 300여 년이나 된 다리 위에 사람들이 가득 들어서 있었지만, 이들이 우측통행을 지킬 리 만무했다. 더구나 개중에는 기념촬영을 한답시고 길을 막고 선 사람도 있어서, 겁이 많은 난 100여 미터를 걸으며 식은땀을 줄줄 흘렸다.

오후 6시 반, 오늘의 목적지인 신두챠오로 향했다. 점차 고도가 높아지다 8시경 눈앞에 거대한 산이 나타났는데, 이 산이 바로 높이 4,298미터에 달하는 저둬산折多山이었다. 산의 정상에는 타르쵸Tharchog가 걸려 있었는데, 이는 여기서부터 티베트 문화권이 시작된다는 것을 의미한다. 티베트 문화권을 상징하는 대표적인 상징물은 곰파Gompa와 마니차摩尼車, 초르텐Chorten, 타르쵸일 것이다. 이 네 가지는 옴마니반메훔과 함께 과거 티베트 왕국의 영토였던 야칭스와 인도 북부의 라다크에서 무수히 볼 수 있다.

'곰파'는 라마교의 사원으로 색채는 화려하고 형태는 단순한 편이다. 거친 돌산을 깎아 세운 경우가 많아, 최대한 돋보이게 만든 것은 당연한 결과일 듯했다. '마니차'는 불교 경전을 넣은 둥근 경통으로, 마니차를 한 번 돌릴 때마다 경문을 한 번 읽는 것과 같다고 한다. 이는 오체투지불교에서 행하는 큰절와 함께 라마교의 대표적인 수행 중 하나로, 문맹률이 높은 민중을 위해 만들어졌다고 한다. '타르쵸'는 다라니^경전 등 법문과 변상도 같은 그림이 새겨진 다양한 색상의 깃발로, 세상 만방에 법음法音이 전해지

쓰구냥산에서 발견한 옴마니반메훔을 써놓은 돌들.
티베트 문화권의 대표적인 상징물이다.

기를 기원하는 것이란다. 타르쵸는 지붕 위와 마을 입구 또는 언덕 등 높은 곳이면 어디에나 걸려 있어서 사진의 좋은 소재가 된다. 또한 하얀 돌탑인 '초르텐'은 스투파 Stupa, 불탑 라고도 하는데, '신에게 헌납하는 그릇'이라는 의미며 꼭대기의 정점은 깨달음을 상징한다.

티베트 문화권에서는 마니차를 돌리거나 초르텐을 돌며, '옴마니반메훔'을 부르는 사람들을 곳곳에서 볼 수 있다. '옴'은 우주를, '마니'는 지혜를, '반메'는 자비를, 그리고 '훔'은 마음을 뜻하는 것으로, 옴마니반메훔은 '우주의 지혜와 자비가 우리 마음에 퍼진다'는 의미다. 모든 종교의 태초의 뜻과 목적

라마교의 중요한 건축물 중 하나인 초르텐(스투파).
돌멩이를 쌓고 있는 할머니는 현세의 장수를 기원하고 있을까,
내세의 삶을 기원하고 있을까.

이 순수했을 테지만, 옴마니반메훔을 하루 종일 입에 달고 사는 티베트 문화권 사람들이야말로 이러한 태초의 모습을 간직하고 있는 게 아닐까 싶다. 좋은 세상에서 좋은 모습으로 살아가게 해달라는 소박한 욕심밖에 없었기에, 침략당하고 지배당하며 살아온 것은 아닐까 하는 생각도 든다.

저뭐산은 짙은 안개 속에 덮여 있고 태양은 이미 저물었다. 호텔에 도착한 시간이 밤 9시니 무려 열두 시간가량을 이동한 셈이었다. 야칭스로 향하는 첫날부터 만만치 않은 이동이었다.

여행 셋째 날. 이른 아침에 호텔 앞의 산을 봤더니 봉우리부터 햇살이

비치기 시작했다. 그런데 누군가 산에다 커다란 그림을 그려놓은 게 아닌가. 자세히 보니 그것은 '룽다 Lungda '였다. 룽다는 타르쵸와 모양이 다르다. 타르쵸가 경전을 적은 천을 끈에 매달아 만국기처럼 늘어놓은 것이라면, 룽다는 이 천을 기다란 장대에 매달아놓은 깃발의 집합체다. 멀리서 보면 타르쵸와 분별하기 어렵지만 사진 속에 담기에는 타르쵸가 더 멋있게 느껴졌다. 산에다 수백, 수천 개의 룽다를 꽂아 스투파 모양을 만들고, 옴마니반메훔을 그려 넣으려면 밑그림을 어떻게 그려야 하는 걸까. 한국의 아파트 단지에 룽다를 꽂아두면 무당들의 집촌으로 보이려나?

오전 8시, 티베트인들의 영적 중심지인 라싸의 조캉사원 大昭寺, 다자오사 과 닮았다는 타공사 塔公寺 에 들렀다. 가이드의 말에 따르면 티베트인들은 이곳에서 기원을 하면 조캉사원에서 한 것과 같이 여긴다고 한다. 그래서 멀리 있는 라싸 대신 이곳을 찾아와 탑돌이를 하고 마니차를 돌리고 기도를 하는 티베트인이 많다. 하지만 가는 날이 장날이라고 외부 공사로 사원 전체에 철골구조물이 세워져 있었다. 그런데도 불심은 막을 수 없었는지 수많은 사람들이 찾아와 있었다. 여기서 라마교에 대해 잠깐 언급하고 가는 것이 좋을 것 같다.

라마교는 주술을 중시하는 티베트의 고유 신앙인 본교와 8세기에 인도에서 전래된 밀교, 그리고 힌두교의 여성 숭배 사상이 조화를 이룬 대승 불교의 일종이다. 그런 까닭에 인도차이나 반도의 소승 불교와 우리나라의 대승 불교와는 불상의 외관만 보더라도 많이 다른 것을 알 수 있다. 눈썹과 입술에 화장을 한 티베트 불상의 모습은 고개를 갸우뚱하게 만든다.

라마교는 현재 네 개의 종파로 나뉜다고 한다. 이 가운데 가장 세가 큰 것

타공사 승려들의 아침 공양.
이곳 승려들은 숟가락 없이도 죽을 먹는다.

이 노란 모자를 쓴 황모파黃帽派로, 이 파의 수장이 그 유명한 달라이 라마다. 달라이 라마는 '바다와 같은 큰 스승'이라는 뜻이다. 현재 제14대 달라이 라마인 텐진 갸초Tenzin Gyatso는 인도에 망명 정부를 세우는 등, 티베트인들의 정신적 지주로서 세계 각지를 누비며 티베트의 정치적 독립을 위해 애쓰고 있다.

티베트 문화권에서는 달라이 라마와 판첸 라마Panchen Lama(달라이 라마 다음가는 티베트의 지도자, 중국 정부의 영향력 아래에 있다고 알려져 있음)의 사진이 붙어 있는 사원이나, 이들의 사진을 목에 걸고 다니는 사람들의 모습을 심심치 않게 볼 수 있다. 살아 있는 사람의 사진을 두고 이렇게 열심히 기도하는 모습을 지구상 또 어디에서 볼 수 있겠는가. 참고로 라마교는 티베트 뿐만 아니라 라다크과 중국, 몽골의 일부 지역에서도 볼 수 있다.

타공사에 들어가니 본당 입구 나무문 문고리에 하다哈達: 티베트족이나 몽골족이 경의나 축하의 뜻으로 쓰는 흰색 · 황색 · 남색의 비단 수건가 걸려 있었다. 이곳 사람들은 하다를 두르면 행운이 깃든다고 믿고 있다. 본당 안에는 열 명 남짓한 비구들이 경전을 공부하며 작은 법회를 열고 있었다. 공부에 방해가 될까 싶어 살짝 들어가 카메라 플래시를 켜지 않고 사진을 몇 장 찍고 있는데, 때마침 아침 공양이 들어오고 있었다. 법당 안에서 승려들이 공양하는 모습은 처음 보았다. 김이 모락모락 나는 뜨거운 죽을 숟가락도 없이 마시는 모습을 보니 이곳 승려들에게 숟가락을 택배로 보내주고 싶다는 생각이 들었다.

구도자의 마음으로 가야 하는 야칭스

오전 9시, 간쯔甘孜로 향했다. 야칭스까지 가는 데 무려 사흘이나 소요되니 이동할 때는 주변의 풍경을 찍는 것에 만족해야 했다. 다행히도 날씨가 좋아져 푸른 하늘에 군데군데 하얀 구름이 더해지고 있었다. 솜뭉치를 대충 찢어놓은 듯 그리 예쁜 구름은 아니었지만, 없는 것보다는 낫고 흐린 날씨인 것보다는 다행이지 않은가. 야칭스가 점점 가까워지자 마음도 부처님처럼 넓어지고 있었다.

오전 11시경 중간 기착지인 바메이八美에서 조금 이른 점심을 먹었다.

바메이 주변에 새로 지은 초르텐.
연기에 휩싸인 동자승의 눈은 법복처럼 빨개졌다.

이내 다시 출발해 식곤증으로 잠시 졸고 있는데, 어디선가 종소리와 북소리 등이 어우러진 축제 소리가 들려 잠에서 깼다. 어느새 주변은 초원이었다. 무슨 소린가 싶어 차에서 내려 보니 민가는 한 채도 보이지 않는 푸른 언덕에 커다란 초르텐이 세워져 있었다. 그 옆에는 많은 티베트인들이 돌을 나르며 주변을 정리하고 있었고, 큼직한 천막 안에 비구들이 모여 앉아 법회를 열고 있었다. 새로 지은 초르텐을 기념하기 위한 법회였다.

어린 동자승이 입으로 향나무 가지에 바람을 불어 넣어 불을 붙이는 모습을 촬영했다. 그런데 일행들의 계속된 주문에 매운 연기를 견디지 못

루딩교의 타공사 불당.
소박하다 못해 가난한 자신의 집은 돌보지 않고 부처님의 집을 화려하게 꾸미는 것이
티베트인의 불심(佛心)이다. 그래서 불심(火心)은 더욱 아름답다.

하고 동자승의 눈에 눈물이 맺히는 것을 보니 안쓰러운 마음이 들었다. 사탕 몇 알로 위안이 될까 싶어 쥐어주었는데 그나마 큰스님이 나타나 빼앗아버렸다. 동자승의 마음에 원망이라는 작은 씨앗 하나를 틔워준 꼴이 된 것은 아닌지 죄송했다.

가이드는 간쯔까지 일곱 시간 정도 걸릴 거라 예상했지만, 도로 상태를 보고 누구도 일곱 시간 안에 도착할 거라 생각하지 않았다. 곳곳이 도로 공사로 막혀 있었고, 그나마 뚫려 있는 길은 비포장도로의 연속이었다. 골반과 어깨, 척추, 목 근육이 제각각 따로 움직이며 해체되었다가 하나가 되기

타공사의 마니차.
불경이 들어 있는 경통인 마니차를 돌리며 깨달음과 내세를 기원한다.

를 반복했다. 이 고개가 마지막이겠지 하면 더 높은 고개가 어느새 나타났다. '언젠가 도착하겠지'하고 생각하는 게 가장 속 편한 방법이었다. 안타까운 것은 차창 밖으로 스치는 아름다운 풍경을 흙먼지 때문에 도저히 찍을 수 없다는 것이었다. 너무 멋진 하늘과 풍경을 그저 눈으로만 감상할 수밖에 없었다.

결국 호텔에 도착한 시간은 또다시 밤 9시였다. 초주검이라는 말은 이럴 때 쓰는 말일 것이다. 지프에서 내리니 우두둑하고 관절이 맞춰지는 소리까지 들렸다. 비포장도로, 흙먼지, 도로 정체에 시달려 머리부터 발끝까지 피곤했다. 식욕마저 사라져 저녁을 대충 먹고 잠자리에 누웠는데 그때까지도 차 안에서 흔들리고 있는 것 같았다. 야칭스는 정말 멀고도 험한, 구도자와 같은 마음 없이는 선불리 다가갈 수 없는 곳인가 싶었다.

스님의 야크는 동자승으로 환생할지도 모른다

여행 넷째 날, 오전 8시에 호텔을 나섰다. 그러나 눈앞에 펼쳐진 시내의 중앙도로는 뒤엉킨 차들로 꽉 막힌 상황이었다. 이 상태라면 간쯔를 빠져나가는 데만 두 시간 이상 걸릴 태세였다. 결국 주민들에게 물어물어 시내를 빙 돌아가는 우회도로를 택했다. 시내 외곽 마을 곳곳에는 밀을 베는 풍경이 부드러운 아침 햇살 속에서 한 폭의 그림처럼 펼쳐지고 있었다.

점차 고도가 높은 지역으로 이동하고 있는데 갑자기 비포장 산길에 커다란 트럭 한 대가 길 전체를 가로막고 있는 게 보였다. 이번엔 고장 난 차 때문에 일정이 늦춰지나 싶었는데, 그게 아니라 언덕 위에 방목한 야크를 트럭에 싣고 있는 중이었다. 줄에 감긴 야크의 뿔과 안 가려고 버티는 야크의 겁먹은 검은 눈동자가 대조적이었다. 순한 동물로 알려진 야크도 자신의 죽음 앞에서는 최후의 발악을 하는 것일까.

이윽고 아름다운 초원으로 뒤덮인 티베트 고원이 나타났다. 독수리 세 마리가 뭔가를 먹고 있어 망원렌즈로 보니 죽은 양의 뼈에 붙은 살을 뜯고 있었다. 티베트의 대표적인 장례 풍습은 조장鳥葬이라고 한다. 티베트인들은 육신은 옷과 같아서 의미가 없으며, 독수리에게 육신을 주면 영혼을 좋

티베트 고원 가는 길.
머리를 양 갈래로 땋은 근육질의 남자가 야크를 차에 태우려고 끌고 있다.
야크들의 주인은 뒤따라오는 스님일 테니 저 야크는 스님의 동자승으로 환생할지도 모른다.

은 곳으로 데려간다고 믿는다. 심지어 독수리가 깨끗이 먹을 수 있도록 살과 뼈를 잘게 잘라주기까지 한다. 이러한 장례 풍습은 고도가 높아 연중 기온이 낮기 때문에 시체가 잘 썩지 않는 티베트의 환경을 고려한 자연친화적인 장례 방법이라 할 수 있다. 이러한 선조의 지혜가 모든 것이 자연으로 돌아간다고 믿는 불교 교리와 맞물려 현재까지 이어져 내려온 것이리라.

그렇지만 죽은 사람의 머리 밑에 돌을 깔고 위에서 돌을 내리쳐 뼈를 부순다니 문화상대주의로 볼 때 이해는 가지만, 돌을 내리치는 사람이나 지켜보는 사람이나 강심장이어야 할 것 같다. 최근 우리나라에서는 살아 있는 사람이 살 땅이 부족하다는 이유로 화장을 하는 경우가 반 이상이라고 하니, 그러고 보면 장례 문화는 현재 사람들의 입장에 맞춰 점차 변해갈 수밖에 없는 것이고 죽은 사람만이 아쉬운 게 아닌가 싶다. 지금은 점점 사라지고 있지만 티베트인들은 과부가 죽었을 경우에는 무거운 돌을 매달아 물에 던지는 수장水葬을 하고, 다섯 살이 안 되어서 죽은 아이는 나무에 매달아 장례를 치르는 목장木葬을 하며, 살인자 등 죄를 지은 사람은 지옥에 떨어지라고 땅에 묻는 매장埋葬을 한다고 한다. 이들의 입장에서 보면 우리나라의 전통적인 매장 풍습은 중죄인의 장례법에 해당하니, 문화란 그 나라의 자연환경 속에서 이해해야만 화가 나지 않을 것이다.

드디어 4,800미터에 이르는 정상에 올랐다. 정상에는 오색의 타르쵸가 휘날리고 있었다. 여기서부터 내리막을 달리면 야칭스에 도착한다. 정상에서 바라본 하늘은 너무나도 가까이 느껴져 가제트 형사처럼 손을 뻗으면 닿을 것 같았다. 파랑과 하양이 조화를 이룬 하늘 아래에는 보라, 분홍, 노랑, 하양, 빨강 등의 작은 야생화들이 지천으로 깔려 있었다. 마치 우리가 야칭스에 온 것을 환영하려고 하늘이 땅에 꽃을 뿌려놓은 듯했다. 내리막을 신나게 달리고 나니 커다란 타르쵸 앞에서 길이 갈라졌다. 왼쪽으로 나 있는 작은 길이 야칭스로 가는 길이었다. 그 증거로 검문소가 있었다. 이 지역은 중국 내 티베트인들이 모여 사는 곳이기 때문에 티베트의 독립과 관련해 정치적으로 민감한 곳이어서, 기본적으로 외국인의 출입이 제한되어 있다. 우리 일행이 들어갈 수 있었던 것은 사진 촬영만 하는 것을 전제로 사전에 허락을 받았기 때문이다.

최악의 숙소, 최고의 전경, 야칭스에 들어서다

뜨거운 한낮 2시, 드디어 야칭스에 들어섰다. 2박 3일에 걸친 대장정의 끝이었다. 이제 이곳에서 2박 3일간 열심히 사람들을 만나고 사진을 찍으면 되는 것이었다. 커다란 사원의 주차장에 주차를 하고 야칭스 전경을 볼 수 있는 조그만 문을 나서니, 입이 다물어지지 않을 만큼 엄청난 규모의 집촌이 한눈에 들어왔다. 실제로 보니 규모도 엄청났지만, 네모난 창고 같은 작은 암자들이 다닥다닥 붙어 있고 집촌 주변을 넓은 하천이 둥글게 휘감으며 곡류하는 모습은 정말 장관이었다.

먼저 점심 식사부터 하고 숙소로 짐을 옮긴 후 촬영을 하기로 했다. 그리하여 절 옆의 작은 식당에 들어갔는데 여기서부터가 갈등의 시작이었다. 식당에 들어가다 슬쩍 보니 한 여자가 감자를 씻고 있었는데 그 물이 누런 흙탕물이었던 것이다. 결벽증이 있는 나는 애써 '저 물은 첫 번째로 헹궈내는 물일 거야'라고 자신을 세뇌하며 못 본 척하고 식당으로 들어섰다. 물론 식당의 위생 상태는 말할 것도 없었다.

결국 컵라면으로 점심을 해결한 후 숙소로 들어섰는데, 아무리 촬영을 위해 그리고 비구와 비구니의 삶을 잠시라도 들여다보고 깨달음을 얻기 위해 왔다지만 '이건 아니다'라는 생각이 들었다. 숙소라고는 이 지역에서 유일한, 그나마 이 지역 전체를 관장하고 있는 활불덕행이 높은 승려이 허락한 덕분에 머물 수 있는 곳이었는데도 최악이었다. 2층짜리 작은 건물 안에 좁은 복도를 사이에 두고 방들이 마주 보고 있고, 방문은 두꺼운 철문이며(도대체 이 지역에서 구하기도 어려운 철문이, 더구나 도둑이 있을 리 만무한 곳에 왜 필요한지 모르겠다), 방에는 침대가

서너 개씩 놓여 있고 어울리지도 않는 화장대가 하나 있는 것이 전부였다.

그래도 이것까지는 참을 수 있었다. 더 당황스러운 것은 욕실은 물론 없고 공동 화장실은 걸어서 300미터나 가야 했던 것이다. 더구나 문도 없는 재래식 화장실이었다. 수도 역시 없었다. 낮에는 덥지만 건조하니 땀 흘릴 일이 없다 치고, 밤에는 추우니까 샤워를 못한다 치더라도, 세수는 해야 할 것 아닌가. 그러나 마당에 우물이 하나 있을 뿐이고, 그나마 우물물도 결코 깨끗해 보이지 않으니 결벽증 환자인 나로서는 세수조차 불가능한 일이었다.

가장 참을 수 없는 것은 쓰레기와 개들이었다. 마당이며 식당이며 가릴 것 없이 쓰레기가 버려져 있고, 〈TV 동물농장〉이란 프로그램의 '○○ 마을의 떠돌이 개를 구해주세요' 같은 코너에 나올 법한, 태어나서 단 한 번도 목욕과 빗질을 해본 적이 없어 보이는 커다란 개들이 뭉친 털에 먼지를 가득 품은 채로 숙소 입구며 식당 안에 누워 있는 것이었다.

온몸에 벌레가 기어 다니는 것 같은 느낌에 소름이 돋았다. 공황 속에 빠진 나는 캐리어 가방과 카메라를 그대로 들고 서서 화석이 된 것처럼 꼼짝도 할 수 없었다. 급기야 방 배정을 하느라 정신없는 인솔자에게 떨리는 목소리로 "그냥 가면 안 돼요?"라고 애원했다. 어림없는 소리라며 돌아서는 인솔자의 뒤통수가 그렇게 야속할 수 없었지만 별다른 방법이 없었다.

같은 방에 배정된 두 일행 역시 나와 같은 심정임을 표정만 봐도 알 수 있었다. 앞방에 들어가는 순례 온 티베트 남자들을 보니 저런 사람들이 이 침대에서 잤겠구나 싶었다. 절대로 담요에 나의 얼굴과 피부가 닿게 할 수 없었다. 최소한 3년은 안 빨았을 것 같은 털옷을 입고, 도대체 얼마나 오래 안 감으면 그런 상태가 될 수 있는지 먼지를 잔뜩 뒤집어쓴 머리는 마치 무스를 잔뜩 발라서 세운 듯 신기한 모양을 하고 있었다. 그동안 시골 여행을 많이 다녀봐서 어지간한 것은 견딜 수 있다고 생각했지만 야칭스는 숙소 하나만큼은 최악이었다. 그나마 다행인 것은 인솔자가 준비해온 침낭이 있다는 것이었다.

이곳에서 이틀을 묵어야 한다는 것이 어쩔 수 없는 현실이라면 이제부터는 계획을 짜야 했다. 계획은 이러했다. 야칭스를 떠날 때까지 세수를 하지 않을 것이며, 갖고 온 생수로 양치만 그것도 아침저녁 두 번만 한다. 또한 머리는 당연히 감지 않을 것이므로 양 갈래로 땋아서 묶고 항상 모자를 쓸 것이며, 잠잘 때는 절대로 신체 어느 부위도 이불에 닿지 않도록 비상용 수건을 베개 위에 깔고 침낭 속에 들어가 담요는 배까지만 덮는 것이었다. 또한 대변은 보지 않고, 소변은 최대한 참고 한꺼번에 본다. 그렇게 계획을 짜놓고 나니 비로소 마음이 조금 놓였다. 나는 이 계획을 야칭스를 떠날 때까지 완벽하게 수행해냈다.

오후 4시, 이제 본격적으로 야칭스의 풍경을 촬영하러 나가야 했다. 예상은 했지만 마을의 위생 상태는 숙소보다 훨씬 더 심각했다. 쓰레기는 말할 것도 없고, 이제는 똥이 문제였다. 야크와 염소, 개의 똥과 함께 사람의 똥까지 더해져 길은 말 그대로 온통 지뢰밭이었다. 촬영을 위해서는 주위를 둘러보며 걸어야 하는데 땅을 보며 걷는 게 훨씬 더 중요한 일이 되어버렸다. 그래도 이러한 노력 끝에 단 하나의 똥도 밟지 않고 무사히 야칭스를 벗어난 것은 작은 수확이었다.

집촌으로 들어가려면 커다란 강을 건너야 하는데, 세 개의 다리가 강 사이를 연결하고 있었다. 첫날은 강을 건너지 않고 이쪽 언덕에서 건너편

냉장고 박스처럼 생긴 수많은 암자.

집촌의 전경을 촬영하기로 했다. 언덕에 오르기 위해서는 숙소 주변의 집들을 지나가야 하는데 나무로 만들어진 네모난 집들은 죄다 문이 닫혀 있었다. 승려가 많은 곳이라 했는데 거의 보이지 않았다. 다들 어디 갔는지 알 수가 없었다.

평소라면 이 정도 언덕은 쉽게 오를 수 있었겠지만, 고도가 4,000미터인 지역이라 금세 숨이 가빠졌다. 게다가 알 수 없는 미묘한 냄새(이 냄새를 일행들은 야칭스 냄새라 명명했다) 때문에 맘껏 숨 쉬는 것도 힘들었다. 언덕 위 초원에는 사람들의 발길로 흙이 드러나 저절로 길이 되어버린, 겨우 사람 하나 지나갈 정도 너비의 길이 여기저기 이어져 있었다.

언덕에 올라 보니 눈앞에 커다란 곡류천이 흐르고 있었는데, 유속이 빠른 바깥쪽은 침식작용으로 절벽을 형성해 이곳에 언덕을 만들었고, 유속이 느린 안쪽에는 퇴적물이 쌓여 건너편에 거대한 집촌을 형성했다. 집촌은 뒤편의 낮은 언덕과 연결되어 있었는데, 언덕 꼭대기에 커다란 사원이 있어서 이를 중심으로 삼각주 모양을 한 사하촌寺下村을 형성하고 있었다. 우리나라의 사하촌과 다른 점은 관광이 주된 목적이 아닌, 불경 공부를 하기 위해 만든 비구니들의 마을이라는 것이었다. 참고로 건너편 집촌은 비구니 마을이고 이쪽의 언덕은 비구 마을로, 남녀의 생활 구역이 강을 두고 나뉘어 있었다. 이 두 지역을 연결하는 것은 세 개의 다리 말고도 하나가 더 있었는데, 그것은 거대한 타르쵸였다. 절벽 끝에 있는 타르쵸를 집촌까지 연결한 것이다. 파란 하늘과 멋진 구름, 만국기처럼 펄럭이는 타르쵸 너머의 집촌 풍경은 정말 장관이었다.

절벽 위의 언덕에는 네모난 냉장고 박스처럼 생긴 것들이 있었는데,

비구들이 수련을 쌓는 암자라고 했다. 나무로 대충 만들어놓은 직사각형의 상자처럼 보였지만 그래도 문은 달려 있었다. 사람이 들어가 앉으면 딱 맞을 듯한 크기의 이 상자를 도저히 집이나 건축물이라 부를 수 없을 것 같았다. 어떻게 이곳에서 무념무상의 상태로 불경만을 공부할 수가 있단 말인가. 맨 정신으로는 불가능하지 않을까. 한두 채가 아닌 수천 채의 암자를 눈으로 보고 있으면서도 믿기지 않았다.

그런데 이곳에서 공부하고 있어야 할 비구들은 모두 어디 간 것일까. 그러고 보니 건너편 집촌에 있어야 할 비구니들도 보이지 않았다. 뭔가에 홀린 것 같은, 마치 '모두 떠나버리고 나만 남았나' 하는 착각이 들 만큼 이상한 기분이었다.

야칭스를 가득 메운 붉은 승려들

오후 6시쯤 되자 어디선가 불경 소리가 들렸다. 소리는 집촌 오른편의 거대한 초원 쪽에서 흘러나왔다. 잠시 후 거짓말처럼 뭔가 '붉은 것'들이 쏟아져 나오기 시작했다. 붉은 것들이라고 표현한 것은 멀리서 보았을 때 그저 붉은색을 띤 움직이는 물체로만 보였기 때문이다. 이 붉은 것들이 바로 비구들과 비구니들이었다. 이제 막 법회가 끝나 각자의 집으로 돌아가는 모습이었다. 전혀 예상치 못했던 광경에 다들 "와! 와!" 하는 말만 되풀이했다. 이곳에서는 하루에 두 번 법회가 열리는데 이때 다 같이 법회를 듣는다.

따뜻한 저녁 햇살 속에서 쏟아져 나오는 승려들의 모습을 보고, 어떤 이는 〈동물의 왕국〉에 나오는 누 떼 같다고 했지만, 내 눈엔 블록버스터 영화에서 컴퓨터 그래픽으로 처리된 전쟁 장면처럼 보였다. 어떤 식으로 표현을 하든 눈앞에 펼쳐진 장면은 현실적인 광경이 아니었다. 거대한 무리 대부분은 집촌으로 향하며 서서히 그 안의 골목골목으로 흩어지고 있었고, 일부는 다리를 건너 숙소 쪽으로, 또 일부는 이쪽 언덕으로 오르고 있었다. 한순간 눈에 보이는 모든 곳에 물감이 스며들 듯 붉은색이 칠해지고 있었다.

정신없이 카메라 셔터를 눌러댄 지 30분쯤 지난 후 이동이 뜸해졌다 싶더니, 곳곳에서 하얀 연기가 피어오르기 시작했다. 집으로 들어간 승려들이 저녁밥을 짓기 시작했던 것이다. 집집마다 피어오른 연기가 마치 보호막처럼 마을을 감싸기 시작했다. 몇몇 비구니들은 빨랫감을 담은 대야를 들고 나와 강변에서 빨래를 시작했다. 아…… 갑자기 눈물이 났다. 나를 울컥하게 만든 것은 그들이 여자라는 사실이었다. 집에 돌아오자마자 밥을 하고 빨래를 하고 장을 보러 다니는, 분명한 여자들이라는 것이다. 태어난 곳을 떠나 왜 불편한 것투성이인 이곳에 와서 저렇게 집단으로 행동하며 머물고 있는 것인지 이해할 수가 없었다.

대야에 빨래를 넣고 세제를 뿌린 다음 손으로 주물럭거려 빠져나온 땟물을 강물에 버리고 있는 비구니 옆에는, 또 다른 비구니가 그 땟물에 빨래를 헹궈내고 있었다. 그리고 강 한가운데에는 강물에 떠내려왔는지 아니면 강을 건너지 못했는지 말 한 마리가 머리를 강물에 처박고 퉁

죽은 말이 빠져 있어도, 누군가의 용변이 녹아 있어도,
법복을 빠는 비구니들의 마음은 빨래보다 깨끗하다.

퉁 부은 배와 엉덩이, 다리를 드러낸 채 죽어 있었다. 더 경악스러운 것은 빨래하는 비구니들 뒤에서 한 비구니가 빨간 가사를 입은 채 쪼그리고 앉아 있다가 일어나는데, 그 자리에 대소변의 흔적이 그대로 남아 있는 모습이었다. 아…… 이를 어찌 여인들만이 살고 있는 공간, 게다가 불심 가득한 향학열에 불타 출가까지 한 비구니들의 경건하고도 아름다운 모습이라 할 수 있을까. 혹시 그들에게 경전을 공부하는 것 외에는 그 어떤 것도 신경 쓰지 말아야 한다는 규칙이라도 있는 것일까. 각자의 집에 작은 화장실 하나를 갖는 것이 그렇게도 사치스러운 일인가.

둘러보니 시멘트로 만든 사각의 공동 화장실 네 개가 집촌 외곽에 있었다. 그런데도 아무 데서나 쪼그리고 앉는 이유는 무엇일까. 강물에서 일을 보나 화장실에서 일을 보나 어차피 강으로 흘러들어가기는 매한가지라는 생각을 하는 걸까. 인간의 생과 사가 하나라는 불교의 교리를 여기에도 적용시키고 있는 것일까.

야칭스의 정체성을 묻다

야칭스는 라마교 중 가장 오래된 종파인 홍교紅教의 본산지로, 매년 금강법회, 극락법회 등 10여 회 정도의 정기법회가 열린다. 이곳에서 수행하거나 열반에 오른 승려가 좋은 업적을 쌓았다는 것이 알려지면서, 불경을 공부하거나 기도를 하러 성지 순례하듯 사람들이 모여들다 보니 지금처럼 거대한 집촌이 형성되었다고 한다.

이곳에 온 승려들은 짧게는 1년 길게는 3년 정도 머무르며 공부를 하는데, 자신이 살 집은 자신이 직접 짓기 때문에 작고 허술하게 그리고 소박하게 지을 수밖에 없다고 한다. 가이드의 설명에 따르면 승려들의 숫자가 공식적으로 나온 것은 없지만 비구가 4천 명, 비구니가 1만 여 명에 이른다고 했다. 눈대중으로는 그보다 훨씬 많아 보였지만 똑같은 옷을 입은 사람들이 몰려 있어서 그렇게 보이는 것일지도 모르겠다.

티베트인들은 가족 중에 누군가 승려가 되어 공부를 하면 가문의 영광

야칭스의 이마트.
법회가 끝나고 상점이 열리면 생필품을 사려는 승려들로 북새통을 이룬다.
단조로운 법복과 대비되는 꽃무늬 이불을 산 비구니는 오늘밤 깨끗한 새 이불을 덮고 잘 것이다.

으로 생각한다는데, 과연 이들은 가문의 영광을 위해 이런 모습으로 여기 있는 것일까. 머릿속이 복잡해졌지만 너무나도 충격적인 장면에 대한 결론은 야칭스를 떠난 다음에 내리기로 했다. 공부를 마치고 떠나는 사람들과 새롭게 정착하는 사람들, 가족들을 데리고 기도하러 온 사람들, 마니차를 돌리는 사람들, 오체투지를 하는 사람들, 돌보지 않는 수천 마리의 개들까지, 종교가 없는 나의 시각으로는 모두가 미친 것이었다. 아득한 현기증이 났다. 그러나 이것은 고산병 때문이 아니었다. 내가 야칭스로 향하며 상상했던 모습은 경건하고도 엄숙한, 불심 가득한 사람들의 순종적인 삶이

야칭스의 만물가게.
경제활동을 하지 않는 승려들에게도
망가지고 닳아버려 수리해야 할 것들은 많았다.

깃든, 아름답고 따뜻한 마을이었다. 그러나 도착한 지 불과 다섯 시간 만에 야칭스의 '정체'가 무엇이고, 무엇이 사람을 이렇게 만드는 것인지, 무엇 때문에 이렇게 살아야 하는지에 대한 생각으로 정신이 아득해졌다.

저녁 식사 시간에 맞춰야 하기 때문에 우리들은 숙소로 돌아가야 했다. 나는 언덕 위에 남아 이들의 정체성에 대한 깊은 생각에 빠지고 싶었지만, 완벽한 길치인지라 혼자서 숙소를 찾아갈 수 없었기 때문에 할 수 없이 일행들을 따라나서기로 했다. 숙소 가까이에 이르자 낮에 닫혀 있던 집들이 문을 열어놓고 있는 게 보였다. 그 앞에는 수십 명의 승려들이 돈을 주고 물건을 사는 진풍경이 펼쳐져 있었다. 이곳의 집들은 야칭스의 몇 안 되는 상가로, 법회가 끝나는 시간에 맞춰 일제히 문을 열고 손님들을 맞은 것이었다. 쌀과 채소를 파는 가게, 카펫이나 과자 등을 파는 가게, 불경을 파는 가게, 전기밥솥의 패킹을 갈아주는 가게, 시계 수리점, 구두 수선점 등 크고 작은 다양한 가게들이 있었다. 이곳도 사람 사는 곳이었다.

몽둥이 들고 야경 찍으러

숙소에 딸린 식당에 들어서니 식욕이 전혀 나지 않아 갖고 간 김자반과 고추장을 넣고 밥을 비벼 먹기로 했다. 몇 년간의 시골 여행 노하우다. 밥과 이것들만 있으면 몇 끼라도 해결할 수 있다. 그렇게 몇 젓가락을 떠먹고 있는데 발밑에 뭔가 뭉클한 것이 느껴졌다. 숙소를 지키는 또는 숙소에 그냥 머무는, 낮에 보았던 그 개들이었다. 원래 강아지를 좋아하지만 이런 개들과는 옷깃이라도 스치는 인연을 만들고 싶지 않았다. 온몸에 난 모든 털이 경기를 일으키듯 곤두섰다. 일행들이 비명을 지르고 안절부절못하자 주방에서 음식을 만들던 남자가 나와서 맨손으로 개를 잡아 밖으로 끌어냈다. 아…… 그 개가 얼마나 아플지가 문제가 아니었다. 그 개를 잡은 손을 씻지도 않고 또다시 요리를 하게 될 그 주방장의 음식이 문제였다. 절대로 반찬을 먹지 않겠다고 굳게 결심했다.

서둘러 저녁 식사를 끝낸 후, 아직 남아 있는 저녁 햇살을 이용해 이번

야칭스의 밤하늘은 구름과 개들만 방해하지 않는다면
언제나 너무 아름답다.

엔 다리를 건너 비구니들의 집촌으로 들어가 촬영하기로 했다. 그런데 다리를 건너기도 전에 끝없이 줄지어 오는 비구니들을 보며 도대체 누구를 찍어야 할지 당황스러웠다. 아직 소녀티를 벗지 못한 어린 비구니, 다 큰 처녀 비구니, 아주머니 비구니, 할머니 비구니에다, 비구니는 아니지만 관절이 좋지 않으신지 절뚝거리며 걷는 노파까지. 다리 끝에 앉아 하나, 둘 수를 세어서 공식적인 인구 조사를 해주고 싶을 정도였다.

자신의 집을 짓는 것인지 보수하려는 것인지 커다란 널빤지를 메고 오는 승려, 커다란 가스통을 등에 지고 오는 승려, 20킬로그램은 족히 되어

야칭스에 누군가의 집이 하나 더 만들어질 것이다.
그리고 그 집에는 곧 새로운 이웃이 생길 것이다

보이는 쌀 포대를 어깨에 지고 가는 승려, 유리 창틀을 들고 가는 승려 등등 수많은 승려의 모습을 찍었다. 한국에서라면 당연히 남자들이 할일들을 거침없이 해내는 비구니들이었다. 그런데 두 비구니가 작은 케이스에 들어 있는 물건을 꺼내 보더니 냄새를 맡고 빙긋이 웃고 있었다. 그것은 로션이었다. 그녀들은 빨갛다 못해 검붉게 터져버린 볼에 바르는 용도라며 내게 손짓으로 설명해주었다. 역시 여자들이었다. 이 수행이 끝나고 나면 시집이라도 가려는 것일까?

수행하러 온 티베트인들의 복장은 승려들의 것과 형태는 크게 다르지 않았지만, 붉지 않고 전체적으로 어두운 색이라는 것이 달랐다. 그들은 모두 똑같은 것을 손에 쥐고 있었다. 오른손으로는 작은 마니차를 끊임없이 돌리고, 왼손으로는 긴 염주를 세며 옴마니반메훔을 중얼거리며 걷는 것이었다.

야칭스는 오후 8시부터 11시까지 딱 세 시간만 전기가 공급된다. 카메라의 배터리 등을 충전해야 했기에 서둘러 숙소로 돌아왔다. 하늘에는 무수히 많은 별과 은하수가 떠 있었다. 야칭스 여행을 계획할 때부터 맑은 밤하늘에 떠 있을 수많은 별과 야칭스 전경을 함께 찍으면 예쁠 거란 생각을 갖고 있었기 때문에 삼각대를 준비해 갔었다. 밤 10시, 인솔자와 남자 일행의 도움을 받아 머리에 랜턴을 매달고 야간 촬영을 나갔다. 길을 모르기도 했지만 수많은 개들이 활동할 시간이기 때문이었다. 병원도 없는 이곳에서 광견병이 의심되는 개들에게 물렸다가는, 스스로 붉은 가사를 뒤집어쓰고 머리를 깎게 될지도 모를 일이었다. 예상했던 대로 몇 마리의 개가 몰려들었지만 인솔자와 일행이 몽둥이를 들고 쫓아주었기에 무사히 촬영할 수 있었다. 그 덕분에 너무 아름다운 야경을 찍었다(이 자리를 빌려 두 분께 감사드린다).

나를 닮은 비구니를 보며 야칭스를 알아가다

여행 다섯째 날, 오전 6시. 일출을 찍기 위해 숙소를 나섰다. 내가 의욕이 넘치는 사진가이기 때문이 결코 아니었다. 불편한 잠자리 탓에 저절로

비구들의 새벽 공부.
어둠과 추위도 이들의 공부를 막을 수 없었다.

눈이 떠진 것이었다. 그리 어둡지는 않았지만 혹시라도 똥을 밟을까 싶어 랜턴을 머리에 매달고 길을 나섰다.

새벽 공기가 제법 쌀쌀했다. 여명 속의 야칭스 전경을 세 개의 하얀 스투파와 함께 촬영하고 있는데, 비구니들이 새벽부터 빨래를 하고 용변을 보고 있는 모습이 멀리 보였다. 이른 새벽인데 나보다 비구니들이 더 바빴다. 어디를 가는지 아침부터 언덕을 오르는 비구니들도 있었다. 비구니들의 뒤를 따라가다 보니 어느새 비구들의 마을에 들어서 있었다. 그곳에는 마당만 넓은 작은 사원에 붉은 가사를 입은 비구들이 빽빽이 앉아서 불경

새벽 공부에 지각한 예쁜 비구니.
미모는 그냥 만들어지는 것이 아니다.

을 읽으며 설법을 듣고 있었다. 아침마다 모여서 공부를 하는 것이었다. 더 이상 앉을 곳이 없어 보이는데도 승려들은 계속 들어오고 있었다. 비구니들은 어디로 간 것일까.

태양이 완전히 떠오르자 급격히 더워졌다. 입고 있던 점퍼를 벗고 있는데 아주 예쁘게 생긴 비구니가 아침 공부에 늦었는지 숨을 헐떡이며 바삐 올라오고 있었다. 신기하게도 털 가사에 털모자까지 썼는데도 땀 한 방울 흘리지 않고 있었다. 예쁜 비구니가 올라오면 비구들의 공부에 방해가 되지 않을까 하고 불안감이 들었다. 예쁜 비구니를 위한 것인지, 비구들을 위한 것인지, 여자는 나 혼자이고 싶은 거부 반응 때문이었는지 모르겠다.

숙소로 돌아와 간단히 컵라면을 먹고 다시 나섰다. 이번에는 집촌 깊숙이 들어가 볼 예정이었다. 다리를 건너 집촌에 들어서자 중앙로가 나 있고 이를 기준으로 양쪽으로 사람 하나 들어갈 만한 좁은 골목들이 끝도 없이 이어져 있었다. 골목에 들어서면 새로운 풍경이 나타나지 않을까 하는 기대는 할 필요가 없었다. 똑같은 집에 똑같은 옷을 입은 사람들뿐이었다. 이들의 집은 키가 나만 한 사람이 그저 서서 바라보아도 마당이 훤히 다 보일 정도로 담장이 낮고 작았다. 그래도 그 작은 집에 있을 건 다 있었다. 한 평 정도 크기의, 다리도 뻗을 수 없을 것 같은 작은 방에 두세 명이 함께 살고 있었고, 이불이며 각종 잡동사니가 쌓여 있었다. 방보다 조금 더 큰 마당에는 작은 채소밭도 있고 가스통도 있었다.

담장 너머 넘겨다본 한 집에서는 빨간 가사를 직접 만들고 있는 것인지, 펼쳐놓은 가사로 작은 마당이 꽉 차 있었다. "챠시델레(안녕하세요)" 하고 비구니들에게 인사했더니 친절하게도 수유차酥油茶: 티베트의 전통차로 야크나 양의 젖으로 만든 버터에 찻잎, 소금 등을 넣어 만듦를 마시고 가라고 했다. 나는 배가 부르다며 둘러대고 나왔다. 아무리 수유차가 맛있다고 해도, 그녀들의 친절함에 감사한 마음이 든다 해도, 꼬질꼬질한 컵으로는 도저히 마시고 싶지 않았다.

막 식사를 마쳤는지 양치를 하려고 나왔다가 카메라를 보고는 수줍게 눈웃음을 짓는 비구니, 새로 산 장판을 친구와 들고 오는 비구니, 돗자리를 들고 오는 비구니, 금세 쓰레기장이 될 길을 쓸고 있는 비구니, 쌀 포대를 메고 수다를 떠는 비구니, 이불을 메고 가는 비구니 등등 피사체를 찾아 돌아다닐 필요 없이 한곳에 서서 지나가는 비구니들만 찍어도 메모리카드가

나를 닮은 비구니.
붉은 법복에 붉은 이불을 메고, 생각이 많은 듯한 웃음을 짓던
그녀의 붉은 마음은 어디를 향하고 있던 걸까.

모자랄 지경이었다.

그러다 갑자기 심장 근처의 신경이 아렸다. 울컥 올라오는 뭔가가 눈가를 뜨겁게, 가슴을 답답하게 만들었다. 분명 그녀를 보았을 때였다. 아니 정확하게 말해 그 감정의 시작은 중앙로에 들어서서 비구니들의 집과 방, 세간을 들여다보고, 그녀들의 미소를 보았을 때부터 시작되고 있었다. 나는 뭔가 알 수 없는 기분에 사로잡혔다. 그러다 머리끝부터 발끝까지 빨간색 옷을 입은 비구니가 빨간 이불을 들고 내 앞에 나타났을 때였다. 고개를 숙인 채 홀로 걸어오는 그녀를 얼떨결에 찍고 나서, 가까이 다가온 그녀의 얼굴을 보니 낯이 익었다. 지금보다 더 젊었을 때의 나의 얼굴과 닮은 것 같았다. 그녀도 나를 보며 빙그레 웃었다. 서로를 알아보았던 것일까. 그녀의 눈빛은 다른 비구니들이 웃을 때와 조금 달라 보였다. 슬픈 듯하면서 이해하고 있는 듯했고, 행복한 듯하면서 힘들어 보였다. 그런 그녀를 보자 가슴이 아렸다. 일행들이 눈치 채지 않게 가슴을 치며 터지려는 눈물을 삼켰다.

종교가 없는 나로서는 도저히 이런 맹목적이고 무차별적인 집단생활을 이해할 수 없었지만, 종교가 삶의 중심인 세상에서 뚜렷한 자의식을 갖고 살아가는 사람의 눈빛은 그녀와 닮아 있지 않을까 하고 생각했다. 이제 겨우 야칭스에서 하루를 산 이방인의 눈으로, 게다가 언어를 통해 그녀의 속내를 짐작할 수 있는 상태도 아니면서 내 멋대로 야칭스를, 그리고 그녀를 정의할 수는 없었다. 하지만 그녀가 이곳에서 보내는 3년이란 시간은 전통이라는 이름의 관례로 한 번 머물다 가는 가벼운 의미는 아닐 것이다. 이곳을 떠날 때의 그녀는 분명 환하고 온화한 부처님의 미소를 닮아 있을 것이다. 아니, 꼭 그렇게 되길 바랐다.

진정한 여행자는 똥을 두려워하지 않는다

감정을 추스르고 이제 그만 촬영을 정리할까 하는데, 비구니들이 혼자 또는 삼삼오오 모여서 일제히 어디론가 이동하기 시작했다. 따라가 보니 바로 전날 갑작스럽게 그들이 모습을 드러냈던 초원의 큰 사원 쪽으로 향하고 있었다. 차를 담은 커다란 보온병과 뭔가 담긴 비닐봉지, 사우나에서 쓰는 것처럼 생긴 방석, 테이프 레코더, 불경 등을 갖고 부지런히 걷는 비구니들 사이로 가족으로 보이는 무리도 제법 보였다. 그들은 어른 아이 할 것 없이 모두 붉은 가사를 입고 있었다. 가족 모두 승려가 되어 이곳에서 수행 중인 것인지, 나들이를 온 것인지는 알 수 없었다.

넓은 초원은 또다시 붉은색으로 덮이기 시작했고, 간간이 다른 색의 꽃이 핀 것처럼 우산을 쓰고 나타나는 비구니들도 있었다. 더 이상 그을릴 것도 없을 것 같은데 나름 패션인지, 화려한 색의 우산을 쓴 그녀들은 한눈에 보아도 튀었다. 승려들을 따라 야크 떼도 설법을 들으러 가는지 이동하고 있어서, 언덕 위에는 초록과 빨강과 검정이 묘하게 뒤섞인 장관이 연출되었다. 게다가 너무도 파란 하늘과 흰 구름들까지…… 완벽한 풍경이었다.

승려들이 도착한 곳은 금빛 사원 앞에 있는 커다란 원형의 타르쵸 아래였다. 조그만 말뚝이 지정석 표시인 모양이었다. 사우나 방석이 전부인 바닥에서 끊임없이 오체투지를 하는 승려, 뜨거운 햇살에 눈이 부셔 찡그리며 불경을 읽는 승려, 이어폰을 귀에 꽂고 카세트 플레이어에서 나오는 음악을 듣는 승려, 두 눈을 감고 불경을 읊조리는 승려, 오랜만에 만났는지 서로 인사를 나누는 승려 등등, 행동은 제각각이지만 이들이 여기 모인 이유는 수

야칭스에서 유일하게 예뻤던 집.
지붕 위의 주황색 바람개비는 집주인의 마음을 표현한 것일까.

행 하나였다.

발길을 돌려 다시 집촌에 들어서니 남겨진 개들만이 이제야 조용해졌다는 듯 활동하기 시작했다. 이곳에서는 절대로 혼자서 개들이 있는 곳을 지나지 말아야 한다. 약해 보이는 상대를 보면 합동으로 공격하므로 대단히 위험하다. 비구니들이 썰물처럼 빠져나간 집촌은 적막하다 못해 한낮인데도 한기가 들 정도였다. 텅 빈 집촌만큼 내 마음도 텅 비어버린 것 같았다. 알 수 없는 이 공허함은 허기였다. 컵라면 하나 먹고 참 많이도 돌아다녔다. 게다가 똥을 밟지 않기 위해 계속 땅만 보고 걸었더니 허리도 아팠다.

숙소로 돌아와서 고추장에 밥을 비벼 먹었는데 갑자기 소변을 보고 싶었다. 벌써 스무 시간을 참았다. 하지만 300미터나 떨어진 화장실까지 가는 것은 너무 싫었다. 묘안이 없을까 궁리하다가 기발하고 발칙한 생각이 떠올랐다. 바로 옥상을 이용하는 것이었다. 다행히도 옥상으로 통하는 문이 열려 있었다. 참았던 소변이 옥상 바닥을 뚫을 기세로 쏟아져 나왔다. 옥상에 쳐놓은 타르쵸를 보며 엄청 불경스러운 짓을 하고 있는 것은 아닌지 죄송했지만, 나로서는 대책이 없었다. 하지만 그 죗값은 바로 받았다. 양치를 하려고 우물물을 퍼 올리다가 두레박 손잡이를 놓치는 바람에 손잡이가 오른쪽 팔뚝을 강타했던 것이다. 어찌나 아프던지 눈앞에 별이 보이는 듯했지만 죄지은 것이 생각나 아픈 내색도 제대로 하지 못했다. 결국 팔뚝에 커다란 하트 모양의 검붉은 멍 자국이 남고야 말았다. 그 와중에도 나는, 아마도 부처님이 사랑스러운 죄라고 생각하신 모양이라며 멍 자국을 보고 웃었다. 착각도 이 정도면 병이다.

분명 잠들었다고 생각했는데 새벽 1시에 깼다. 잠자리가 너무 불편해서인지 생각이 많아서인지 누워 있는 것도 힘들었다. 결국 일어나 앉았더니 옆 침대의 일행도 잠을 못 자겠다며 일어나 앉았다. 화장실을 가겠다고 해서 동행하기로 했는데 현관문이 잠겨 있었다. 별수 없었다. 나의 비밀스러운 화장실을 공용하는 수밖에. 함께 쪼그리고 앉아 별을 보며 두 번째 소변을 보았다. 내일은 왼쪽 팔뚝에 멍이 생기는 것이 아닌가 싶었는데, 다음 날 일어나보니 오른쪽이 또 말썽이었다. 이번에는 어깨가 결려 팔을 들지 못하는 상황이었다. 다행히 일행 중에 침을 놓는 분이 있어서 침을 한 대 맞고 괜찮아졌다. 부처님은 나의 오른팔에 계속 벌을 주고 계셨던 것이다.

소변을 보고 다시 누웠지만 잠이 올 리가 없었다. 결국 문고판으로 갖고 간 김주영의 소설 『고기잡이는 갈대를 꺾지 않는다』를 펼쳤다. 물론 전기는 끊겼으므로 랜턴에 의존해서 몇 페이지를 읽었다. 왜 고기잡이는 갈대를 꺾지 않는다는 것인지 이유는 알 수 없었지만 "진정한 여행자는 똥을 두려워하지 않는다"라는 말을 읊조리며 서서히 잠에 빠져들었다. 그렇게 야칭스에서의 두 번째이자 마지막 밤이 지나고 있었다.

두 분은 이승에서 좋은 업을 쌓으셨습니다

여행 여섯째 날, 야칭스를 떠나는 날이었다. 지금 떠나면 두 번 다시는 이곳을 찾을 일이 없을 거라고 생각하자 마지막으로 한 번 더 둘러보고 싶었다. 출발까지는 한 시간 정도밖에 남아 있지 않았다. 막상 떠나려니 왠지 조급해졌다. 마치 더 많은 비구, 비구니를 만나야 전생의 업을 해결할 수 있기라도 한 것처럼 그들이 간절히 보고 싶었다.

마침 다리 근처에 나이 든 비구니가 전봇대에서 삐져나온 전선줄을 잡고 강 옆에 앉아 집촌을 바라보고 있었다. '위험할 텐데'라는 생각이 잠시 스쳤지만 지금은 전기가 들어올 시간이 아니었다. 몸이 불편하신가 싶어 일으켜드리려고 가까이 갔더니 마침 힘겹게 전선줄을 잡고 일어나셨다. 스님이 떠난 자리에는 김이 모락모락 올라오는 누런 것만이 남아 있었다. 아…… 이제 그만 떠나고 싶었다.

오전 8시 30분, 야칭스를 떠나 간쯔로 향했다. 간쯔에서 묵게 될 숙소는

간쯔사의 노스님과 동자승.
두 분의 모습을 보고 행복의 눈물을 흘린 사람이 있었으니,
두 분 스님은 이승에서 좋은 업을 하나 쌓으셨습니다.

며칠 전 묵었던 호텔이었다. 그 호텔이 아니어도 그만이었다. 야칭스보다 못한 곳이 어디 있겠는가. 화장실과 샤워 시설만 있으면 어디라도 상관없었다. 드디어 해방이었다. 더러움으로부터의 해방인지, 수많은 승려의 뜻을 이해하지 못한 마음의 굴레로부터의 해방인지 알 수 없었다. 야칭스에 대해 본 것만 갖고 간단히 말하라면, "아름다운 하늘 아래 매우 불결한 상태로 수많은 승려가 공부하는 곳"이라고밖에는 표현할 수 없다. 하지만 그것이 전부는 아니었다. 다만 그때는 야칭스의 정체성이 혼란스러웠을 뿐이다.

　지프에 오른 순간부터 씻을 생각만이 머릿속에 가득 찼다. 3일 동안 세수는커녕 머리도 못 감았기 때문에 모자를 벗는 것이 두려울 정도였다. 고개를 다시 넘어가는 길에는 다양한 구름이 쇼를 펼치고 있었다. 야칭스에서도 줄곧 보았던 파란 하늘과 흰 구름들이 동화 속 장면처럼 새삼 아름다워 보였다. 눈에 보이는 모든 것이 사랑스럽게 보이는 것은 이제 씻을 수 있기 때문이었다. 호텔에 도착한 것은 오후 2시였다. 바로 점심을 먹고 3시에는 간쯔사甘孜寺를 돌아보기로 했다. 어차피 3일간 안 씻은 거 두세 시간 더 있다가 씻는다고 해도 달라질 얼굴은 아니었다.

간쯔사는 간쯔시의 가장 높은 곳에 위치한 황모파의 커다란 절이다. 달라이 라마의 사진을 걸어둔 법당을 보고 나와 시내 전경을 찍었다. 하지만 이상하게도 별 감흥이 없었다. 아무래도 야칭스가 남긴 후유증 같았다. 모든 것의 기준이 야칭스가 되어버렸다. 야칭스보다 더러운지, 야칭스보다 승려가 많은지, 야칭스보다 장관인지, 야칭스보다 더 맹목적인지, 야칭스보다 더 아름다운지…… .

그런데 절 바로 아래의 숲에서 박수 소리와 고함치는 소리가 났다. 승려들이 놀고 있나 했는데 그게 아니었다. 상상과 현실은 다를 때가 많다. 승려들은 '비앤징辨經: 둘이서 손바닥을 위아래로 내리치며 선문답을 해 서로 공부한 내용을 확인하는 것'을 하며 공부를 하고 있었다. 수십 명의 승려가 서로 짝을 이루어 손바닥을 치며 소리를 지르고 있는 모습은 너무도 진지하고 열성적이었다. 소승少僧: 젊은 승려은 소승과, 동자승은 노스님과 짝을 이루어 공부를 하니 공부가 얼마나 더 깊어질 것인가. 선학들의 비앤징을 바라보는 똘똘하게 생긴 동자승이 그 뜻을 알았다가 몰랐다가 하는지, 표정 변화가 너무 다양해서 사진을 여러 장 찍었다. 답을 알았을 때의 표정은 머리라도 쓰다듬어주고 싶을 만큼 예뻤지만

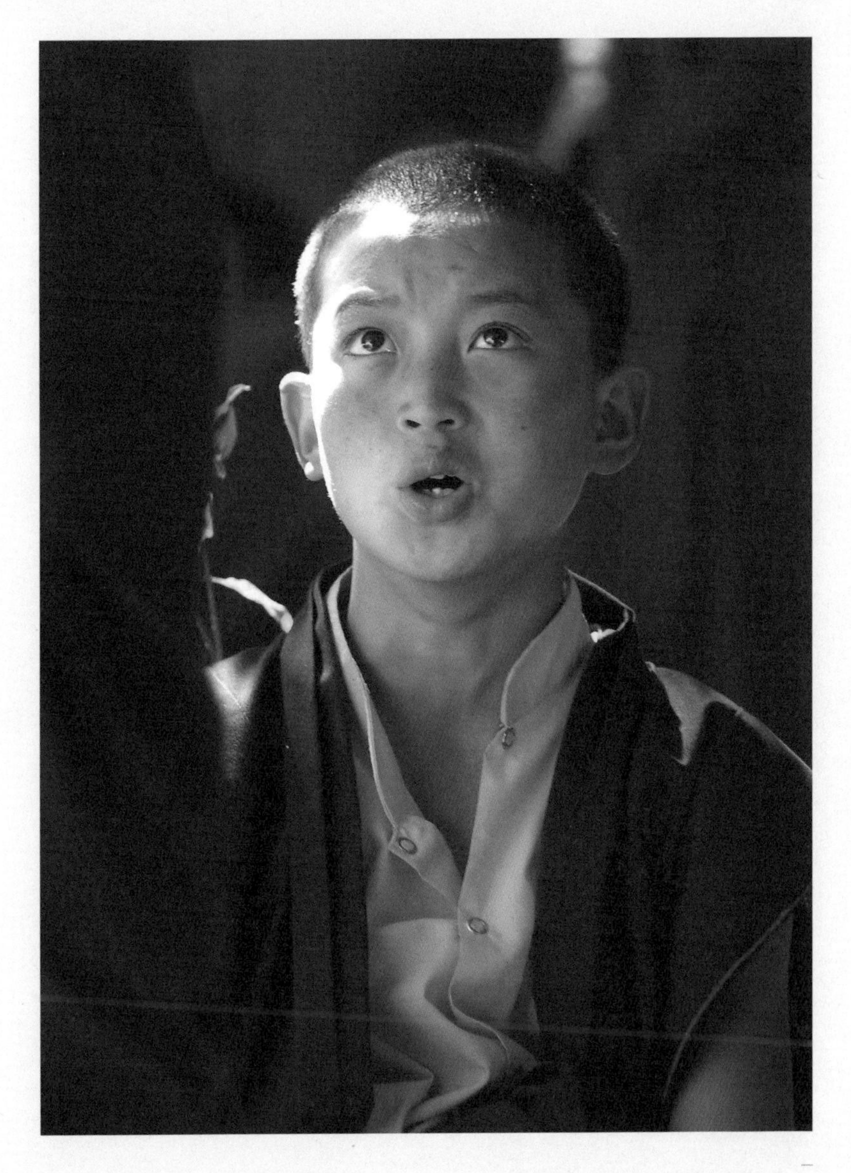

간쯔사의 동자승.
선배들의 선문답 공부를 보며 깨닫고 감탄하는,
지적 호기심에 가득한 순수한 모습이 내 눈을 사로잡았다.

행여 공부에 방해가 될까 싶어 마음으로만 안아주었다.

문득 주변을 보았더니 일행 중 독실한 불교 신자인 분이 입가에 환한 미소를 지은 채 눈가에 눈물이 그렁그렁해져 한곳을 쳐다보고 계셨다. 야무지게 생긴 동자승과 눈가에 주름이 많이 잡힌 노스님이 마주 보고 비앤징을 하고 있었다. 노스님이 질문하면 동자승은 짝 하는 박수 소리와 함께 대답을 했고, 또 자기의 대답이 맞는다고 노스님에게 겁도 없이 손가락을 치키며 고함을 치기도 했다. 그러면 노스님은 사랑스럽다는 표정을 지으며 단 한순간도 눈을 떼지 않고 동자승을 바라보고 있었다. 일행은 그 모습에 감동을 받았던 것이다. 이 순간이 너무 행복하다는 일행은 이미 부처님의 마음속에 들어가 있었다.

야칭스 사람들의 욕심은 종교에 대한 절대적인 믿음과 몰입이다

오후 4시 반이 되어서야 호텔방에 들어왔다. 평범한 4성급 호텔이었지만 느낌은 궁전과 다름없었다. 3일 만에 드디어 모자를 벗고 양 갈래로 땋은 머리를 풀었다. 기름기와 먼지가 엉켜 머리카락은 스프레이를 뿌린 듯 굳어 있었다. 나 역시 며칠 전 보았던 티베트의 남자들과 그리 다르지 않았다. 머리를 감았더니 누런 물이 흘러나왔다. 샴푸를 세 번이나 하고 구석구석 깨끗하게 샤워를 하고 나서야 야칭스의 모든 먼지가 씻겨 내려갔지만 어딘가

허전했다. 정신이나 영혼의 일부가 야칭스 어느 비구니의 집에, 골목에, 다리에, 언덕에 떠돌고 있는 듯했다.

저녁 식사 때 일행들의 대화 주제는 당연히 야칭스였다. 앞으로 누가 화장실을 갖고 불평한다면 야칭스로 보낸다고 협박을 해야겠다느니, 음식이 맛없다고 투덜대면 야칭스로 보낸다고 해야 한다느니 하는 내용이었다. 야칭스가 일행 모두에게 가혹한 곳이었음은 분명한 사실이었다. 우리는 현대 문명이 가져다준 편리함과 안락함을 누리고 있기에, 1970년대 이전의 우리나라 상황이 그러했음에도 야칭스를 식사 시간의 수다거리로 올릴 수 있었던 것이다. 하지만 야칭스와 비슷한 환경 속에서 살았을 1970년대 이전의 우리나라 사람들도 과연 그들처럼 행복하고 만족스러운, 순수한 눈빛을 갖고 있었을까. 독재와 통제와 불평등 속에서 우리는 무기력함과 허무함과 열등감과 상실감에 슬프고 억울한 눈을 하고 있지 않았었나. 분명 야칭스 사람들과 우리는 달랐다. 그 다름의 기준은 욕심이 아닐까.

우리의 욕심은 나와 다른 이를 비교하는 것에서 시작된다. 그러나 야칭스 사람들의 욕심은 종교에 대한 믿음과 절대적인 몰입일 것이다. 그것은 순수하지 않고서는 몸을 던질 수 없는 것이다. 부처를 향한 욕심이 모든 주변 상황을 개의치 않게 했고, 깨달음에 대한 욕심이 모든 육체적 번잡함을 버릴 수 있게 했다. 그것이 우리와는 달랐다. 이것이었던 것 같다. 야칭스의 정체성은 바로 순수함이었다.

여행 일곱째 날 아침. 간밤의 편한 잠자리 덕에 몸은 가뿐했다. 야칭스에서 제대로 먹지도 못한 상태로 몇 번이나 언덕을 오르내리고, 집촌을 돌고, 잠도 푹 자지 못한 덕에 그렇게도 빼기 힘들던 살들이 어디론가 가버렸

쓰구냥산의 네 자매 봉우리 중 막내인 네 번째 봉우리.
막내여서일까, 구름을 밑에 둘렀다 위에 둘렀다 정신이 없다.

다. 야칭스의 선물이었다. 오전 7시 30분에 호텔을 출발해 단바로 향했다. 고도의 변화는 주변 경치로 쉽게 알 수 있었다. 초원과 야생화로 채워졌던 풍경이 어느새 침엽수림으로 바뀌었고, 다시 플라타너스 나무들로, 사과나무밭과 배나무밭으로 바뀌고 있었다. 드디어 마지막 고개를 넘자 이미 어두워지기 시작한 단바 시내가 눈에 들어왔다. 야칭스는 가는 길보다 떠나오는 길이 더 멀게 느껴졌다.

부처님의 소심한 응징

여행 여덟째 날. 티베트족이 모여 살고 있는 단바의 가웅 마을에 잠시 들른 후, 일찌감치 오늘의 숙박지인 쓰구냥산으로 향했다. 쓰구냥산은 중국의 명산 중 하나로 '네 자매아가씨의 산'이란 뜻이다. 네 개의 봉우리 중 가장 높은 봉우리가 6,250미터에 달한다. 물론 우리의 일정은 산을 등반하는 것이 아니라(설사 일정에 포함되어 있다고 해도 오를 생각은 없었지만), 등산로 입구에서 설산을 찍고 숙소에서 잠을 자는 것뿐이었다.

쓰구냥산의 입구에 도착해보니 주변 건물 모두 구조물에 둘러싸인 채 공사가 한창이었다. 2008년에 일어난 쓰촨성 대지진 때 피해를 입었던 지역이라, 구조물을 세워둔 건물은 보수 중이거나 새로 짓고 있는 중이며, 구조물이 없는 건물은 이제 곧 허물 예정이라는 것이었다. 지진 피해가 얼마나 컸을지 짐작이 갔다. 우리의 숙소도 구조물이 세워진 곳이었다. 이 지역 촌장의 집이었는데 쓰구냥산을 등반하러 온 몇 팀의 일본 사람들도 보였다. 등산을 싫어하는, 아니 힘들어하는 나로서는 외국까지 찾아와 산에 오르는 그들의 심리를 이해하기 어려웠다. 하긴 그들은 돈 주고 야칭스까지 갔다 오는 사람들을 이해하기 어려웠을 것이다. 셔틀버스를 타고 쓰구냥산의 등산로 초입에 도착했다. 하얀 눈에 덮여 빛나고 있는 높은 산봉우리가 보였다. 흰 구름이 마치 모자와 스커트처럼 봉우리의 머리와 몸통을 감추었다가 살짝 보여주곤 했다.

호텔로 돌아와 이번 여행 중 티베트 문화권 아래에서 보내는 마지막 밤을 맞았다. 일행들은 바로 옆에 근사한 카페가 있다는 정보를 입수해

커피를 마시러 나갔고, 나는 그동안 밀렸던 야칭스 여행 일기를 마무리했다. 선선한 밤바람을 맞으려고 창문을 열어두었더니 열 마리도 넘는 나방들이 들어와서 귀찮게 했다. 파리채가 없으니 뭔가 대체할 도구를 찾아야 했다. 때마침 방 안에 놓인 손님용 슬리퍼가 보였다. 여섯 마리는 잡아서 휴지에 싸서 버렸고, 세 마리는 하필이면 침대와 벽 사이 틈으로 떨어져 졸지에 침대 밑은 나방들의 무덤이 되었으며, 한 마리는 너무 높은 곳에 있어 점프해서 죽였더니 떨어지지 않고 벽에 붙어버려 그대로 박제가 되고 말았다. 너무 많은 살생을 했다고 느끼는 나는 아직도 야칭스의 영향권 아래에 있는 게 확실하다고 생각했다.

여행 아홉째 날. 사실상 여행의 마지막 날이라는 마음 때문이었는지 새벽 5시 반에 저절로 눈이 떠졌다. 일찍 일어난 김에 떠날 준비를 해두고 혼자 조용히 숙소 주변을 돌아보았다. 이른 아침을 준비하는 마을 사람들이라도 만나볼까 했지만 등산객을 위한 여관촌이기 때문에 분주한 아침 풍경은 볼 수 없었다. 다만 관광객을 위한 말들만이 풀을 뜯고 있었다. 여관마다 걸어놓은 타르쵸와 옴마니반메훔을 적어놓은 커다란 돌들을 보는 것도 마지막이었다.

다시 방으로 돌아와 커피라도 한 잔 마실까 하고 커피포트를 열었더니(중국인들은 워낙 차를 많이 마시기 때문에 아무리 급이 떨어지는 호텔이라 하더라도 커피포트는 꼭 갖춰놓는다) 물이 반쯤 채워져 있는 포트 안에 나방 한 마리가 죽어 있었다. 살생한 자에게 그 사체로 보답하겠다는, 부처님의 소심한 응징이었을까.

열흘간의 야칭스 여행이 모두 끝났다. 이동하는 데 더 많은 시간이 걸렸지만 야칭스에서 보낸 2박 3일이 더 길게 느껴지는 것은 꿈을 꾼 것 같은, 존재하지 않을 것만 같은 그곳의 경이로움 때문일 것이다. 여행이란 짐을 꾸리는 것에서부터 시작하듯 짐을 풀어야만 끝나는 것이다. 집에 돌아온 후 캐리어를 열었더니 야칭스에서 터져버린 커피믹스 가루가 구석구석에서 쏟아져 나왔다. 고산지대를 다녀온 흔적이었다. 한국에 돌아와 텔레비전 뉴스를 보니 중국의 명목상 GDP가 일본을 제치고 세계 2위가 되었다는 소식, 앙드레 김 선생님께서 작고하셨다는 소식, 정부의 개각이 이루어졌다는 소식, 티베트에서 홍수가 났다는 소식, 지진이 있었던 청두의 원촨汶川에 홍수가 나서 복구 중이던 도로가 유실되었다는 소식이 흘러나왔다. 또한 야칭스에서 사전 허락 없이 사진 촬영한 사람들이 필름과 메모리카드를 빼앗겼다는 소식도 들렸다.

다시 일상으로 돌아왔다는 것은 야칭스라는 아름다운 꿈에서 깨어났다는 의미였다. 야칭스에 접근하려고 했던 사람들이 필름과 메모리카드를 빼앗겼다는 소식만이 그곳이 현실 세계에 존재하는 곳이라는 것을 입증할 뿐이었다. 야칭스는 커피믹스 가루처럼 때로는 쓰게, 때로는 달게, 때로는 부드럽게 나를 돌아보게 하는 내 삶의 후식 같은 곳이 될 것이다.

3

윤회의 끝자락과 시작, 라다크·카슈미르

2008년에 10박 11일 일정으로 『오래된 미래』(헬레나 노르베르 호지, 1996)라는 책으로 유명한 라다크 Ladākh와, 인도와 파키스탄의 영토분쟁이 끊이지 않고 있는 카슈미르 Kashmir로 여행을 떠났다. 나는 여행을 앞두고 카메라 장비를 챙길 때면 '뭔가 극적인 사건이 생겨서 리얼하고 생생한 사진을 찍을 수 있으면 좋겠다'라는 생각을 하곤 한다. 폭탄 테러가 일어난다거나 내가 테러범에게 인질로 잡히면, 아비규환과 절대적인 공포감을 느낄 수 있는 사진을 찍을 수 있으리라는 일차원적인 기대감을 갖는 것이다. 하지만 이런 이야기를 들은 지인들은 대꾸할 가치조차 없다는 반응을 보이며 내 말을 독백으로 끝내버리는 게 현실이다. "그러다가 거기서 죽으면?"이라던가, "그 지역에 살고 있는 사람들은?", "한국에 있는 가족들은?", "인솔한 여행사는 어찌되나?" 등은 생각하고 싶어 하지 않는 단세포적인 사진가의 무모한 발상일 뿐이라는 것이다.

그럼에도 여행을 떠나기 직전 카슈미르에서 폭탄 테러가 일어났다는 뉴스를 듣고 두려워하기보다는 헤헤거리며 비밀스러운 기대감을 품고 떠난 나였다. 그런데도 무사히, 게다가 더욱 건강해져서 돌아온 것은 무슨 경우인가. 어찌되었든 이 지역으로의 여행은 라다크 사람들의 소박한 모습과 아름다운 히말라야의 산줄기 등 잊지 못할 풍경과, 긴장 속의 조질라 패스 Zojilla Pass 통과하기 등 많은 에피소드를 남겼다.

아울러 이 지역은 이듬해에 한 번 더 다녀왔기에 두 번째 여행에서 새로 들른 여행지와 만났던 사람들의 이야기도 함께 수록했다

Introduction

인도 북서부의 잠무카슈미르주 Jammu and Kashmir는 힌두교가 다수인 '잠무 Jammu'와, 무슬림이 다수인 '카슈미르', 불교도가 다수인 '라다크', 총 세 지역으로 나뉘며 일반적으로 카슈미르라고 불린다. 여름에는 북쪽의 스리나가르 Srinagar, 겨울에는 잠무가 중심 도시다. 힌두교와 이슬람교를 믿는 아리안족이 대부분이지만, 카슈미르 동부 지역인 라다크에는 라마교를 믿는 티베트족이 살고 있다. 따라서 하나의 주州에 속해 있지만 문화적·인종적·언어적으로 확연한 차이를 보이는 라다크는 별개의 주, 또는 인도이지만 인도가 아닌 것처럼 느껴진다.

북동쪽에 위치한 라다크와 북서쪽에 위치한 스리나가르는 각각 중국과 파키스탄과의 영토분쟁으로 자주 뉴스에 오르내린다. 특히 파키스탄과의 분쟁은 항상 긴장 상태에 놓여 있다고 해도 과언이 아니다. 이는 이 지역이 16세기 후반에 이슬람교 무굴제국의 일부였으며, 18세기 후반에는 아프간제국에 속했다가, 1819년에는 시크왕국령이 되었으며, 1846년 이후에는 영국령 인도 번왕국이 된 역사적인 문제와 관련이 있지만, 경제적인 이유도 크다. '행복의 계곡'이라고 불릴 만큼 풍부한 수원을 갖고 있는 인더스 Indus 강의 상류이자 비옥한 땅을 이루고 있기 때문이다.

라다크는 히말라야산맥을 뒤로하고 있으며, 일년 중 여덟 달 이상 눈으로 덮여 있을 정도로 고도가 높아 '고갯길의 땅'이라는 의미를 갖고 있다. 따라서 이 지역 사람들은 문명과 동떨어진 채, 거친 자연환경을 극복하며 신과 서로에게 의지하며 살아왔다. 산악 지역과 융설수融雪水: 눈이 녹은 물가 만들어낸 계곡이 이곳 사람들의 삶의 터전인 것이다.

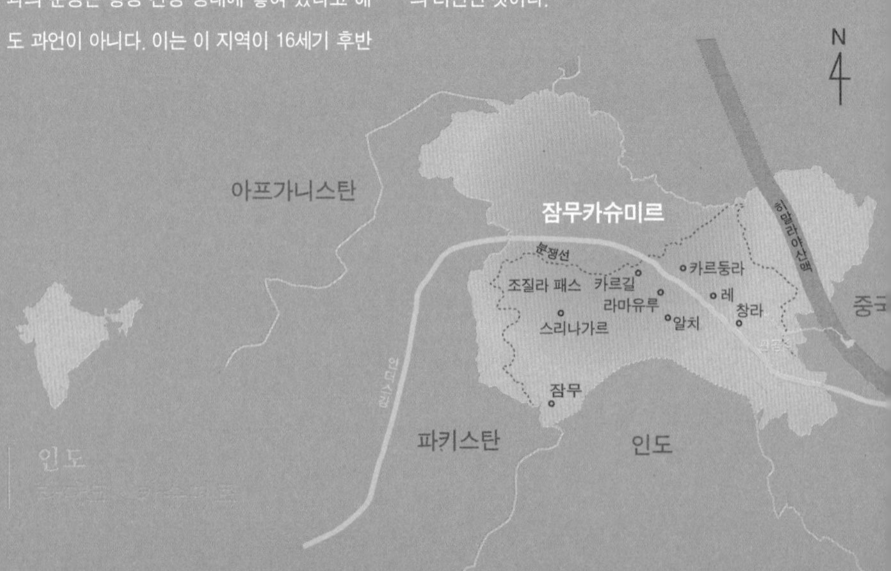

—

인더스강이 감싸고 있는 분지 지형의 카르길.
이렇게 평화로워 보이는 마을이 카슈미르 종교 분쟁의
전초기지 역할을 하고 있다.

—
리킬 곰파에서 만난 인자한 미소의 할머니.
작은 과자에도 만족스러운 표정을 지으셨다.
분명 뒤에 계신 부처님도 할머니를 만족스러워하실 거다.

마니차를 돌리는 할아버지.
겨드랑이에 향을 끼고 옴마니반메훔을 읊조리는 얼굴이 평안하다.
이제 곧 좋은 세상에 다시 태어날 것이라는 믿음에 한 치의 의심도 없는 듯.

판공초 가는 길의 작은 마을(위)과 조질라 패스의 웅장한 협곡(아래).
마치 신이 장난스러운 붓질로 그린 그림 같다.

스리나가르의 수상시장.
없는 것을 찾는 것보다 필요한 것을 찾는 게 훨씬 빠르다.

카르길에서 만난 아랍인들.
이 아름다운 미소 어디에서 탈레반과 오사마 빈 라덴을 떠올릴 수 있는가.
중요한 것은 종교가 아니라 사람을 생각하는 마음이다.

땅보다 하늘과 더 가까운 레

여행 첫째 날 오후 2시. 인도항공을 타고 델리Delhi를 향해 출발했다. 어떤 비행기를 이용하느냐에 따라 여행의 시작이 피곤할 수도 편할 수도 있지만, 일상의 무거운 짐을 잠시 내려놓아도 되기 때문에 마음만은 평안했다. 오후 5시 40분쯤 홍콩에 도착해 비행기 안에서 한 시간 정도 새로운 승객들을 기다렸다. 그때 갑자기 보안요원과 좌석확인요원, 청소 아주머니가 들이닥쳤다. 나는 불법승객처럼 겁먹은 눈으로 얌전히 앉아 있었다. 좌석확인요원은 내 자리를 확인하더니 허락도 없이 내 어깨에 스티커를 턱 붙여놓고 지나갔다. 흡사 도축장에서 도축한 소에 검인도장을 찍는 듯한 거침없는 손놀림에 잠깐 동안 죽은 소처럼 있어야 했다. 홍콩에서 다섯 시간을 더 날아가야 델리에 도착한다. 드디어 인도 시간으로 오후 8시 40분, 한국 시간으로는 밤 12시쯤 되어서야 델리공항에 도착했다. 눈꺼풀은 무거워 죽겠는데 입국 심사 받고 짐 찾는 데 한 시간 반이 걸렸다. 역시 몸은 피곤했다.

여행 둘째 날 새벽 2시 반. 두 시간 정도 눈을 붙였나 싶었다. 5시 반에 뉴델리공항에서 킹피셔Kingfisher항공을 타고 레Leh로 출발했다. 국내선인 데다 최근 일어난 폭탄 테러 때문인지 한국인은 나와 일행들밖에 없었다. 오전 5시 40분경부터 흰 구름 속에서 일출이 시작되었다. 몇 번이나 비행기에서 일출을 보아왔지만 히말라야산맥의 설산과 붉은 햇살, 구름이 만들어내는 웅장한 색상의 조화로움은 감탄을 자아냈다.

작은 솜뭉치를 던져놓은 듯 얇은 구름들 사이로 설산이 보이고 곰파가 너무 가까이 있다 싶을 무렵 별안간 비행기가 활주로에 내려앉았다. 조종사를 무시하는 것은 아니지만 곰파와 부딪히거나 설산에 박히는 것은 아닐까 싶을 정도로, 갑작스러운 레의 출현이었다. 나무 하나, 풀 한 포기 없는 그저 민둥산에 둘러싸인 작은 공항, 그게 레공항이었다.

히말라야 Himalayas 산맥과 카라코람 Karakoram 산맥 사이의 가파른 산악지대에 위치한 레는 해발 고도가 3,600미터에 달한다. 비행기에서 내리기도 전에 인솔자의 경고가 시작되었다. 절대로 서둘거나 뛰어다니지 말라는 것과, 고산병의 증세는 사람마다 달라서 배가 아프거나 머리가 아프거나 토할 것 같거나 등등 다양한 증세가 나타나므로 그럴 때는 무조건 쉬어야 한다는 것 등이었다.

첫날은 고산 지역에 적응하기 위해 가까운 올드타운 및 시장을 돌아본 후 쉬기로 했다. 곳곳이 라다크 특유의 건축물과 색다른 복장의 사람들, 외국인 관광객들로 넘쳐났다. 라다크 지방은 과거 티베트 왕국의 일부였고 10세기부터 19세기까지는 독립된 왕국이었으나, 19세기에 힌두 도그라 Dogra 족의 침입을 받아 현재까지 인도의 지배를 받고 있는 지역이다. 그러나 행정적으로 인도에 속해 있을 뿐 문화적으로는 '리틀 티베트'라고 불릴 정도로 티베트 사람들의 생활양식과 라마교의 종교양식 그대로 살아가는, 점차 중국의 한족에 동화되어 가는 티베트보다 더 티베트다운 지역이다.

틱세 곰파의 동자승들.
불경을 보나 본데 진지하기는커녕 만화책을 보는 듯한 개구쟁이들이다.

불심을 막을 수 있는 것은 아무것도 없다

올드타운으로 들어서자 세월의 풍화를 고스란히 보여주는 흙벽돌의 집들과, 타르쵸가 나부끼는 마을 너머로 하얀 눈에 덮인 산이 보였다. 아무 생각 없이 다니다보면 이곳의 고도를 느낄 수 없었지만 조금만 고개를 들어 위를 올려다보면 여지없이 설산이 보여 과연 높은 곳에 오긴 왔구나 싶었다. 하지만 위도가 낮아 춥진 않았다. 최대한 천천히 걸어야 한다는 심리적 압박감이 산소 부족으로 인한 신체적 부담감보다 더 무거웠다.

시장에 들어서자 수많은 가게에서 관광객을 부르는 모습이 보였다. 영어로 쓰인 간판과 서양인들로 붐비고 있는 중앙도로는, 과연 이곳이 엄격한 자연환경 속에서도 높은 정신문화를 향유하며 만족할 줄 아는 삶을 살아가는, '지상의 마지막 샹그릴라'로 불리는 라다크가 맞는지 의심스러울 정도였다. 이곳이 다른 관광지와 다른 점이 있다면 머리를 양 갈래로 길게 땋아 내린 흰머리의 할머니들과 할아버지들이 변해가고 있는 레와 상관없다는 듯 조그마한 마니차를 돌리며 무심히 걸어가고 있는 모습을 볼 수 있다는 것이었다.

헬레나 호지는 이곳의 문화를 연구하다 이들에게 도움을 줄 목적으로 『오래된 미래』를 발표했다지만, 이로 인해 여름이 되면 외국인들이 물밀듯 들어오고, 트레킹 장사로 여름 한철을 보내는 관광지가 되어버린 것에 대해서 어떻게 생각하는지 물어보고 싶었다. 그녀를 비난하고자 하는 것이 아니라 티베트가 그렇듯 라다크가 점차 변해가는 것이 아쉬웠기 때문이다.

소도시의 중앙로 같은 분위기의 시장을 둘러보고 호텔로 돌아가려는데 소마 곰파 Soma Gompa 에 큰스님이 오신다는 정보가 들어왔다. 밑져야 본전이라는 생각으로 곰파에 들어섰는데, 이게 웬일인가. 레 주민은 죄다 모인 것 같은 어마어마한 인파에, 잠시 심드렁해했던 레의 이미지는 사라지고 과거와 미래에 대한 염원만으로 가득 찬 진짜 라다크의 모습이 눈앞에 있었다. 라다크의 전통의상을 입고 손으로는 휴대용 작은 마니차를 돌리며 끊임없이 옴마니반메훔을 외치는 사람들이 큰스님을 기다리고 있었다.

북소리와 피리소리 때문에 정신이 하나도 없는데도 그 소란스러움은 작두 타는 무녀처럼 사람을 움직이게 만드는 힘이 있었다. 곰파를 향해 오

다람살라에서 오신 큰스님.
스님과의 거리가 가까운 사람일수록 불심이 깊은 것일까.
나도 누군가를 저렇게 열정적으로 안아보고 싶었던 적이 있었던가.

체투지를 하는 사람부터 소리 내어 경전을 읽는 사람까지, 그들은 저마다의 불심을 표현하고 있었다. 이들을 피사체로 삼아 정신없이 사진을 찍고 있는데 갑자기 경전 외우는 소리가 커지는가 싶더니 큰스님이 정문을 통과해 곰파 마당으로 들어서는 모습이 보였다. 수백 명의 사람들에게 질서라는 말을 외치는 것은 불심을 자제하라는 소리밖에 안 되는 것이었다. 가까이서 얼굴 쳐다보랴 옷 한 번 만져보랴, 이러다 사고가 나지 않을까 걱정스러울 만큼 이들의 불심은 정열적이었다.

큰스님은 개선장군처럼 손을 흔들고 만면에 환한 웃음을 지으며 계단을 올라 실내로 들어섰다. 사실 스님의 말씀을 가까이에서 들을 수 있는 사람은 선택 받은 사람들뿐이었다. 그런데도 아침부터 뙤약볕 아래에서 그를 기다리며 옴마니반메훔을 외우는 사람들의 전생이 궁금해졌다. 이들의 전생보다 더욱 궁금한 것은 곰파의 문턱을 넘지도 못하고 그 앞에서 손을 벌리고 구걸하고 있는, 한쪽 손과 눈이 없는 노파의 전생이었다. 모든 것을 팔자로 받아들이면 편할 것을 종교와 연관 지으면 머리만 복잡해진다.

샨티 스투파의 슬픈 눈동자

새벽 2시 반부터 움직였으니 피곤해서 일몰을 보러 가기 전까지 잠시 쉬기로 했다. 잠이 오지 않아 가져간 책을 보며 누워 있자니 갑자기 손발이 저리며 어지럽고, 힘이 빠지며 토하고 싶은 느낌이 들었다. 허리를 만져보니 마치 쌀겨를 넣어 만든 베개를 만지는 것 같았다. 아무래도 고산병 증세가 시작되는 것 같았다.

오후 4시에 호텔을 나서 15세기에 건축된 남걀 체모 곰파Namgyal Tsemo Gompa에 들렀다. '작은 포탈라궁Potala Palace: 라싸에 있는 달라이 라마의 궁전'이라는 별명을 가진 레 왕궁 뒤의 가파른 바위산에 흙벽돌을 쌓아올리고, 흰색 페인트를 칠해 만든 곰파로 3층 높이의 미륵불이 모셔져 있었다. 이 곰파보다 더 인상적이었던 것은 파란 하늘에 휘날리고 있던, 곰파 앞의 바위와 뒤의 바위산을 연결하는 다양한 색상의 타르쵸였다. 부처님의 자비와 지혜가 널리 퍼지길 기원하는 숭고하고 거대한 의미와는 달리, 작고 흰 곰파와 앙증맞게 어울리는 모습이 마치 초등학교의 가을 운동회에 온 것 같은 느낌이었다고 하면 결례일까.

타르쵸 꼭대기까지 올라가 보고 싶어서 카메라 렌즈를 등 뒤로 돌리고 양손으로 바위를 짚어가며 산을 오르기 시작했다. 두세 발자국 만에 숨이 가빠지고 머리가 빙빙 돌았다. 일행 중 아무도 시도하지 않는 무모한 짓임에도 한 번 시작하면 끝을 보는 성격 탓에 결국은 타르쵸의 시작점까지 올라갔다. 인솔자는 위험하니까 그만 내려오라고 성화였다. 부처님의 지혜가 조금은 내 머릿속에도 전달될지도 모른다는, 아니 부처님이 더 나은 윤회의 저편으로 나를 이끌어주실지도 모른다는 욕심을 갖고 오르고 있다는 것은 전혀 모르는 듯했다. 아무래도 고산병은 뇌에도 영향을 끼치는 게 아닐까 싶었다.

오후 5시 반에 샹스파Changspa 바위산 정상에 있는 샨티 스투파Shanti Stupa에 올랐다. 이 사원은 일본의 불교 종파인 일련정종의 사원으로 1985년에 달라이 라마가 개원식에 참여했다고 한다. 흰색 돔 형태인 이 사원은 규모도 작고 예술미가 거의 없었다. 오히려 투박하고 소박하면서도 나름의 색감을 고집하는, 라다크의 스투파와는 다른 다소 생뚱맞은 모습이었다. 이름 그대로 '싼 티'가 났다.

하지만 이곳은 레 왕궁과 남갈 체모 곰파를 포함한 레의 전경을 보며 일몰을 감상할 수 있다는 장점이 있다. 그래서 편안한 마음으로 하루 일정을 마무리하기 위해 이곳에 올라와 해가 지기를 기다리는 사람이 많

산티 스투파에서 바라본 남걀 체모 곰파와 레의 전경.
레에서의 첫날을 보내기에 가장 좋은 장소임이 틀림없다.

았다. 사람들은 왜 일출과 일몰에 집착하는 것일까. 일출은 또 다시 피곤한 하루가 시작된다는 것을, 일몰은 하루를 무사히 보냈다는 안도감을 줄 뿐이라고 생각하는 건 비관적인 발상일까. 어쨌든 사람들은 생각에 잠기거나 대화를 나누며 일몰을 기다리고 있었다. 태양이 지면 추억이 될 기억을.

남걀 체모 곰파의 타르쵸.
정상에 오르고 싶다면 몇 가지 조건이 있다. 폐에 산소를 충분히 공급할 것, 다섯 걸음마다 쉬어 갈 것, 자세를 최대한 낮출 것, 다이아막스를 반쪽 이상 먹고 조금은 무모해질 것.

카르둥라에 서면 세상을 얻은 것 같다

여행 셋째 날. 오전에 카르둥라Khardung la라고 하는 고개 정상에 오르기로 했다. 이곳은 해발 고도 5,606미터에 달하는 지역으로, 세계에서 가장 높은 자동차도로가 있다는 게 자랑거리였다. 일기예보에 눈까지 온다기에 상의를 세 겹이나 입고 나섰다. 과연 고도가 높아질수록 바람이 차고 진눈깨비도 흩뿌려 차에서 내려 잠깐 사진 몇 컷 찍는 데도 손이 빨개지며 곱았다.

도대체 몇 십 번째 커브인지도 모르는 길을 굽이굽이 돌아 올라 거의 고개 정상에 오를 무렵, 군인들을 싣고 가던 트럭이 고장 났는지 서 있었다. 말은 통하지 않지만 자신들이 갖고 있는 무기보다 더 무거워 보이는 카메라를 맨 우리들이 싫지는 않았나 보았다. 어딘가 모르게 자신과 다르게 생긴 동양인을 신기해하면서도, 눈웃음을 지으며 포즈를 취하는 젊고 잘생긴 군인 오빠가 무척 귀여웠다. 잘생긴 젊은 군인이 〈타이타닉〉의 여주인공처럼 두 팔을 벌려 뒤로 떨어지는 시늉을 해 보였다. 잘생기면 뭐든 용서가 되는 법이다.

이곳은 중국과의 접경 지역으로 카슈미르보다는 덜하지만 그래도 영토분쟁이 일어나고 있는 곳이기 때문에 군인 트럭이 계속 지나다녔다. 우리가 올라온 길을 내려다보니 그 아래 까마득한 빙식곡이 이어져 있었고, 그 위에 쌓인 하얀 융설수가 레의 식수가 되어 여름 한 철이지만 풀을 자라게 하고 있었다.

오전 10시쯤 겨우 카르둥라 정상에 올랐다. 역시나 소박한 초르텐과 나부끼는 타르쵸가 이곳의 존재 가치를 말해주고 있었다. 고생했을 운전기사와 사탕을 나눠 먹으려고 하는데 도무지 이름이 생각나질 않았다. 분명 '어' 또는 '아'라는 음절이 들어갔던 것 같은데 결국 그의 이름인 '아죽'이 생각나지 않아서 "어죽? 어묵?"이라고 불렀는데 그가 돌아보았다. 아죽은 맛있는 이름을 가진 기사였다.

카르둥라에서 내려와 호텔에서 점심을 먹는데 일행 중 한 남자의 상태가 좀 이상했다. 얼굴은 분명 벌겋게 열이 올라 있는데 땀이 나질 않는다는 것이었다. 머리가 깨질 듯 아프고 화끈거리는데도 땀이 나질 않아서 고통

카르둥라 정상.
손을 뻗어 뜯어 먹으면 달콤한 솜사탕 맛이 날 것 같은 구름이 아주 가까이 있다.

스러운, 특이한 고산병에 걸린 것이었다. 그런데 더 어이없는 것은 인솔자가 고산병 치료제를 주었는데도 어디선가 비아그라가 고산병에 좋다는 말을 듣고 그 약만 계속 먹어왔다는 것이었다. 비아그라만 고집하는 일행에게 다른 처방은 없어 보였다. 어쩌면 땀으로 배출되어야 할 열이 엉뚱한 쪽에서 발산되었을지도 모를 일이었다. 이 사람은 결국 고도가 낮은 스리나가르에 가서야 정상으로 돌아왔다.

오후에는 레의 북서쪽에 있는 피양 곰파Phyang Gompa를 보러 갔다. 곰파 주변의 마을은 너무도 소박해 온 동네 사람이 다 모여도 백 명이나 될까 싶

카르둥라에서 만난 잘생긴 인도 군인.
듣고 있는 음악은 영화 〈타이타닉〉 주제가인 「My heart will go on」이 아닐까.
나를 향한 노래라고 믿고 싶다.

었다. 그나마 곰파로 향하는 길만은 아스팔트 포장이 되어 있는 것으로 보아 마을의 중심은 역시 곰파임을 알 수 있었다. 피양 곰파 또한 다른 곰파와 색깔이나 모양은 큰 차이가 없었다. 벽은 흙벽돌에 주로 흰색 페인트가 칠해져 있었고, 문과 창문은 이곳이 문이라는 것을 주장하기라도 하듯 테두리를 적갈색으로 칠해놓았다. 건조한 기후 지역이라는 것은 지극히 평평한 지붕들만 보아도 알 수 있었고, 나무 하나 없는 주변의 산과 달리 그래도 풀이 자라 농사를 짓고 있다는 것은 이곳이 오아시스가 있는 곳임을 말해주고 있었다.

곰파에 들어서려는 찰나 갑자기 돌풍이 불었다. 엄청난 흙먼지를 동반한 돌풍은 얼굴이 따가울 정도로 매서워서 숨을 쉴 수가 없었다. 나의 커다란 몸이 날아갈 리도 없는데 몸은 자연스럽게 기역 자로 구부러졌다. 죄 많은 몸은 성스러운 곰파에 들어서면 안 된다는 듯했다(나중에 호텔로 돌아와서 들으니 이 지역은 오후 3~5시 사이에 돌풍이 분다고 했다. 아마도 강한 일사에 의한 일시적인 대류 현상이 아닌가 싶다). 겨우 곰파 안으로 들어섰지만 바람이 더욱 거세져 일단은 부처님과 달라이 라마의 상이 모셔져 있는 실내로 들어섰다. 몇몇 라마승들이 친절히 맞아주었지만 정신은 계속 멍했다.

잠시 후 겨우 숨을 돌리고 나서야 카메라가 걱정되었다. 이런 날씨에는 절대로 렌즈를 바꿔 끼우지 말아야 한다. 자칫 먼지가 들어가서 고장이라도 나면 여행 초입부터 망가진 카메라를 들고 한숨 섞인 허무한 셔터질만 해야 할지도 모르기 때문이다. 거친 바람 속에서 주황색 가사와 자주색 바지를 입은 라마승 한 분이 정원에 세워진 나무 기둥에 묶어 놓은 붉은 천을 감고 있었다. 돌풍에 천의 끝부분이 풀어진 것이다. 마음 같아서는 광각 렌즈로 갈아 끼우고 하늘까지 넣어서 찍고 싶었지만 참아야 했다. 나는 부처님을 향한 마음보다 카메라에 대한 욕심이 더 큰 소인배 짝사일 뿐이었다.

유채밭을 따라가면 따뜻한 집이 있다

첫 번째 라다크 여행 때는 카르둥라 정상까지만 갔다가 돌아왔지만 다음 해 다시 찾았을 때는 카르둥라를 넘어 수모르Sumoor 지역의 누브라Nubra 계곡에서 하루를 묵었다. 여전히 아름다운 카르둥라는 눈을 떼지 못할 정도였고, 지난해에 보았던 생수병을 수송하다 추락한 트럭의 잔해는 더 많이 녹슬어 있었다. 카르둥라를 넘자 별세계가 나타났다. 눈 덮인 정상과 달리 누브라 계곡 주변에는 초록의 밀밭과 보리밭이 펼쳐져 있었고, 작은 초원에는 방목한 양과 소, 당나귀와 야크 떼 때문에 군데군데에 하얀색과 누런색, 갈색과 까만색이 나타났다.

이름 모르는 마을에 들러 도시락으로 점심을 해결하고 잠시 마을을 둘러보기로 했다. 보리밭과 유채꽃밭으로 둘러싸인 마을이 너무 예뻤기 때문이다. 함께 간 피부과 의사는 여기가 바로 샹그릴라일 것이라며 감탄하다가 너무나 초라한 병원을 보더니 이곳에 개업을 하고 싶다고 했다. 이곳 사람들의 열악한 형편상 거친 피부를 아무리 잘 치료해준다 해도 진료비를 받지 못할 게 뻔하니, 차라리 무료봉사를 결심하는 편이 나을 것이라고 생각했다. 학교에서 돌아오는 아이들을 마중 나온 어머니가 아이들의 손을 잡고 물고랑을 넘는 모습이 키 큰 보리밭 사이로 가끔씩 드러났다. 이렇게 평안하고 조용하고 아름다운 마을에서 살아가는 이들의 심성이, 악업을 쌓지 않으려는 종교와 만났으니 어찌 선하고 따뜻하지 않을 수 있을까 싶었다.

누브라 계곡의 숙소에 도착해 카메라를 메고 마을을 둘러보니 작은 골목골목에서 당나귀가 튀어나오기도 하고 소들이 다가오기도 했다. 녀석들

누브라 계곡 가는 길에 있는 작고 아름다운 마을.
노란 유채를 따라가다 보면 그림 같은 집에 선하고 따뜻한 마음씨의 라다크 사람들이 살고 있다.

은 너무도 무심히 지나가는데 왠지 나는, 녀석들이 다가오면 본능적으로 담벼락 쪽으로 비켜서게 되었다. 그렇게 여기저기 돌다보니 어느 순간 숙소가 있는 방향을 잃어버리고 말았다. 함께 나섰던 피부과 의사와 인솔자의 의견이 엇갈리자, 두 사람은 진 사람이 자신이 찍은 4GB짜리 메모리카드를 이긴 사람에게 주기로 내기를 했다. 결국 인솔자가 이겼지만 (더듬이가 달려 있는 게 분명해 보였다) 둘 다 진심으로 메모리카드를 걸지는 않았을 것이다.

무사히 숙소로 돌아와서 보니 숙소 입구 바로 옆에 물이 세차게 쏟아지

피양 곰파 앞에서 만난 라다크 전통무용단.
복장뿐만 아니라 신발과 표정까지 세심하게 신경 쓰는 프로들이다.

고 있는 파이프가 있었다. 손을 대보았더니 무척 차가워 손이 시릴 정도였다. 텐트에 냉장고가 있을 리 만무하니, 샤워장에 있던 양동이를 가져와서 물을 받아다가 냉장고로 쓰기로 했다. 물방울무늬가 그려진 모시 잠옷을 입은 의사 선생님과 함께 빨간 양동이 가득 물을 길어 가는 모습은 영락없는 산골 남녀였다. 양동이 냉장고에 뭔가를 가득 채워 넣어야 그 용도를 다할 것 같아서 마시다 만 생수 몇 병과 숙소 여기저기에 달려 있는 살구를 따서 넣어두었더니, 소문을 듣고 찾아온 일행들이 자신의 생수병까지 죄다 넣어달라고 성화였다. 새로 장만한 냉장고는 금세 가득 차버렸다. 밤이 되자 텐트 주변의 빽

누브라 계곡 주변에 있는 호수의 아름다운 반영.
누브라의 옛 이름은 두므라(Dumra)였는데 '꽃이 가득한 계곡'이란 뜻이다.
하늘과 호수에 구름꽃이 피었다.

빽한 미루나무 위로 촘촘히 별들이 나타나고 엷은 은하수가 흘렀다.

다음 날 레로 돌아가는 길에 반영反映이 아름다운 커다란 호수가 있어 잠시 촬영을 하고 가기로 했다. 호수 옆 습지에는 당나귀들이 풀을 뜯고 있었다. 욕심 같아서는 당나귀에게 더 가까이 다가가 호수에 비친 산과 하늘, 당나귀를 함께 촬영하고 싶었지만, 신발이 이미 축축하게 젖어들어 가고 있었기에 뒷걸음질 칠 수밖에 없었다. 앞으로는 여행지에서 호수를 보는 일정이 포함되어 있으면 준비물 목록에 패셔너블한 장화를 포함시켜야겠다고 생각했다.

다시 카르둥라 고개를 넘는데 좁은 길에서 시크교도들이 가득 탄 지프와 마주쳤다. 어느 한쪽이 양보해야 하는 상황이었는데 역시 내면수양과 윤회를 믿는 시크교도이어서인지 아찔한 절벽 위인데도 후진해서 길을 열어주었다. 때마침 가이드의 휴대폰에서 가수 인순이의 「거위의 꿈」이 흘러나왔다. 거위의 꿈은 거위가 꾸면 될 것이고, 2009년 카르둥라에서의 꿈은 적어도 생수병 수송 차량의 운전사처럼은 되지 말아야 한다는 것이었다.

틱세 곰파의 동자승들은 달리기 선수

여행 넷째 날 오전 7시 30분, 틱세 곰파 Tikse Gompa 의 전경이 보이는 곳에 도착했다. 이렇게 이른 시간에 간 이유는 레에 있는 곰파 중 틱세 곰파가 아침 예불을 일반인에게 공개하는 유일한 곳이기 때문이다. 높은 돌산 위에 지은 커다랗고 예쁜 이 곰파에는 수많은 수도승, 특히 어린 동자승들이 수행을 하고 있다. 출입구로 이동하려는데 곰파에 오르고 있는 빨간 승복의 까까머리 동자승 셋이 보였다. 녀석들은 마을에 심부름을 갔다 오는 것인지 각자 짐을 하나씩 들고 부지런히 계단을 오르고 있었다. 「학교종이 땡땡땡」을 부르며 재롱부리고 있어야 할 녀석들이 공부하러 가는 장소로는 너무 높고 커 보였다.

하지만 감상에 젖어 있을 때가 아니었다. 예불이 끝나는 8시경 전에 도착해야 했기 때문이다. 차에서 내려 부지런히 계단을 올라가서 티켓

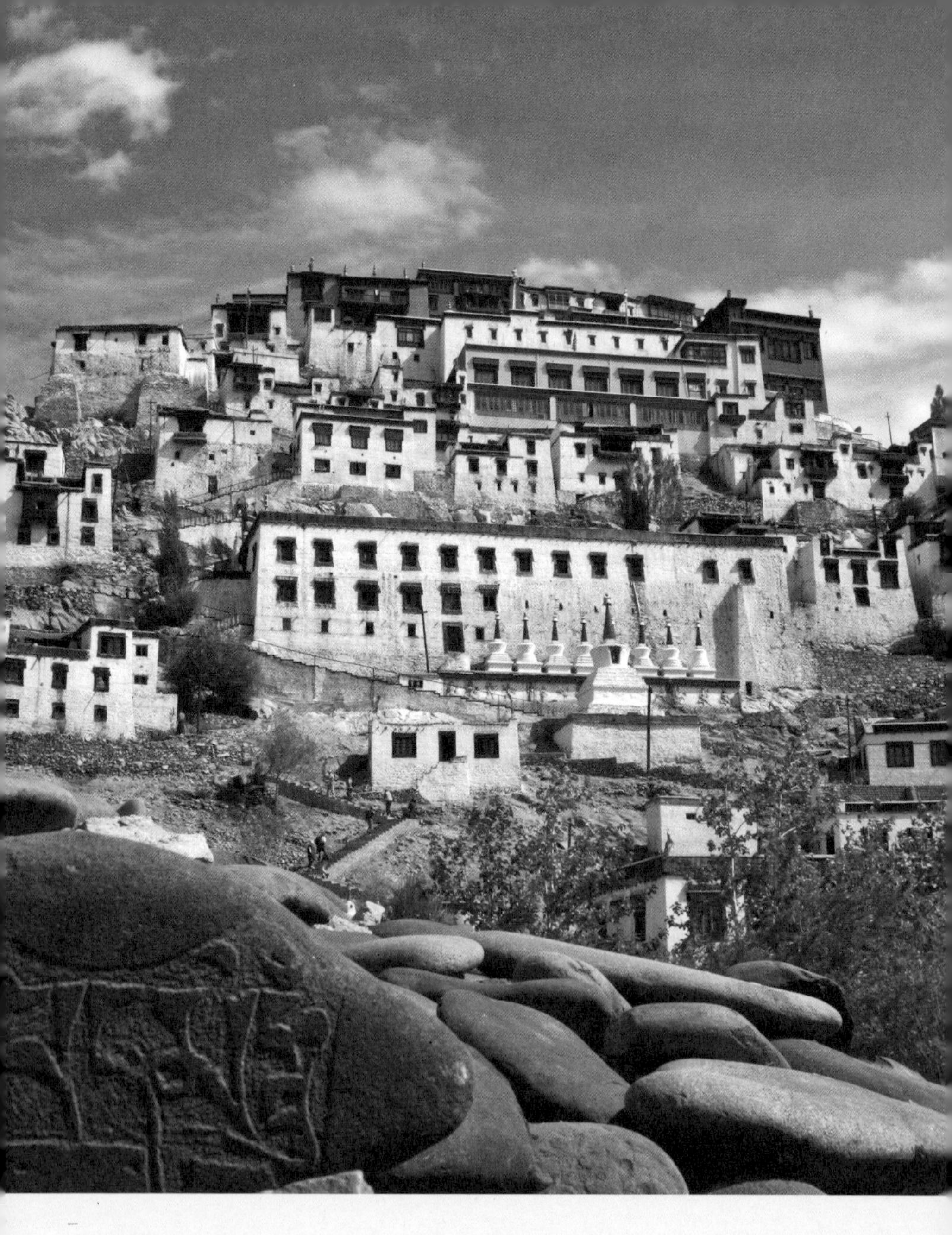

—

틱세 곰파의 전경.
가까이 보이는 돌에는 옴마니반메훔이 새겨져 있고,
저 멀리 계단에는 빨간 승복을 입은 동자승들이 틱세 곰파로 뛰어올라가는 게 보인다.

을 끊은 것이 7시 50분이었다. 마지막 계단의 코너를 돌려고 하다가 문득 뒤를 돌아보니 아까 멀리서 보았던 동자승 셋이 환하게 웃으며 계단을 뛰어 올라오고 있는 것이 아닌가. 가위바위보로 정했는지 한 녀석만이 하얀 비닐가방을 어깨에 메고 있었는데, 셋이 나란히 뛰어오는 모습이 어찌나 밝고 예쁘던지 갑자기 눈물이 났다. 누가 먼저 도착하는지 내기라도 했나 보았다. 고무 슬리퍼를 벗어 던지고 법당으로 들어서는 녀석들을 따라 들어가 보았다.

넓은 법당에는 법문을 읽고 있는 주지 스님과 기다란 나팔을 부는 스님, 제법 많은 수의 서양 관광객과 동자승이 있었다. 하지만 동자승들은 법문에 관심이 없는지 자기들끼리 키득거리며 수다를 떨고 있었다. 마지막으로 들어간 세 동자승이 끄트머리에 앉기에 나도 그 옆에 앉았다. 외국인들의 얼굴을 갖고 품평회라도 하는지 녀석들이 일행들을 뚫어지게 쳐다보기에, 볼펜을 건네기도 하고 사탕을 주기도 했더니 씩 웃어주었다. 동자승들에게는 부처님의 말씀보다 더 재미있는 일들이 이른 아침부터 생긴 것이다.

볼펜을 받은 녀석들은 써보고는 싶은데 종이가 없는지 성스러운 불경에 글씨를 끼적이기 시작했다. 왠지 그래서는 안 될 것 같아서 수첩을 한 장 뜯어 주었더니 서로 달라고 손을 내밀었다. 그래서 한 장씩 뜯어서 주었더니 그 종이도 아까운지 쓰지 않고 자신들의 불경에 끼워두었다. 이럴 줄 알았으면 좀 더 많은 수첩을 가져올 것을. 너무 소란스럽게 만든 것은 아닌가 싶어 옆을 보았더니 나팔을 불고 있는 스님이 괜찮다며 고개를 끄덕였다.

수백 개의 계단을 단숨에 올라온 동자승들.
맨 오른쪽에 있는 녀석이 내기에 졌을 것이다.
가운데에 있는 어린 동자승은 결국 내 두 눈을 그렁그렁하게 만들었다 .

예불이 끝나고 동자승들이 밖으로 나오자 원 없이 사진을 찍었다. 그 많은 동자승들이 원해서 이곳에 있겠는가. 가난해서 입 하나 덜려고 부모가 맡긴 아이도 있을 테고, 이제 그만 집으로 돌아가 학교에 다니고 싶은 아이도 있지 않을까. 진실로 깨달음을 얻기 위해 곰파에 살고 있는 동자승이 있다면 그 아이는 이미 부처가 아닐까 싶었다.

틱세 곰파를 나와서 인더스강을 거슬러 올라 헤미스 곰파 Hemis Gompa 로 향했다. 이 곰파는 라다크 지방에서 가장 규모가 크고, 많은 보물을 소장한 부유한 곰파로, 여름 6~7월 에 열리는 승려들의 가면 축제가 유명하다. 이곳의 주요 유물은 보존 상태가 양호한 오래된 벽화나 불탑, 불상, 탕카Thanka: 티베트식 불화 등이다. 벽화가 그려져 있는 회랑의 그늘에 앉아 있으니 살랑살랑 불어오는 바람이 더없이 시원했다. 돗자리라도 하나 깔고 누워, 오가는 승려들이 나누는 알 수 없는 라다크의 언어를 그저 불경 소리려니 하고 들으며 낮잠을 자면 딱 어울릴 만한 곳이었다. 17세기 남걀 왕조 때 세워진 이 곰파의 이름을 따 이 지역을 헤미스라고 할 정도로 라다크 내 사원 중 중요한 위치를 차지하고 있는 헤미스 곰파는 예수가 부활한 뒤에 머물렀다는 기록이 있으며, 린포체Rinpoche, 환생한 승려가 대대로 주지를 세습하는 곳이기도 하다.

곰파 바로 아래에 있는 마을에는 작은 곰파처럼 생긴 집들이 파란 하늘과 초록의 밀밭을 배경으로 다닥다닥 붙어 있었다. 특이한 것은 얼굴만 한 둥근 돌덩어리로 담장을 해두었는데 돌마다 옴마니반메훔이 적혀 있다는 것이었다. 이들의 불심이 어느 정도인지 알 수 있는 모습이었지만, 불경스럽게도 그 위에서 도마뱀들이 일광욕을 하고 있었다.

다음 날이면 레를 떠나야 한다는 생각에 아쉬운 마음을 안고 오후엔 시내로 나갔다. 따가운 햇살 때문에 시원한 맥주 한 잔이 그리워져 식당을 찾아보니 4층짜리 건물에 〈리뷰 레스토랑〉이 있었다. 탁 트인 옥상에 파라솔과 테이블을 둔 식당이었다. 이곳에서는 남걀 체모와 레의 시가지가 모두 보였다. 건너편에는 첫날 보았던 소마 곰파와 그 앞에서 여전히 구걸을 하는 노파가 앉아 있는 게 보였다. 차가운 킹피셔Kingfisher 맥주 한 잔으로 갈증을 해결했다. 인도에서 가장 유명한 이 맥주는 쌉싸래한 맛이 일품이다. 이 맥주를 팔아서 킹피셔항공을 차렸다고 하니 판매량이 어느 정도겠는가. 인도를 몇 번 가다 보니 이젠 킹피셔의 맛을 즐길 줄도 알게 되었다.

한 방울의 물이 마르지 않도록 하려면,
판공초에 던지면 된다

레에서 동쪽으로 290킬로미터 정도 떨어진 곳에 판공초Pangong Tso, Pangong Lake가 있다. 두 번째 라다크 여행에서 해발 고도 5,360미터나 되는 창라Chang La를 넘어 왕복 열 시간가량 걸리는 판공초에 다녀왔다. 판공초는 해발 고도 4,350미터에 폭이 최대 7킬로미터, 길이가 최대 154킬로미터나 되는 어마어마하게 큰 염호鹽湖다. '판공'이란 '거대한 함몰지'라는 의미다. 호수의 3분의 1은 인도, 3분의 2는 중국에 속하기 때문에 호수 전체를 다 돌려면 중국 비자도 받아야 한다.

창라 가는 길에 〈삼사라Samsara〉라는 영화의 배경이 된 쳄레Chemre 마을과 곰파가 보였다. '삼사라'라는 말은 '생과 사의 순환', 즉 윤회를 뜻하는 산스크리트어다. 이 영화는 3년의 수행을 끝낸 주인공 타쉬가 깨달음의 진정한 의미를 찾아가는 내용이지만, 영화에 등장하는 선문답과 은밀하고도 야한 장면 때문에 불교 영화인데도 의외의 반향을 불러일으켰다. 영화는 초반부에 "어떻게 해야 한 방울의 물이 영원히 마르지 않는가"라는 질문을 던져두고, 중반부에는 파계 후 색욕에 탐닉하는 범부凡夫의 모습을 보여주다가, 마지막에는 다시 깨달음을 얻기 위해 수행의 길로 들어선 그의 앞에 부인인 페마가 나타나 "부처가 수행의 길로 들어섰을 때 남겨진 아쇼다라 부처의 아내 의 마음"을 묻는다. 사라진 그녀 뒤로 "어떻게 해야 한 방울의 물이 영원히 마르지 않는가"에 대한 답이 돌에 새겨져 있다. "바다에 던지면 되느니." 질문과 정답은 명쾌하지만 이 영화가 주려고 하는 메시지는 해석하기 나름일 것이다. 깨달으려 하는 것 자체가 욕망이요, 욕망에 몸부림치며 몸을 탐해 얻은 것이 깨달음일 수도 있다는 뜻의 매우 어려운 영화였다.

어쨌든 판공초는 높은 고도에 있는 만큼 가는 길에 수많은 고개를 넘어가야 하는데, 도중에 보이는 아름다운 마을과 풍경이 위로해주지 않았더라면 가다가 지쳐서 돌아올 만한 일정이었다. 설산에서 녹은 물이 흘러 작은 개울과 큰 개울을 만들고 있고, 작고 앙증맞은 야생화들이 눈을 즐겁게 해주며, 제법 큰 호수의 맑은 물결은 마음속에 드는 아집과 번뇌를 씻어주었다.

드디어 창라 정상에 올랐지만 온 것만큼 이제는 내려가야 했다. 문제는 여름철에는 융설수의 유량이 늘어나 도로며 다리마저도 유실되어버리는 커다란 돌투성이 구간이었다. 도저히 길이라고 부를 수 없는 이 구간을 통과해야만 했다. 입에서 저절로 "음, 음" 하고 힘주는 소리가 났다. 지프를 향해 좀 더 힘을 내라는 의미였는데 일행은 내 신음 소리가 너무 에로틱하다고 했다. 일행 모두 이런 급박한 상황에 나온 재치 있는 유머에 웃음이 터지고 말았다. 지프도 이 상황이 웃겼는지 갑자기 시동이 꺼졌다 다시 걸렸다. 에로틱한 신음 소리 덕분에 무사히 위험 구간을 빠져나온 꼴이 되어버렸다.

드디어 판공초에 도착했지만 생각보다 아름답지가 않았다. 아니, 서둘러 다시 돌아가야 한다는 압박감에 제대로 둘러보지도 못했다는 표현이 맞을 것이다. 준비해 간 도시락을 몇 숟가락 뜨고 호수의 물을 찍어 먹어 보니 약간 짭조름했다. 설사 맹물 맛이었다고 해도 그것을 따질 여유 따위는 없었다. 다시 지프를 타고 맹렬히 달렸다. 위험 구간은 올 때보다 확실히 유량이 늘어 있었다. 다행히도 시동을 꺼뜨리지 않고 무사히 건넌 운전기사 님마에게 "아차헤(잘했어)"라는 말과 함께 팁을 주었다. 님마의 얼굴은 자랑스러움 그 자체였다.

움직이지 않으면 보이는 것 또한 없다

여행 다섯째 날. 출발 전에 호텔 주변을 산책하고 있는데 할머니 세 분이 시장에 야채를 팔러 나가는 것인지 무청과 당근, 저울 등을 넣은 광주리를 등에 매고 다가오셨다. 라다크 말은 "줄레(안녕하세요)"라는 인사밖에 모르기 때문에 "줄레, 줄레" 하며 인사를 했더니 할머니들도 웃으면서 "줄레" 하고 답해주셨다. 사탕을 드리자 당근을 주셨다. 작고 흙투성이인 이 당근을 어찌할꼬…… .

레에서 50킬로미터가량 떨어진 리킬Likir로 향했다. 인더스강을 따라 서쪽으로 이동하길 한 시간 정도 지나자 독특한 풍경이 나타났다. 탁한 회색의 인더스강과 약간 붉은 기가 도는 잔스카르Zanskar강이 합류하는 곳이었다. 인더스강의 회색에 잔스카르강의 붉은색이 묻힌 채 강물은 파키스탄을 향해 흘러갔다.

레보다는 도로 사정이 좀 나아 제법 포장된 도로가 나왔다. 하지만 가드레일은 흰색으로 페인트를 칠한 돌멩이가 전부였다. 사고 방지를 위한 시설물이 아니라 그저 이 돌멩이 밖은 절벽이라는 의미였다. 좀 더 달리자 누런 바위산과 허허벌판이 이어진 가운데 신발 한 켤레가 눈에 띄었다. 어디 자살할 만한 절벽이나 하천도 없는데 신발 주인은 어딜 간 것일까. 깨달은 바가 있어서 멀리 보이는 리킬 곰파까지 맨발로 걸어갔는지 알 수 없는 일이었다.

지은 지 950여 년이 되었다는 리킬 곰파에 들어서니 따뜻한 미소를 가진 할머니 한 분이 움푹 팬 벽에 만들어놓은 수많은 마니차를 돌리며 곰파를 돌고 있었다. 검은 머리보다는 흰머리가 더 많은 긴 머리를 양 갈래로 땋고, 손으로 검은색 긴 염주를 돌리며, 때 묻은 야크 가죽과 털로 만든 두툼한 조끼인 로파Lopa를 걸친 전통의상 차림이었다. 왜소한 체구의 할머니에게는 너무 무거워 보였지만 대부분의 라다크 노인들은 모두 같은 복장이었다. 남루한 할머니의 모습과는 대조적인, 누런 금장의 부처님이 할머니를 내려다보고 있었다.

오후 12시쯤 라마유루 곰파와 함께 라다크에서 가장 오래된 절인 알치 곰파Alchi Gompa에 도착했다. 알치 곰파는 높은 언덕이 아닌 평지에 세워진 덕에 주변 집들에 묻혀 이슬람교도들에게 파괴되지 않고 보존될 수 있었다고 한다. 이 곰파는 티베트 양식과 카슈미르 양식이 결합되어 지어진 곰파 중 현존하는 유일한 사원으로, 특히 카슈미르 양식의 벽화들은 정교하고 세련된 아름다움으로 유명하다. 벽화를 비롯한 소형 좌불상 등을 보호하기 위해서 촬영은 금지되어 있다. 이를 어기고 몰래 도둑촬영을 한 사람의 카메라가 바로 고장이 났다는 가이드의 말에 바로 카메라 전원을 꺼버렸다. 내 손가락을 믿지 못했기 때문이다.

곰파를 나온 후 마을을 돌아보니 곳곳에 살구나무가 심어져 있었다. 크기로 보면 우리나라 것보다 작지만 주황색의 그 열매는 틀림없이 살구가 맞았다. 원래 과일을 잘 먹지 않는 나로서는 선뜻 내키지 않았지만, 이곳에 농약이 있을 리 만무하기에 하나만 맛볼까 싶어서 따 먹어보니 어찌나 부드럽고 달콤하던지 걸어 다니면서 족히 스무 개는 먹었던 것 같다.

마을 초입에 있는 학교에 가보니 검은 바지에 파란 셔츠를 입고 줄무늬 넥타이를 맨 아이들이 수업을 받고 있었다. 학교라고 해봐야 먼지투성이의 작은 건물 하나뿐이었지만 아이들의 미소는 해맑았다. 선생님의 허락으로 교정에 들어서는데, 운동장에 앉아서 수업하던 초등학교 1, 2학년쯤 되어 보이는 아이들이 신기한 듯 우리를 쳐다보았다. 그중에 눈에 띄게 귀여운 여자아이가 있어서 찍으려고 다가갔는데 애들이 죄다 주변에 몰려들었다. 하지만 유독 그 아이만은 슬픈 듯이 눈을 찡그리고 있었다(나중에 안 사실이지만 이 아이는 네팔 출신이었다). 고학년으로 보이는 여자아이들이 학교 밖의 쵸르텐 주변에서 놀고 있기에 뒤쪽에서부터 달려와 보라고 하자 애들이 어찌 다 알아들었는지 원하는 표정 그대로 달려왔다.

두 번째로 알치를 찾았을 때는 이곳 아이들의 사진을 커다랗게 인화해서 가져갔다. 사진 속의 아이들을 모두 만날 수 없을진 몰라도 적어도 학교는 남아 있을 테니까, 어떻게든 전달이 된다면 아이들에게 좋은 선물이 되겠지 싶었다. 선생님에게 사진을 보여주며 내 의사를 전달하자 선생님은 아이들을 한 명씩 불러주었다. 문제는 선생님과 아이들은 사진 속의 얼굴이 일

먼지 낀 초라한 스투파 옆길을 달려오는 아이들.
낙엽이 굴러가는 것만 보아도 웃음보가 터지는 영락없는 소녀들이었다.

년 전의 그들이 맞는다는데, 나는 도무지 같은 아이가 맞는지 구별을 못하겠다는 것이었다. 성형수술을 했을 리도 없고 일 년 사이에 아이들이 훌쩍 커버렸던 것이다. 여행지에서 이방인은 그저 스쳐가는 바람이었을 뿐이고, 사람들은 이방인의 기억 속에서만 생생한 추억으로 남아 있었다.

가장 조숙해 보이던 남자아이들은 레의 중학교로 진학을 했고, 눈을 찡그리고 있었던 여자아이는 네팔로 돌아갔다고 했다. 다행히도 스투파 사이를 달려왔던 여자아이들은 모두 학교에 남아 있어서 직접 사진을 전해줄 수 있었다.

알치에서 20분가량 이동해 울레톡포Uletokpo 계곡의 캠프에 도착했다. 이곳 캠프는 불편하고 추울 것이라고 생각했는데, 막상 와서 보니 이런 곳이라면 몇 박을 해도 괜찮을 듯싶었다. 원형의 텐트 안에 침대와 테이블, 그리고 화장실과 더운물이 나오는 샤워기까지 있었다. 다만 전기가 없어서 밤이 되면 촛불과 랜턴을 들고 다녀야 한다는 것과, 인더스 강물이 세차게 흐르는 소리를 밤새 들어야 한다는 것 정도가 불편했다. 공교롭게도 울레톡포에 갔던 날이 아버지의 기일이었다. 그래서 알치 곰파 옆에서 산 촛불을 켜놓고, 라다크산 살구와 킹피셔 맥주를 놓고 제사를 지냈다. 정말 잊지 못할 캠프였다.

오후 5시쯤 일몰을 찍기 위해 뷰 포인트view point로 이동했지만 구름이 잔뜩 끼어 사진 찍기가 어렵다고 판단, 몇몇 일행과 강 건너편의 마을에 들어가 보기로 했다. 멀리서 두 여자가 막대기로 살구를 따고 있는 모습이 보였기 때문이다.

마을 초입에서 광주리 가득 살구를 지고 오는 할머니가 있기에 광각렌즈로 사진을 찍으려니 할머니는 배시시 미소만 지을 뿐 크게 웃어주지를 않았다. 그래서 다가오는 할아버지와 함께 기념사진만 찍어주고 나서 점찍어 둔 여인들을 찾았다. 그녀들은 주황색 살구가 잔뜩 달린 나무 아래에 커다란 망을 깔아두고 떨어진 살구를 바구니에 담고 있었다. 한참 동안 여인들을 찍고 있는데 좀 전에 만난 할머니가 빈 광주리를 들고 오는 게 아닌가. 그런데 경사진 곳을 내려오던 할머니가 그만 미끄러져 엉덩방아를 찧고 말았다. 다행히 바닥에 풀들이 있어 아프지는 않았을 것 같지만, 할머니는 민망했던지 그만 입을 크게 벌리고 웃고 말았다. 그제야 할머니가 왜 미소만 짓고 있었는지 그 이유를 알 수 있었다. 할머니는 앞니가 없는 콤플렉

울레톡포의 살구밭에서 엉덩방아를 찧은 할머니.
자신의 콤플렉스인 윗니가 그만 들통나고 말았다.

스를 갖고 있었던 것이다. 여인들과 나도 덩달아 웃느라 더 이상의 촬영은 불가능했다.

살구나무 아래에서의 촬영을 끝내고 일행들에게로 돌아왔지만 아직도 일몰은 시작되지 않았다. 그런데 갑자기 비가 쏟아지기 시작했다. 비를 피할 곳이 없어 결국 서둘러 캠프로 돌아올 수밖에 없었다. 다리품을 팔아가며 마을로 들어가길 역시 잘했단 생각을 했다. 움직이지 않으면 보이는 것 또한 없다는 진리를 느끼게 해준 살구나무 아래 여인들이었다.

리종 곰파의 동자승.
반들반들한 계란과 동자승의 까까머리가 꼭 닮았다.
그런데 몇 개 안 되는 계란을 누구 코에 붙이려나.

리종 곰파와 줄리찬 수도원의 승려들

여행 여섯째 날. 오전 8시에 출발해서 가파른 산비탈을 계속 오르자 리종 곰파Rizong Gompa가 나타났다. 이곳은 135년 된 오래된 사원이자 비구들과 50여 명의 동자승들이 공부하는 곳으로, 엄격한 규율과 교육으로 유명하다. 이곳 승려들은 수련을 위해 외출이 금지되어 있는데, 사실 외출을 허락해도 쉽게 나갈 수 없어 보였다. 마침 네다섯 살로 보이는 동자승부터 열두세 살쯤 되어 보이는 동자승까지 빨간 승복을 입고 아침 식사를

줄리찬 수도원의 어린 비구니.
지천으로 깔린 살구처럼 하고많은 사람들 중 왜 여기서 이 아이와 마주서 있는지 모르겠다.
이 아이의 삼사라(윤회)가 가혹하지 않았으면 좋겠다.

준비하던 참이었다. 동자승들은 나무로 불을 때서 눈이 매운지 연방 눈을 비벼가며 까맣게 그을린 냄비에 계란을 삶고 있었다. 가장 어려 보이는 동자승은 어찌나 귀여운지 사탕과 볼펜을 주었는데도 여전히 겁먹은 눈이었다. 리종 곰파의 꼭대기에 올라가 보니 아주 작은 승방에서 혼자 수련하고 계시던 팔십오 세의 노스님이 반갑게 웃어주셨다. 편안한 웃음으로, 어쩌면 이승에서의 마지막 인연이 될 외국인의 손을 잡아주셨는지도 모르겠다.

리종 곰파 근처에는 줄리찬Chulichan이라는 비구니들만의 수도원이 있었

—
라마유루 패스.
"빨간 자동차야, 이제 거의 다 왔어. 조금만 더 힘내, 흰 구름이 쫓아오잖아."

다. 돌무더기 위에 살구를 말리는 어린 비구니와 벽돌을 나르는 붉은 승복의 비구니들을 보니 마음이 짠했다. 리종 곰파와 줄리찬 수도원을 떼어놓은 것은 수행에 방해가 될지도 몰라서라는데, 그들끼리 눈이 맞는다 해도 별 뾰족한 수는 없어 보였다. 이 산속에서 살구만 따 먹으며 살 수는 없을 것 같았기 때문이다. 수도원을 나서는데 떨어진 살구를 광주리에 주워 담고 있는 할머니 비구니가 보였다. 이 할머니는 평생을 여기서 살아왔을 것이다. 그런데도 리종 곰파에서 평생을 살아왔을 노승은 단 한 번도 이 할머니를 만난 적이 없을 테니 가까운 수도원끼리 참 못할 짓이라는 생각도 들었다.

아직 살아계신 두 비구와 비구니가 부디 한 번은 만나보고 돌아가셨으면 좋겠다.

오전 10시, 사원을 떠나 라마유루Lamayuru로 향하는 길은 인더스강을 끼고 계속 고도가 낮아졌다. 도로 여기저기서 포장공사가 이루어지고 있으니 이곳도 아스팔트로 바뀔 것이다. 하지만 일하고 있는 인부들을 보니 과연 언제쯤 공사가 끝날까 싶었다. 하나같이 까만 먼지를 뒤집어썼는데, 열에 둘만 일하고 나머지 여덟은 가만히 앉아서 구경하는 것 같았다. 일하고 있는 두 사람도 쪼그리고 앉아 돌을 깨고 있을 뿐이니, 어느 세월에 그 많은 돌을 다 깨서 도로에 깔고 그 위에 타르를 부어 아스팔트를 만들려나 싶었다.

공사장 뒤에 쓰러질 것 같은 천막이 있는 걸 보아 그곳에서 살림도 하는 모양이었다. 여자들이 여기서 결혼해서 애를 낳은 것인지, 남편을 따라 애를 데리고 여기로 일을 하러 온 것인지는 알 수 없었지만 아이들이 퍽 안쓰러워 보였다. 두어 살이나 되었을까 싶은 아이의 머리는 먼지로 엉켜 새집보다 더 튼튼해 보였고, 어머니는 그 옆에서 돌도 안 지나 보이는 사내아이의 응가를 닦아주고 있었다. 숟가락 하나 씻을 물도 없는 산속 도로 공사장 텐트에서 자라고 있는 아이들은 도대체 전생에 무슨 업보가 있어 이곳에서 태어났을까. 이렇게 자란 아이가 청년이 되고 아빠가 되고 할아버지가 되고, 그의 자식들도 비슷한 삶을 살아갈 것이니 삶이 너무나 불공평하다는 생각이 들었다.

인도에서는 보고 싶지 않다고 해서 이런 모습을 안 볼 수가 없다. 그저 눈을 질끈 감아버리는 수밖에 없다. 그리고 그들의 모습을 카메라에 담지 않을 뿐이다. 먼지투성이인 그들의 모습을 사진으로 남기는 것이, 왠지 그들의 미래까지 그런 모습으로 낙인찍어 버리는 것 같았기 때문이다.

햇살만 따가울 뿐이지 그리 덥지도 않고 습도는 낮으며, 하늘은 파랗고 구름은 하얗다. 짐을 가득 실은 말들이 지나가고 있었다. 마부는 오랜 이동으로 지쳤는지 말 등 위에 엎드린 자세로 손을 흔들어주었다. 이제 자동차는 고도 4,500미터의 라마유루를 넘고 있었다. 또다시 급커브를 돌며 점차 고도가 높아지자 눈 아래 '달나라Moon Land'가 펼쳐졌다. 달 표면처럼 생긴 메마른 호수가 나타난 것이다.

If you sleep, your family weep

이미 지나온 길을 몇 번씩이나 고도를 높여가며 다시 보기를 한 끝에 12시쯤 드디어 라마유루 곰파와 그 아래 제법 큰 마을이 보이기 시작했다. 라마유루 곰파는 황량한 바위산에 우뚝 솟아 있는 새하얀 곰파다. 전성기에는 400여 명에 이르는 승려들이 생활하고 공부하던 곳이었지만, 지금은 황모파 승려 20~30명만이 기거하고 있다. 아름다운 프레스코화와 탕카, 십일면 관세음보살상 등이 볼거리다.

곰파 안으로 들어가는 할머니를 따라가 보았다. 왼손으로는 쥐고 있는 작은 마니차를 돌리고 오른손으로는 벽에 걸려 있는 마니차를 돌리며, 커다란 쵸르텐 주변을 도는, 전형적인 라다크 노인의 모습이었다. 할머니를 좇아다니며 사진을 찍고 있는데 웬걸 이번엔 할아버지가 돌기 시작했다. 그 뒤로 계속해서 할아버지, 할머니 들이 나타나 여섯 명의 노인이 쵸르텐

라마유루 곰파에서 끊임없이 마니차를 돌리는 노인들.
외국인을 만나면 꽤 괜찮은 부수입도 생기니 어찌 게을리할 수 있겠는가.

을 돌았다. 그러나 이들도 관광객을 만나면서 새로운 부업을 찾았는지 틈틈이 엄지와 집게손가락을 비비며 손을 내밀었다. 돈을 달라는 것이었다. 여섯 명의 할머니, 할아버지에게 60루피를 내주었다. 이 뙤약볕에 그 두꺼운 옷을 입고 스투파를 돌다니 대단한 불심이라고 생각했는데, 어쩌면 이들에게 이 일은 하루에 몇 번씩 뛰는 아르바이트였는지도 모르겠다. 하지만 마을에서 곰파까지 오르는 길이 만만치 않은 경사인 것을 보았을 때 돈 때문만은 아니려니 믿고 싶었다. 그날 나는 꿈속에서 수십 명의 노인들에게 루피를 내주고 있었다. 하지만 다음 해에 다시 갔을 때 할머니, 할아버

라마유루 곰파의 일몰 풍경.
라마유루 고개의 전망대에는 이런 문구가 쓰여 있다.
"If you sleep, your family weep." 이 말을 이렇게 바꾸면 어떨까.
"If you fly, your faily weep." 물론 You의 상태는 같을 것이다.

지는 세 명으로 줄어 있었다.

곰파를 나와 마을에 내려가 맥주를 한 잔 마시기로 했다. 마을 초입의 수돗가에 눈이 동그란 여자애가 방금 세수를 했는지 빨갛게 터진 볼에 물방울을 묻힌 채 쳐다보고 있었다. 사탕을 하나 주고 헤어진 후 나무가 우거진 레스토랑에 들어가 맥주 한 잔을 마시니 잠시 시간이 멈춘 것 같은 착각이 들었다. 혹독한 겨울이 지난 푸르른 이 계절에 아무도 나를 모르는 이곳에서 누리는 나무 그늘 밑 맥주 한 잔의 여유라니. 열심히 저축한 보람이 있었다.

다시 곰파로 올라가는데 아까 세수하던 여자아이가 여전히 수돗가에 앉아 있었다. “줄레” 하며 인사를 하자 아이는 벌떡 일어나 세수를 하고는 다시 쳐다보았다. 아이는 아까 세수한 자신의 얼굴을 찍고 사탕을 준 나를 기다리고 있었던 것이다. 사탕 하나 때문에 언제 올지도 모를 나를 기다리는 소녀가 있었는데, 한가롭게 맥주를 마시며 시간이 멈춘 듯하다고 고상을 떨며 사색에 잠겨 있었다니. 미안한 마음에 여러 개의 사탕으로 아이를 일으켜 세웠다.

다시 곰파로 돌아와 지프를 타고 라마유루 곰파의 일몰 촬영을 위해 뷰 포인트를 찾았다. 오후 6시 반부터 시작된 일몰은 7시쯤 되자 능선에 서 있는 하얀 곰파만을 남겨두고 바로 아래의 마을까지 앞산의 그림자를 만들어버렸다. 곰파만이 오롯이 저녁 햇살을 받아 더욱 외롭고 고단해 보이기도 하고, 그래서 더욱 숭고하고 경건해 보이기도 했다. 태양이 뒷산으로 넘어가는 속도에 맞춰 그림자의 영역이 점점 넓어져, 곰파마저 먹힐 때까지 망원렌즈와 광각렌즈를 번갈아 끼워가며 셔터를 눌러대는데 마지막 셔터를 누르자 배터리가 떨어졌다. 하루 동안 참 많은 사람과 풍경을 찍어대느라 힘들었던지 카메라도 이제 그만하라는 듯했다.

때맞춰 으슬으슬 감기 기운도 느껴졌다. 가이드가 낮에 먹던 김치찌개에 라면을 끓여왔다. 매콤하고 뜨끈한 국물이 들어가자 열이 났다. 하루 중 저녁 7시 반부터 11시까지만 전기가 들어오는 곳이어서 서둘러 대충 샤워를 마치고 감기약을 먹고 누웠다. 고산증과 감기로 유체이탈이라도 된 듯 몸이 붕 떠 있는 것 같았다. 게스트 하우스가 곰파 바로 옆인 데다가 마을은 이미 잠들어버려 적막한 고요만이 남았다. 왠지 서러워 눈물이 났다.

카르길에 오사마 빈 라덴은 없다

여행 일곱째 날. 서둘러 아침을 먹고 오전 8시에 오늘의 목적지인 카르길Kargil을 향해 출발했다. 포투 고개Fotu La를 넘어가는 길은 포장이 잘 되어 있어서 한 시간 반 정도 후 카르길 지역으로 들어섰는데, 갑자기 지프가 멈추더니 여권을 꺼내라고 했다. 이곳부터는 이슬람 문화권이라 통과 수속을 밟아야 했다. 여권 검사가 진행되는 동안 잠시 차에서 내려 주변을 보니 학교 운동장에서 아이들이 체조 같은 것을 하고 있는 게 눈에 띄었다. 독립기념일에 보여줄 매스게임을 연습하는 것이었다. 초등학교 1학년이나 되었을까 싶은 아이부터 고학년 아이들까지 서른 명 남짓한 애들이 카메라로 무장한 우리들을 신기한 듯 쳐다보며 선생님의 동작을 따라했다.

히잡을 두르고 있는 여자아이들의 옷차림과 생김새를 보자 여기서부터는 더 이상 라다크의 분위기를 느낄 수 없을 거라 했던 가이드의 말이 실감 났다. 이슬람 여인들은 카메라를 거부하는 것이 일반적인데 어린아이들은 겁도 없이 미소 지으며 쳐다보았다. 고학년인 여자아이는 고개를 숙이거나 옆으로 돌리며 카메라를 피하더니, 그래도 호기심은 어쩔 수 없었는지 고개를 숙인 상태로 눈만 위로 치켜뜨고 쳐다보다가 카메라에 찍히고 말았다. 그녀의 수줍은 미소를 파인더로 계속 쫓던 나의 승리였다.

검문소를 통과한 후 물벡Mulbek을 지나자 카르길까지 40킬로미터 남았다는 이정표가 보였다. 여기서부터는 주변 풍경이 확연히 달라졌다. 나무 하나 없던 황량한 고개와 달리 고도가 낮아지기 시작하면서 누런 밀밭이 펼쳐졌다. 밀 수확기였던 것이다. 밀을 베어서 짚단을 만들고 있는 히잡을

카르길 검문소 옆 학교에서 만난 아이들.
소녀들의 호기심 어린 표정이 깨물어주고 싶을 만큼 귀엽다.

쓴 여인들이 시선을 피해 고개를 돌리면서도 자기들끼리 웃으며 살짝살짝 카메라를 보았다.

드디어 오후 1시 반에 카르길에 도착했다. 카르길은 완벽한 분지 지형에 위치한 군사 도시다. 커다란 인더스강 줄기를 수원으로 삼아 주변의 황량한 산 아래에 동그랗게 마을을 이루고 있는 소도시로, 인도에 속해 있지만 파키스탄의 땅이라고도 할 수 있는 접경 지역이다.

점심 식사 후 잠깐 낮잠을 자다가 엄청나게 큰 대포 소리에 깨고 말았다. 올 것이 왔다는 느낌이었다. 사실 여행을 떠나기 며칠 전 카슈미르 지역에서 폭탄 테러로 사상자가 발생했다는 뉴스 보도를 보았다. 인도 정부가 힌두교 사원에 무상으로 토지를 제공한 것 때문에 이슬람교도들의 시위가 있었던 것이다. 다음 날 도착할 스리나가르의 버스 터미널에 폭탄이 터져 아이를 잃은 어머니가 눈물 흘리는 장면까지 보고 왔기에 현실감이 더했다. 게다가 1998년에 일어난 인도와 파키스탄의 카르길 전투에서는 2,000여 명이나 사망했다고 한다. 이래저래 출발하기 전에 기대했던 '테러 현장의 한복판에서 생생한 사진을 찍을 수 있을지도 모른다는 무모한 기대가 현실로 이루어지는 것은 아닌가' 하고, 사실 이때까지는 기대했었다. 그러나 이 대포 소리는 그저 파키스탄에 위협을 가하는 공포탄이었다.

그런데 호텔 로비에 나오니 인솔자와 현지 가이드, 기사들의 분위기가 좀 이상했다. 계속 전화를 걸고 받고 자기들끼리 회의를 하는가 싶더니 인솔자가 일행을 모아 이야기를 하기 시작했다. 현재 스리나가르 상황이 매우 안 좋다는 것이었다(한국에 돌아와서 검색해보니 바로 그날 스리나가르 지역에서 20년 만에 최대 인파가 몰린 시위가 일어났다). 조질라 패스를 넘어가는 길은 물론, 스리나가르 달 호수Dal lake의 하우스 보트House Boat에 도착할 때까지 테러를 당할 위험이 있다는 것이었다.

이 이야기를 듣고 있던 나는 내심 쾌재를 불렀지만 다른 이들은 사진이고 나발이고 일단 안전이 최대라는 말에 적극 공감하며 대책을 논의하고 있었다. 결국 낮에 조질라 패스를 통과하는 것은 너무 위험하니 새벽 2시에 출발해 오전 7시경 목적지인 스리나가르에 도착하는 것으로 작전을 세웠다. 꼭두새벽부터 테러를 일으키지는 않을 것이라는 판단이었다. 하지만 문제는 현지 가이드와 기사들이었다. 이들은 힌두교도이거나 라마교 신도들로 스리나가르까지 인솔을 마치면 다시 라다크로 되돌아와야 했다. 무사히 조질라 패스를 넘을 수 있을지에 대한 걱정으로 이들의 얼굴은 어두웠다.

어쨌든 언제 다시 올지 알 수 없는 카르길의 마을을 구경하러 나섰다. 이슬람 지역이라 대부분의 여인들이 사진 찍히는 것을 꺼려했지만 다들 그런 것은 아니었다. 뉴스에 나오는 이슬람 원리주의자들의 자살폭탄 테러며 납치 사건 등의 이야기를 도무지 상상할 수 없게 만드는 맑은 눈과 굵은 쌍꺼풀, 오뚝한 콧날의 너무 예쁜 여인들이 환하게 웃어주는 일도 많았다. 작은 개울가에서 여인들이 빨래를 하고 있었다. 아무래도 나이 든 여인보다는 어린 여인들이 더 개방적이었다. 그녀들은 커다란 돌을 빨래판 삼아 비누칠을 하면서도 신기한 듯 카메라를 쳐다보았다. 이렇게 환한 미소를 가진 사람들이 이슬람교라는 이유로 백안시당하는 것은 모순이었다. 시장에서는 푸줏간 앞에서 아이스크림과 호떡을 먹고 있는 네 명의 아이들도 만났다. 어찌나 예쁘게 생겼던지 잡지의 표지모델로도 손색이 없을 것 같았다. 이 아이들이 자살폭탄 테러범이 될 수도 있다는 것은 상상도 할 수 없었다.

이제 그만 호텔로 돌아가려고 하는데 눈이 사시인 남자아이가 계속 따라오는 것을 느꼈다. 테러가 일어나길 은근히 기대했었는데도 막상 누군가 따라오자 덜컥 겁이 났다. 겁이 많은 나는 실제 테러가 일어난다면 누구보다 먼저 눈물을 터뜨리고 살려달라고 매달릴 게 뻔했다. 테러에 대한 기대는 강한 거부로 인한 무의식중의 개그였던 것이다. 서둘러 시장에서 250루피를 주고 히잡을 샀다. 연한 녹색에 베이지색의 가로무늬가 들어간 히잡을 두르고 이슬람 여인인 척하려는 의도였다. 만약 테러분자에게 인질로 잡히면 무조건 난 무슬림이라 외치며, "인샬라(신의 뜻대로 하소서)"와 "샬롬(안녕)"을 연발할 각오를 다졌다. "줄레"나 "나마스떼" 같은 인사는 머릿속의 단어장에서 서둘러 지워버렸다. 계획이 여기까지 미쳤지만 '그래도 풀어주지 않는다면 어쩌나', '아파트 관리비는 어떻게 하며, 지금껏 찍어온 사진과 써놓은 여행기는 아까워서 어쩌지' 하는 생각까지 들었다. 일어나지도 않은 일에 대한 상상에는 브레이크가 없었다.

목숨을 건 새벽 질주, 조질라 패스

여행 여덟째 날. 정말 새벽 2시에 출발했다. 짐을 미리 다 싸두고 앉아서 졸다가 출발한다는 소리에 주차장으로 나와 보니 피난민도 이런 피난민이 없었다. 저마다 캐리어 가방과 카메라 가방을 들고 지프에 오르는 꼴이 흡사 새벽 도둑 같았다. 어처구니없는 발음 그대로의 '조질라' 패스였다.

캄캄한 어둠 탓에 아름답다는 조질라 패스의 경치는 물론이고 산인지 평야인지, 마을은 있는지 꽃은 피었는지조차 알 수 없었다. 무작정 고속으로 달릴 뿐이었다. 가로등 따위가 있을 리 만무하므로 오로지 헤드라이트에만 의존하는데도 속도는 엄청 빨랐다. 테러가 아니라 교통사고로 사망할 지경이었다. 기사인 아죽은 가속 페달을 밟아대고 있는데 나는 밤하늘의 별을 보며 그 와중에도 서서히 잠에 빠졌다. 잠깐 눈만 감고 있었다고 생각했는데 시계를 보니 어느새 두 시간이 흘렀다. 깨고 싶어서 깬 것이 아니었다. 비포장도로를 브레이크가 파손된 것처럼 달리는 통에, 허리와 엉덩이가 제멋대로 튕겨져 오르고 머리는 유리창을 사정없이 박아대고 있었기 때문이었다. 게다가 옆에서 자고 있는 가이드 스탄진의 머리는 내 어깨를 계속 때리고 있었다. 내 어깨와 스탄진의 머리 중 어느 쪽이 더 아팠을까.

정신을 차려보니 희뿌옇게 아침이 찾아오고 있었다. 서쪽으로 향하고 있었기에 일출은 보지 못했지만(볼 수 있었다고 해도 일출 따위를 찍기 위해 차를 멈추지는 않았을 것 같다. 우리의 목표는 7시까지 스리나가르의 달 호수에 도착하는 것이었기 때문에) 도로 양 옆으로 보이는 풍경은 전날의 민둥산에서 푸른 버드나무들로 바뀌어 있었다. '아…… 버드나무다' 하며 또다시 잠에 빠져들었다. 새벽 5시 40분쯤 되었을까. 갑자기 "스톱!" 하고 인솔자의 비명이 들렸다. 이 새벽에 테러범인가 싶어 후다닥 잠에서 깼다. 그런데 눈앞에 나타난 것은 200여 마리의 염소 떼와 파쉬툰Pushtun족 몰이꾼 몇 명이었다. 일출로는 차를 세우지 않지만 염소 떼만큼은 놓칠 수 없었다. 서둘러 염소 떼를 앞서가서 차를 세우고 사진을 찍기로 했다. 기사인 아죽은 몹시 난처한 표정으로 반대했지만 어찌하겠는가 물주는 이쪽인 것을.

차를 세우고 염소 떼를 찍었지만 아직 햇살이 너무 많이 부족했다. ISO감도를 1600까지 올리고 찍어도 몰이꾼의 얼굴은 뭉개져 있고, 염소 떼는 유속이 있는 하천처럼 찍혔다. 출발 소리에 아쉬움을 뒤로하고 지프로 돌아왔다. 하지만 잠시 뒤 또다시 염소 떼가 나타났다. 아죽에게 사정하다시피 하여 5분의 시간을 받아서 다시 차를 세우고 사진을 찍기 시작했다. 아죽은 일행들이 아직 타지도 않았는데 제멋대로 지프를 움직이기 시작했다. '찍사'들의 비위를 맞추는 것보다는 자신의 목숨이 더 중요했으리라. 결국 '못 찍은 사진은 눈으로 담아두었으니 괜찮다'라며 위로를 했지만 미련은 남았다.

그때는 이 조질라 패스를 1년 뒤에 다시 찾으리라고는 생각지도 못했다. 두 번째 여행에서 조질라 패스의 환상적인 경치와 험한 길을 확인하고는 그 캄캄한 새벽에 오로지 아죽의 운전 실력에만 의존해서 무사히 통과했다는 것을 알게 된 후, 부처님·시바신·알라신·하나님 그리고 아죽에게 감사했다.

오전 6시쯤 되자 스리나가르까지 50킬로미터가 남았다는 표지가 보였다. 오전 7시 30분, 스리나가르에 입성한 우리들은 과연 심각한 문제가 있는 도시에 들어섰다는 것을 실감했다. 도로 곳곳에 방탄조끼를 입은 군인들이 장총을 들고 테러분자나 지뢰를 찾고 있었다. 달 호수 건너편에 도착해서야 기사들은 한숨 놓았다는 얼굴이었다. 하지만 그들은 다시 조질라 패스를 넘어서 라다크로 돌아가야 했기에 팁을 두둑이 주고 서둘러 돌려보냈다. 그들이 무사히 돌아갔으리라 믿고 싶다.

테러 속의 안전지대, 스리나가르 하우스 보트

스리나가르는 잠무카슈미르 지역의 여름 수도로 새벽 시장과 식민지 시절 영국인들의 별장이었던 보트를 호텔로 개조한 하우스 보트가 유명하다. 시카라shikara: 수상택시를 타고 호수에 떠 있는 하우스 보트에 들어가 보니 발코니와 거실, 식당, 욕조와 세면대, 침대와 소파 등등 없는 것이 없고, 천장에는 커다란 선풍기가 돌아가고 있었다. 이렇게 호사스러운 곳에서의 2박이라니, 고단했던 간밤의 기억은 어느새 여유로운 추억이 되어버렸다.

새벽부터 줄곧 깨어 있었기에 너무 배가 고팠다. 토스트와 스크램블드 에그로 간단히 아침을 해결한 후, 시카라를 타고 달 호수를 한 바퀴 돌아보기로 했다. 호수는 연꽃밭으로 뒤덮여 있었는데 자세히 보면 밭과 밭 사이에 보트가 지나다닐 수 있는 수로가 있었다. 뒤에서는 사공이 땀을 뻘뻘 흘리며 노를 젓고 있는데, 나는 푹신한 매트리스 위에 앉아 차양을 내리고 호사스럽게 구경하고 있자니 마음이 불편했다. 어디선가 흥겨운 음악 소리가 들리더니 사람들이 모여 있는 뭍이 보였다. 사공에게 물으니 결혼식이 있다고 했다. 남자 요리사들이 흙바닥 위에 놋쇠 그릇들을 놓고 다양한 이슬람 전통요리를 만들고 있었다. 케밥Kebab을 만들기 위해 양고기를 다져서 갈비처럼 만든 후 꼬챙이에 끼워서 굽는 사람, 카레를 만드는 사람, 그리고 물담배를 피우는 사람도 보였다.

오후 4시 반쯤 천사의 궁전이라는 파리마할Pari mahal을 보고 니샤트바그Nishat Bah라는 17세기에 샤자한Shahjahan: 무굴제국의 제5대 황제이 만든 정원에 들렀다. 소풍을 나온 사람들이 따뜻한 오후 햇살 속에서 도시락을 먹고 있었다. 가족으로 보이는 한 무리의 사람들이 쳐다보기에 손을 흔들었더니 자기네에게 오라고 했다. 그들은 내게 차이Chai와 빵과 쿠키를 권했다. 이들 중 의사가 셋이 있었는데 제법 영어가 통했다. 이제 그만 가봐야 한다고 하자 일행이 몇이냐며 빵과 과자를 봉지에 담아주었다. 내 얼굴이 예쁜 편은 아니지만 인상 좋다는 소리는 제법 듣기에 외국을 다닐 때는 꽤 도움이 된다. 보답으로 사진을 찍어주자 유일한 남자 의사가 자기 얼굴을 확대해서 보여달라고 했다. 나만 잘 나오면 된다는 것은 세계 공통이었다. 이메일로 서로 사진을 보내주기로 약속하고, 그들은 자신들의 카메라로 연방 내 얼굴을 찍어댔다. 그런데 아뿔싸…… 의사 가족들과 헤어져서 일행이 기다리는 곳으로 가다가 생각해보니, 니사트바그에 도착했을 때 정원사가 샐비어 꽃을 내 머리에 꽂아주었는데 그 상태로 배가 고프다는 둥 떠들었던 것이다. 그들은 한국에서 온 제대로 미친 여인의 사진을 찍었던 것이다.

여행 아홉째 날, 기상 시간은 4시 반이었다. 6시경부터 있을 새벽 수상시장 촬영을 해야 했기 때문이다. 사진 여행은 내가 좋아서 하는 일이긴 하지만 참 고단하다. 시카라를 타고 30분 정도 가니 시장이 나왔다. 주변이 캄캄한데도 이곳 사람들에게는 익숙한지 연꽃잎을 가득 실은 보트가 부딪히지도 않고 잘도 갔다. 어슴푸레 아침이 밝아오기 시작하자 야채며 꽃, 씨앗 등을 실은 돛단배가 하나둘씩 시장에 모여들었다. 장사하는 사람들은 거의 남자였다. 모두 아랍인으로 머리에 하얗고 동그란 모자구트라, ghutrah를 쓰고 있었으며, 신발은 신고 있지 않았다. 맨발을 보니 발가락과 뒤꿈치의 갈라진 틈새에 까맣게 때가 끼어 있었다. 광고의 한 장면이라면 "열심히 살아가는 당신의 발은 아름답습니다"라는 자막이 나갈 만했다.

스리나가르의 결혼식 준비.
케밥을 만들기 위해 쇠꼬챙이에 고기를 감던 사람들이
장난기 가득한 표정으로 나를 찌르려 했다. 인샬라(신의 뜻이라면)!

숙소로 돌아온 일행들은 휴식을 취했지만, 나는 잠자기에는 햇살이 아깝단 생각에 보트를 하나 빌려 인솔자와 함께 촬영을 나갔다. 인솔자는 "노 젓는 일은 걱정 말라"며 자신만만하게 사진이나 열심히 찍으라고 했다. 그 말을 믿었다. 그러나 직진을 해야 하는데 왼쪽에 있는 연꽃밭에 처박히고, 우회전을 해야 하는데 장사하는 보트에 처박히기를 되풀이하는 것이었다. 더 이상 보고만 있을 수가 없어서 슬리퍼를 벗어 몸을 숙이고 노를 저었다. 그제야 제법 속도도 빨라지고 방향도 잡혔다. 지나가는 사공들이 "나이스 나이스"를 외쳐댔다. 신종 소형 노의 출현이었다. 결국 호텔로 돌아가기로 했다.

아니, 그보다는 배가 호텔로 향했다는 표현이 맞았다. 급기야 비까지 내리기 시작해 나의 슬리퍼 노는 속도를 올렸다. 호텔에 도착해보니 시답지 않은 노젓기 솜씨를 발휘한 인솔자의 손에서 피가 나오고 있었다. 안쓰럽기보단 그 정도에 피가 나는 것이 더 신기했다. 반창고를 붙여주며 위로했지만 나의 슬리퍼 노의 위력에 인솔자는 무척 자존심이 상한 듯했다.

한숨 자고 시카라를 타고 나가 하즈랏발 모스크Hajeuratbal Mosque에 갔다. 여자는 모스크에 들어갈 수 없기 때문에 여성용 기도실에서 기도를 한다. 모스크 밖 잔디밭에서 모스크를 향해 기도하는 여성들도 있었다. 모스크로 소풍을 나오는 사람들도 있으니 이들에겐 일상이 종교생활인 셈이다. 한 여인이 긴 히잡으로 가슴을 가리고 갓난아이에게 젖을 물리고 있었다. 내가 옆에 있던 큰 아이에게 풍선을 주자 그녀가 웃어주었다. 사진을 찍어도 되겠느냐고 물었더니 머리를 끄덕였다. 그런데 내가 카메라를 들자 자고 있는 아이를 굳이 가슴에서 떼어내고 아름답게 안아주는 포즈를 취하는 것이었다. 젖을 빨고 있던 아기는 어리둥절하여 눈을 동그랗게 뜨고 엄마를 쳐다보았다. 내가 녀석의 달콤한 식사를 방해해버렸다.

호텔로 돌아오는데 하늘이 심상치 않았다. 천둥과 번개가 치고 먹구름이 잔뜩 끼었다. 결국 예약된 다음 날 아침 비행기가 취소되었다고 했다. 스리나가르에서 뉴델리까지 국내선은 오전 10시와 오후 2시, 하루에 두 번 노선이 있는데 다행히도 2시 비행기 티켓이 있었다. 오히려 잘된 일이었다. 섭씨 40도가 넘는 델리의 뜨거운 햇살을 견디는 것보다는 시원한 스리나가르에서 이번 여행을 되새기는 편이 훨씬 낫기 때문이었다.

여행의 마지막 밤이 지나고 있었다. 내리는 비처럼 언젠가는 흘러가

라마유루 곰파의 뒷마을.
한 차례 소나기가 퍼붓더니 무지개가 떴다.
파란 하늘과 하얀 구름, 누런 산, 초록 들판, 색색의 타르쵸.
이 마을과 색깔 대결을 벌일 수 있는 것은 무지개밖에 없다.

희미하게 잊힐 추억이겠지만, 또다시 비가 내리듯 또 다른 곳에서 라다크와 카슈미르를 기억하게 될 것이기에 섭섭하지는 않았다. 이곳에서 보았던 사람들의 따뜻하고 소박한 미소는 내게 좀 더 많이 웃으라고 일깨울 것이므로.

4

민민에이의 나라,
미얀마

일본에서 연수를 받을 때 '민민에이'라는 미얀마인 과학교사와 가깝게 지냈다. 진한 갈색 피부와 까만 머리, 조그만 키에 통통하지만 허리만은 잘록해서 미얀마의 전통의상인 롱지longyi가 너무 잘 어울렸던 민민에이. 언젠가는 그녀의 나라에 꼭 가보고 싶다는 생각을 갖고 있었기에 미얀마로의 여행 제의는 너무도 반가운 소식이었다. 미얀마는 라오스, 방글라데시 등과 함께 동남아시아의 낙후된 지역으로 여겨져 이들 지역으로 여행하려는 사람들을 모아 한 팀으로 갈 수 있는 기회는 드물었다. 게다가 당시만 해도 우리나라에 거의 알려져 있지 않았던 '인레 호수Inle Lake'까지 간다기에 1초의 망설임도 없이 여행 경비를 지불했다. 자본주의 사회와 과학문명에 익숙한 현대인의 기준에서 가장 가난하고 느리게 살아가는, 자연에 순응하며 자연과 닮은꼴로 살아가고 있는 사람들의 모습을 카메라에 담으며 어릴 적 산골 마을에서 느꼈던 평온함을 느껴보고 싶었다.

당시 나는 사진을 찍기 시작한 지 얼마 되지 않았던 터라 여러 가지로 부족한 점이 많았다. 또한 카메라는 겨우 300만 화소였고, 2004년의 미얀마를 있는 그대로 소개하고 싶어 필름카메라로 찍었던 슬라이드필름도 스캔해 수록했기 때문에 다소 화질이 떨어질 수 있음을 미리 밝혀두고 싶다.

미얀마는 캄보디아의 앙코르와트Angkor Wat, 인도네시아의 보로부두르Borobudur와 더불어 세계 3대 불교 유적지 중 하나인 바간Bagan이 있는 곳이다. 이에 걸맞게 미얀마 사람들에게 불교는 종교이자 곧 생활이다. 불상 앞에 아침저녁으로 국화꽃과 물을 올리며 끊임없이 절을 하고, 틈만 나면 난해한 그림처럼 보이는 미얀마어 불경을 읽던 민민에이, 그런 그녀의 모습이 잘 이해되지 않았지만 불평과 욕심이 없던 그녀에게 동화되고 싶었던 기억을 떠올리며 미얀마로 향했다.

Introduction

미얀마는 5월 말부터 10월 말까지 스콜이 내리는 열대몬순기후에 속하며, 수도는 네피도(양곤에서 2006년 네피도로 이전)다. 대표적인 소승 불교 국가로, 과거에는 몬족이 거주했으나 버마족이 지배권을 갖게 되면서 불교가 발달했다. 16세기에 유럽 세력이 들어와 포르투갈에 의해 불교 사원이 파괴되었고, 영국의 식민지가 되었다. 그 후 학생 지도자 아웅 산 Aung San 이 독립운동을 주동해 1948년에 식민 지배에서 벗어났지만, 1962년에 들어선 군사정권이 현재까지 유지되고 있다.

미얀마 내에서 군인의 영향력은 막강하다. 전기가 부족한 나라지만 어느 아파트에 군인이 이사를 오면 아파트 전체에 전기가 공급될 정도라고 한다. 이러한 군사정권의 폭정에 비폭력 투쟁을 전개해온 아웅 산 수 치 Aung San Suu Kyi 여사는 현재도 미얀마의 민주화를 위해 노력하고 있고, 승려들 역시 민주화 운동의 중심에 서 있다. 가끔 뉴스를 통해 미얀마에서 벌어지는 시위와 무력진압 장면을 볼 때면, 따뜻하고 순수한 미얀마 사람들에게도 부정에 대항하는 용기가 있다는 사실과 이에 맞서기 위해 폭력을 행사하기도 한다는 점에 놀라곤 한다. 착한 사람들이 사는 미얀마에 빨리 민주화가 찾아오기를 바란다.

유네스코 지정 세계문화유산 바간.
사원 내에서는 맨발로 걸어 다녀야 한다.
부드럽고 따뜻한 흙이 발가락을 간질이는 느낌에 어릴 적 하던 흙장난이 생각났다.

포파산 가는 길의 소달구지(위)와
인레 호수 근처에서 목욕하는 여인(아래).

'빛'을 통해 바깥세상 이야기를 듣고 있는 바간 마누하 사원의 와불상(위)과
조폭 영화 섭외를 기다리는 듯한 양곤의 반창고 승려(아래).

—

쉐다곤 파고다의 비구니.
차별을 받을지언정 불심만큼은 비구 못지않다.

바간의 쉐다곤 파고다.
햇살을 받을 때면 안 그래도 누런 금이 더욱 빛을 발한다.
금에 대한 열망만으로도 충분히 두 손 모아 기도하고 싶어진다.

탑의 고장 바간에는 영험한 기운이 감돈다

여행 첫째 날 오전 10시. 타이항공 편으로 한국을 출발, 다섯 시간을 비행해 방콕공항에 도착했다. 한국과 미얀마 사이에 직항이 없었기 때문에 방콕공항에서 세 시간 정도 기다려 환승을 해야 했다. 미얀마항공으로 갈아타고 양곤Yangon의 밍글라돈Mingaladon 국제공항에 도착한 것은 오후 8시경이었다. 해가 졌는데도 후끈한 열대의 열기가 느껴졌다. 하지만 그다지 덥다는 느낌은 들지 않았다. 적당히 따뜻했다고 할까.

정사각형의 천을 배꼽 아래에서 묶는 것으로 하의下衣의 모든 것을 해결하는 롱지longyi를 입은 남자들이 슬리퍼를 신고 공항 주변에서 일거리를 찾아 어슬렁거리고 있었다. 드디어 미얀마에 도착한 것이었다. 다음 날 일찍 다시 비행기를 타고 바간으로 가야 하기 때문에 호텔에 짐을 풀고 바로 잠들었다. 미얀마 여행의 첫날은 이동만으로 하루가 소비되었다.

여행 둘째 날 새벽 4시. 공항으로 가는 길에 재스민으로 만든 꽃목걸이를 파는 사람들이 보였다. 이 꽃목걸이는 택시 기사나 버스 기사에게 파는 것으로 하루의 행복과 안전을 기원하는 의미를 담고 있다. 이른 새벽 거리를 청소하는 환경미화원의 모습은 어딘가 좀 어색했다. 하의는 체크무늬 롱지를 입고 상의는 주황색의 청소부 옷을 입고 있는 그들의 모습은 이곳이 외국이라는 것을 실감하게 했다. 착륙 직전, 상공에서 내려다보이는 바간의 전경은 새벽안개를 머금고 있는 수천 개의 크고 작은 스투파와 주홍빛으로 물들어 있는 붉은 토양 때문에 형용할 수 없는 슬픈 기운이 감돌았다. 너무도 고요하고 적막한 느낌 때문이었을 것이다.

오전 7시 반, 바간공항에 도착하니 살갗에 소름이 약간 돋을 정도의 서늘한 기운이 느껴졌다. 미얀마는 12월부터 2월이 겨울인데, 낮에는 섭씨 34도까지 기온이 오르지만 아침저녁으로는 쌀쌀해 겉옷을 걸치지 않으면 감기에 걸릴 정도로 제법 춥다. 공항을 빠져나와 처음으로 도착한 곳은 쉐산도 Shwesandaw 사원이었다. 쉐산도란 '부처님의 금 머리카락'이라는 의미로, 1057년 바간 왕조 때 조성되었으며 바간의 전망대 역할을 한다.

사원에 오르기 위해 신발과 양말까지 벗고, 건조해 먼지마저 나는 붉은색의 라테라이트 토양을 밟자 무소유 無所有 의 마음이 될 듯했다. 그저 맨발로 걷고 있을 뿐인데 마음은 한없이 편안해지고 목소리는 작아지며, 긴장감마저 풀리게 만드는 신비한 사원이었다. 비교적 가파른 경사에 놓인 높은 계단을 가느다란 철봉에 의지해 묵묵히 오르고 나니 둥그런 불탑의 정상이 나왔고, 몽골 침략 때 도굴 당한 불상의 흔적이 고스란히 남아 있는 부조들을 볼 수 있었다. 불탑의 내부까지 하나하나 벽돌로 채워진 거대한 쉐산도 사원에 올라가서 본 '탑의 고장, 바간'은 기복 祈福 을 염원하는 인간의 초월 능력이 신의 감응을 얻고도 남을 만했다.

바간은 모든 유적지가 버스로 10분 이내의 거리에 있어 관람하기가 편했다. 부처님의 제자인 아난다 Ananda 를 기리는 회백색의 아름다운 아난다 파고다와, '황금빛 모래 언덕'을 뜻하는 쉐지곤 Shwezigon 파고다 등이 속한 유네스코 지정 불교 유적지인 만큼, 보이는 모든 건축물이 의미 있는 유물이었다. 특히 쉐지곤 파고다는 부처님의 머리뼈와 앞니 사리가 봉안된 곳으로, 수많은 사람들이 바닥에 앉아 파고다를 향해 절을 하고 있는 모습은 무조건적인 믿음이 없다면 불가능한 행위로 보였다.

바간의 아난다 축제를 보러 온 사람들.
운전사는 장난으로라도 급브레이크 를 밟지 말아야 한다.

마침 바간 최대의 행사인 아난다 축제가 열리는 날이어서 주변의 270여 개 마을에서 사람들이 몰려들었다. 짐칸은 물론, 운전석 위까지 다닥다닥 사람들을 태워 이동하고 있는 조그만 트럭을 보며 누가 떨어지면 어쩌나 걱정이 앞섰지만, 정작 타고 있는 사람들은 모두 편안한 얼굴이었다. 오히려 비슷한 피부색을 가진 내게 손을 흔들며 카메라를 향해 수줍은 미소를 보내는 여유마저 갖고 있었다.

여행 셋째 날. 바간에서 버스로 한 시간가량 떨어져 있는 포파산Popa Mountain으로 향했다. 포파산은 미얀마의 정령신精靈神인 '나트Nat'의 고향이

포파산 가는 길에 만난 소달구지를 타고 가는 아이들.
학교에 다닌다니 그나마 다행이었다.

자 해발 고도 1,518미터에 이르는 휴화산이다. 멀리서 볼 땐 바위에 세워진 고고한 성처럼 보였으나, 막상 오르고 보니 타일이 깔린 계단에 원숭이들의 대소변 냄새가 가득 차 숨을 쉬기 어려울 정도였다. 곳곳에 비단 금침과 꽃으로 치장한 정령들의 상이 있고, 그 앞엔 여지없이 뒤꿈치가 갈라진 까만 맨발바닥으로 기도하는 사람들이 있었다.

그래도 정상에 오르니 시원한 바람이 불었고, 열대의 숲 사이로 조그만 마을이 인형들의 집처럼 옹기종기 모여 있는 게 보여 원숭이 대소변 냄새에 대한 구린 기억을 날려주었다. 그런데 갑자기 미얀마 남성이 웃으며 말을 걸어왔다. 비교적 정확한 발음으로 "한국에서 왔어요?"라고. 한국에서 외국인 노동자로 일하며 돈을 많이 벌었고, 미얀마에 돌아와 아내와 함께 포파산으로 신혼여행을 왔다고 했다. 다행히도 한국에서 악덕 업주를 만나지는 않았나 보았다. 오히려 내가 감사했다.

아침 일찍 포파산에 오르길 잘했다. 계단이 많아 덥기도 하지만 승려들이 검은색 발우鉢盂: 공양 그릇를 하나씩 들고 길게 줄지어 탁발하는 모습을 볼 수 있었기 때문이다. 포파산에서 내려온 후 근처 가게에서 파파야를 반으로 잘라 가운데 씨만 발라내고 숟가락으로 떠먹었는데, 그 맛이 호텔에서 디저트로 나오는 것에 비할 수 없이 일품이었다. 맛을 글로 표현하기는 어렵지만 잘 익은 홍시와 제주 감귤과 호박죽을 섞어놓은 맛이라고 하면 비슷하지 않을까? 미얀마 제2의 도시인 만달레이Mandalay로 향하는 길에 어느덧 날이 저물었다.

소박한 반찬과 거대한 발우, 오후불식午後不食

여행 넷째 날은 숙박지인 만달레이와 가까운 밍군Mingun 지역을 여행하는 여유로운 일정이어서 아침 일찍 일어나 호텔 주변의 마을을 돌아보았다. 숯불을 지펴 아침 식사를 준비하는 사람들과, 부지런히 장사를 나서는 사람들이 눈에 띄었다. 그리고 피부를 부드럽고 시원하게 해준다는 '타나카Thanakha' 나무즙을 칫솔에 묻혀 얼굴을 단장하고 있는 예쁜 미얀마 여인들도 볼 수 있었다.

오전 8시 반 호텔을 출발해 우뻬인U Bein다리에 도착했다. 우뻬인 다리는 18세기에 세워진 것으로, 승려들이 먼 마을까지 탁발을 나가는 것을 안타깝게 여긴 당시 시장이 사원에 보시했다고 한다. 다리 위는 여자아이를 타나카로 예쁘게 꾸며놓고 돈을 구걸하는 여인과 몰려든 관광객이 많아 호젓하게 거니는 여유를 느낄 수 없었지만 다리 밑은 달랐다. T자 형의 우뻬인 다리 끝이 아스라한 물안개 속에 떠 있는 듯했고, 유유히 흐르는 이라와디Irrawaddy강에는 몇 척의 배와 오리 떼가 누가 더 늦게 가나 내기라도 하듯 여유롭게 갈 길을 가고 있어 마치 한 폭의 수묵화를 보는 것 같았다.

우뻬인 다리를 뒤로하고 도착한 곳은 마하 간다용Maha Gandayon 사원이었다. 오전 10시 20분에 맞춰 간 이유는 그 시간에만 볼 수 있는 진풍경이 있기 때문이었다. 마하 간다용 사원은 승려들의 공부를 위해 지어진 미얀마 최대 사원으로, 우리가 여행을 간 당시만 해도 수행 중인 승려가 무려 2,700여 명이 달했다. 미얀마의 승려들은 '오후불식午後不食'이라고 하여 오전 5시와 11시에만 밥을 먹고 오후에는 물 이외에 아무것도 먹지 않는다. 오전 10시 20분쯤 마하 간다용 사원에 가면, 승려들이 식당에 모여 아침 일찍 마을에서 탁발해온 음식을 함께 공양하는 것을 볼 수 있다.

종소리가 퍼지자 여기저기에서 붉은 승복을 입은 청년 스님들과 어린 동자승들이 나와 자신의 커다란 검은색 발우를 하나씩 들고 줄을 맞춰 식당으로 들어서는 모습은, 살기 위해 밥을 먹는 인간의 모습이 얼마나 경건한가를 느끼게 해주었다. 하루에 두 끼만 먹다보니 열 공기 정도 분량의 밥을 한꺼번에 먹는데, 반찬이라고는 라삐조말린 새우 양념장에 스프 정도였다. 저 많은

이른 아침 만달레이 호텔 앞의 할아버지와 손녀딸들.
모자를 쓴 걸 보면 추위를 탄다는 것일 텐데, 맨발에 슬리퍼까지 신고 있으니
덥다는 것인지 춥다는 것인지 알 수가 없다. 신체 부위별로 온도를 다르게 느끼나.

밥을 어떻게 다 먹나 싶었는데, 한국의 불교 예절과 달리 미얀마의 승려들은 음식을 조금씩 남겨서 걸인들과 동물들에게도 보시한다고 했다. 밥을 먹다가도 카메라가 향하면 수줍게 웃던 동자승의 맑은 눈동자를 잊을 수가 없다.

오후에는 유람선을 대절해 밍군으로 향했다. 1790년 꽁바웅Konbaung 왕조의 보타파야 왕이 세계에서 가장 훌륭한 파고다불탑를 이곳에 조성하려고 공사를 시작했으나 완성하지 못하고 숨을 거두었다고 한다. 그래서 어찌 보면 버려진 듯한 미완성의 파고다이다. 만달레이에서 배를 타고 한 시간 반 정도 시원한 바람을 맞으며 밝은 햇살 속에서 낮잠을 자고 일어나면

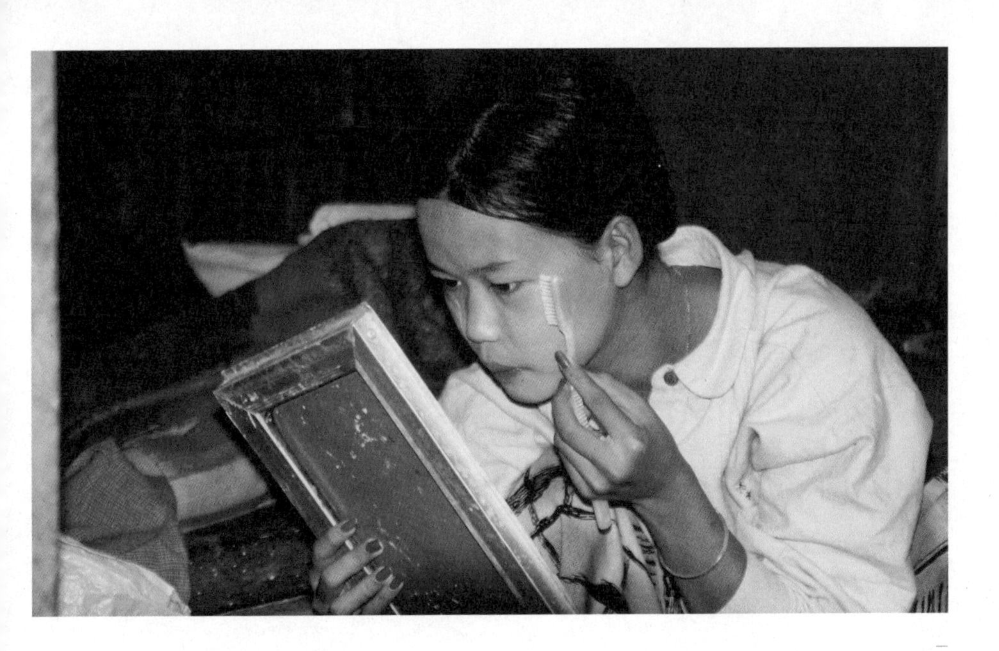

만달레이 호텔 앞 천막에 사는 아가씨.
사는 것은 비록 비루해도 꽃단장은 포기할 수 없다.

밍군에 도착하는데, 밍군에 도착했다는 것은 엄청나게 큰 소음으로 알 수 있었다. 그것은 30명쯤 되는 십 대 여자아이들이 배가 도착하기 전부터 멀리 보이는 관광객을 서로 찜하느라고 싸우는 소리였다.

일행들이 유람선에서 내리기 시작하자 그녀들은 언제 서로 싸웠나 싶게 정확하게 일행 한 사람에게 한 명씩 다가와 부채질을 하며 "예쁘다, 멋있다"라는 서툰 한국말을 건네 자신의 얼굴을 각인시켰다. 그녀들의 목적은 2달러짜리 부채를 파는 것이었다. 더우니 부채질을 하며 구경하라는 의미인데, 미안하지만 부채는 필요 없으니 그냥 2달러를 가지라며 주자 얼굴

마하 간다용 사원의 공양 시간.

이 굳어졌다. 자신은 상인이지 걸인은 아니라는, 그녀들의 자존심을 나름 최대한 표현한 것이었다. 오히려 그런 모습이 더욱 미얀마 사람답게 느껴져 결국 부채를 사줄 수밖에 없었다.

그녀들은 서비스 정신이 투철해서 관광객들이 탑에 오르기 위해 신발을 벗고 올라갔다 내려오면, 자신이 맡은 손님의 신발을 들고 있다가 내어주었다. 혹시라도 누가 가져갈까봐 그런 것이었다. 떠날 때는 배가 보이지 않을 때까지 손을 흔들어주니 겨우 2달러짜리 부채 하나를 사주고 너무 후한 대접을 받게 하는 밍군이었다.

세계에서 가장 크고 무겁지만 소리만큼은 청아한 밍군 종과 미완성 상태에서 갈라지고 부서진 밍군 대탑을 보고 만달레이로 돌아오니 일몰 시간이 되었다. 일몰을 보기 위해 만달레이 언덕에 오르기 전, 쿠도도 Kuthodaw 파고다를 보았다. 꽁바웅 왕조의 민돈 Mindon 왕이 1857년에 세운 파고다로, 729개의 흰색 대리석에 부처님의 말씀을 새겨 넣은 석장경이 있는 것으로 유명하다. 일몰이 선사한 희미한 빛을 받아 흰색의 쿠도도 파고다는 푸른빛이 감도는 묘한 분위기를 연출했다.

외발 노젓기 사공의 잔치는 끝났다

여행 다섯째 날. 개인적으로 미얀마 여행의 하이라이트라고 여긴 인레 호수로 향하는 날이었다. 만달레이공항에서 비행기로 25분 날아가니 해발 고도 875미터의 고원지대에 위치한 헤호 Heho 라는 마을에 도착했다. 헤호에는 샨 Shan 족을 비롯한 수많은 소수민족이 나름의 독특한 복색과 생활풍습을 유지하며 생활하고 있다. 헤호에 도착하자마자 수상가옥을 보기 위해 모터보트를 타고 물보라를 일으키며 인레 호수로 향했다.

이곳의 주민들은 호수 위에 대나무를 엮어서 만든 집에서 수상생활을 한다. 물풀과 연꽃 줄기 등을 얽고 그 위에 진흙을 얹어 만든 땅에 토마토와 고추 등을 수경재배하고, 물고기를 잡기도 한다. 길이 22킬로미터, 넓이 11킬로미터에 달하는 넓은 인레 호수에 자리하고 있는 수상가옥 마을이지만, 집과 집 사이에 수로가 있어 마치 육지의 골목길 같은 느낌이 들었다. 가도 가도 끝이 없을 것 같은 인레 호수에서도 비교적 큰 레스토랑과 사원이 있는 곳엔 어김없이 갈매기들이 몰려 있는 것을 보니, 살아 있는 것들의 교감은 이루어지는가 싶었다.

다시 보트를 타고 서쪽 기슭을 거슬러 40분 정도 수로를 따라 이동해, 11세기에 만들어진 500여 개의 작은 스투파가 자연 그대로 방치되어 있는 인뗑 In Dein 사원에 들렀다. 버려져 있는 듯 보이는 스투파의 구멍 사이에 씨앗이 떨어져 나무가 자라고 꽃이 피어 있었다. 마치 일부러 나무 주변에 스투파를 만든 것 같은 조화로운 모습이 일몰과 어우러져 고혹적이며 경건한 분위기를 자아냈다. 스투파 뒤에서 갑작스레 아기를 업은 귀여운 소녀가 걸어 나왔다. 아마 엄마 대신 어린 동생을 돌보고 있었나 보았다. 타나카를 예쁘게 바른 아이는 이 지역에 살고 있는 빠오 Pa-O 족이었다. 하지만 수줍은 듯한 소녀의 눈웃음은 왠지 슬퍼 보였다. 버려진 사원과 비슷한 처지여서였을까.

인뗑 사원에서 만난 빠오족 소녀.
버려진 사원에도 비와 햇살은 있어 나무가 자란다.
어린 소녀의 등에서 동생이 자라듯.

인레 호수는 독특한 모습의 뱃사공으로 유명하다. 이젠 그 숫자가 많이 줄었지만 외발로 노를 젓는 뱃사공들과 원뿔 모양의 대나무 통발을 한쪽 발로 능숙하게 걷어 올리는 어부들의 모습은 미얀마 여행의 하이라이트였다. 호텔로 돌아오는 길에 우연히 만난 어부를 향해 무수히 많은 카메라 셔터를 눌러대며, 이 어부와 나는 전생에 어떤 인연과 업을 쌓았을까 하는 뜬금없는 생각이 들었다. 석양을 등지고 있어 종아리 근육만이 도드라져 보이던 어부의 실루엣은 지금도 내 기억 속에, 너무도 아름다운 영상으로 남아 있다. 우연히 만나 좋은 사진을 많이 찍게 해준 것이 고마워 5달러를 사례하자 이 어부에게는 너무 큰돈이었는지 입이 귀에 걸릴 만큼 커다란 미소를 지었다. 이제 어부의 한바탕 잔치는 끝난 것이었다.

사탕의 가치를 물소는 알고 있다

여행 여섯째 날, 인레 호수 안에 있는 수상시장에 가기로 했다. 이른 아침에 바람을 맞으며 모터보트를 타고 가야 하기에 한국에서 가져간 겨울 점퍼를 꺼내 입고, 그것도 모자라 호텔의 목욕 타월까지 뒤집어쓰고 나섰다. 전날 감동적인 사진 모델이 되어주었던 아저씨가 이날은 친구까지 데리고 나와 있었다. 하지만 감동이란 우연한 기회에 만들어지는 것이지, 우연을 가장한 연출은 전날의 감동을 반감시켰다.

그러나 실망하기엔 아직 일렀다. 호수 외에는 보이는 것이 없었는데 갑자기 물소를 탄, 일곱 살 정도 되었을까 싶은 사내아이 둘이 눈앞에 나타난 것이었다. 보트를 세우고 녀석들을 향해 카메라를 돌리자 녀석들은 물소를 채찍질해대며 우리에게 다가왔다. 물소는 더 이상의 깊이는 무리라고 판단했는지 겁을 먹고 울부짖으며 다가오질 못했다. 그러자 한 녀석이 차가운 물속으로 뛰어들었다. 사탕밖엔 줄 것이 없었는데 녀석은 대단한 것이라도 얻었다는 양, 물소의 고삐를 잡고 기다리고 있던 친구에게 손을 흔들며 신나게 헤엄쳐 갔다. 그 사탕 몇 알이 그날 하루 아이들에게 행복을 주었을까.

한 시간 반쯤 달려 수상시장에 도착했다. 과거엔 다양한 소수민족들이 농수

인레 호수의 아이들.
얻을 수 있는 것은 사탕밖에 없다는 것을 물소들은 알고 있는데 애들은 모른다.

산물을 싣고 나와 팔기도 하고 장을 보기도 하는 꽤 큰 수상시장이었으나, 타이 담는사두악Damneon Saduak 의 수상시장처럼 외국인들이 찾아오면서 관광 상품을 파는 상점들이 빼곡히 들어서 버렸다. 하지만 다행히도 아직은 천칭으로 무게를 재가며 물건을 파는 소수민족의 모습이 곳곳에 남아 있었다. 더 이상 변하지 않았으면 하는 것은 오지를 사랑하는 사진가의 욕심일 뿐이었다.

오후에 다시 헤호로 돌아와 호텔 주변에 살고 있는 카렌Karen 족 여인들을 만났다. 카렌족은 미얀마 남동부, 타이와의 국경지대에 살고 있으며, 여자들의 목에 링을 채워 비정상적으로 목이 긴 소수민족이다. 하지만 헤호의 카렌족은 호텔 업주가 관광객들의 눈요깃거리로 데려다놓은 여인들로, 부족 속에 있을 땐 분명 아름다운 여인이었을 텐데 타지에 나와서 동물원 아닌 동물원에서 살고 있었다. 아니, '살고 있었다'라기보다는 '길러지고 있었다'가 맞을 듯싶었다. 웃고 있지만 슬퍼 보이는 그녀들의 눈은 같은 여자로서 바라보고 있기 고통스러웠다. 마음이 언짢아 더 길게 있지 못하고 나와 버리고 말았다.

저녁밥을 짓느라 분주한 아낙네, 물을 길러 가는 새까맣게 탄 여자아이들, 그다지 깨끗해 보이지 않는 개울에서 아이를 목욕시키는 엄마, 따뜻한 저녁 햇살에 젖은 승복을 말리고 있는 동자승 등을 촬영하며 하루 일정을 마감하고 일행 몇 사람과 한국의 시골 대폿집같이 생긴 주점에 들어가서 생맥주를 마셨다. "어찌나 맛있던지"라고 할 수 있었던 것은 맛도 맛이려니와 한 잔에 겨우 350차트 1달러는 약 850차트 였기 때문이다.

억겁 윤회 속의 인연, 미얀마

여행 일곱째 날. 인레 호수를 떠나 비행기를 타고 다시 양곤으로 향했다. 양곤에 도착해 가장 먼저 향한 곳은 세계 최대의 옥불玉佛이 있는 로카찬다 Lokachada 파고다였다. 불상 조각가인 우마웅지라는 사람이 7년간 옥광산에서 불상을 조각해 양곤으로 옮겼는데, 이동하는 11일간 미얀마 전역에 비가 오지 않았다는 전설이 있다고 했다. 그러나 불상이 거대한 유리상자 안에 모셔져 있어 옥의 탁한 듯하면서도 푸르른 빛을 느낄 수 없는 것이 '옥에 티'였다. 중국에

헤호의 카렌족.
목 근육에 힘이 없어 링을 빼버리면 목이 부러져 버린다고 하니
아름다움의 기준이 어찌 이리도 가혹할까 싶다.

서 빌려온 부처님의 치齒 사리 옆에 하얀 코끼리의 상아를 두자, 상아가 부처님의 치 사리가 되었다고 하여 그 상아를 전시하고 있는 사원도 있었다.

중국식 미얀마 음식에 서서히 질려가던 차에 정통 미얀마 음식으로 점심 식사를 하게 되었다. 미얀마 음식은 독특한 향료를 쓰는데, 카레와 후추를 섞은 듯한 향이 있어 식욕을 자극한다. 일본에서 연수를 받을 때 가까이 지냈던 민민에이가 미얀마 음식을 맛있게 해준 적이 있었다(참고로 미얀마 사람들은 넓은 접시에 담긴 요리를 테이블에 두고 자신의 밥이 담긴 접시-공기가 아님-에 그 음식을 조금씩 덜어다 먹는다). 그때의 기억을 떠올려 요리를 밥 위에 올리고 손으로 조몰락거리며 비벼 먹었더니 역시나 맛이 있었다. 미얀마 사람들은 손으로 밥을 먹는다. 그래서 손톱을 매우 짧게 자른다. 우리네의 시각으로 보면 손끝이 아프지 않을까 싶을 정도로 짧다.

점심을 먹고 나서 양곤 최대의 시장인 보족 아웅산 마켓 Bogyoke Aung San Market 에 들렀다. 밖에서 보기에도 어마어마한 크기였지만, 들어가 보니 영화 〈큐브〉에서처럼 도저히 방향을 알 수 없는 거대한 미로 속을 헤매고 있는 듯한 기분이 들었다. 한 평 정도 될 듯한 조그만 가게들은 한국의 남대문 시장을 연상시켰다. 차이점이 있다면 손님을 잡으려 소리를 지르거나 호객 행위를 하지 않는다는 것이었다. 이곳도 예전엔 전통 재래시장으로 골동품이나 수공예품을 팔았다고 하지만, 양곤이 관광지로 유명해지면서 외국인들이 몰려와 그 성격이 많이 바뀌었다고 한다. 시장 안을 헤매다 겨우 밖으로 나오니 그제야 내가 한낮에 미얀마 최대 도시인 양곤의 도심 속에 서 있다는 것을 알았다 (2004년 당시, 양곤은 미얀마의 수도였다). 여느 나라처럼 활력이 넘치는 미얀마의 모습을 이제부터 느긋한 마음으로 구석구석 들여다보기로 했다.

먼저 불교 국가답게 곳곳에서 생소하고도 다양한 모습으로 스치듯 지나가는 승려들이 눈길을 사로잡았다. 미어터질 것 같은 버스 안에서 이방인을 바라보는 젊은 승려, 율 브리너와 비슷한 외모에 양팔 가득 퍼런 문신을 새겨 금방이라도 조폭 영화 섭외가 들어올 듯한 승려, 왼쪽 눈을 다쳤는지 무수히 많은 반창고를 별모양으로 붙이고선 망치를 들고 있는 승려, 대박을 기다리고 있는지 돋보기를 쓰고 복권 가게 앞을 서성이는 승려…… 온통 승려들이었다. 만달레이의 마하 간다용 사원에서 보았던, 탁발해 온 발우를 들고 줄지어 식당에 들어가 조용히 식사를 하던 승려들의 모습이 떠올랐던 이유는 아마 정통과 사이비의 차이 때문이었을 것이다.

뒷골목에 들어서자 히잡을 두른 여인들이 보였다. 아랍인의 거리였다. 미얀마 사람들과는 확연히 다른, 더욱 검은 피부에 곱슬머리, 짙은 눈썹의 아랍인들이 곳곳에서 장사를 하고 있고 근처에는 중국인과 인도인의 거리도 보였다. 명실공히 미얀마의 중심 도시 양곤이었다.

여행의 마지막 날, 아침 일찍 미얀마 불교의 핵심인 쉐다곤Shwedagon 파고다를 찾았다. 쉐다곤 파고다는 소승 불교의 상징물로, 미얀마의 여러 왕조를 거치면서 금판을 쌓아올려 현재는 높이가 100미터, 둘레는 426미터에 이른다고 한다. 게다가 탑의 꼭대기에는 다이아몬드, 루비, 금종, 은종 등 다양한 보석들이 장식되어 있다. 탑을 둘러싼 곳곳에서는 불상과 정령을 모셔두고 꽃이며 음식을 바치고, 물을 끼얹어 씻기기도 하며, 향불을 피워 기도를 올리고 있는 모습들을 쉽게 볼 수 있었다.

미얀마 사람들에게 불교라는 종교는, 삶이고 생활이며 이유이고 목적이었다. 미얀마를 떠나기 전에 마지막으로 볼 수 있었던 것이 쉐다곤 파고다였기에 더욱 그런 마음이 들었는지 모르겠다. 8박 9일간의 미얀마 여행을 마치며 승려였던 현지 가이드 최정훈 씨가 했던 말이 있다. "당신이 미얀마에 오게 된 것은 억겁의 윤회 속에서 분명 어떤 인연이 있었기 때문"일 거라고. 바간에서 보았던 수많은 스투파, 만달레이와 밍군에서 만난 승려들, 헤호와 인레 호수의 작은 세상에서 살아가는 소수민족, 양곤의 쉐다곤 파고다까지. 기억나지 않는 인연으로 미얀마에 온 것이라면 다가올 미래에는 지금을 기억하며 다시 한 번 인연을 맺고 싶은 나라, 미얀마였다.

5

싸바이디
라오스

'싸바이디'란 라오스 말로 '안녕'이란 뜻이다. 2005년 1월 라오스 루앙프라방Luang Prabang의 소수민족 시장에서 20달러를 주고 사온 이불 커버를 집에서 쓰던 노란색 침대 커버와 함께 세탁기에 넣고 빨았다. 라오스에서 사온 이불 커버는 회색 바탕에 노란색, 빨간색 태양이 그려진 겉감에 베이지색 안감이 재봉된 예쁜 커버였다. 라오스의 이불 커버와 한국의 침대 커버는 세탁기 속에서 한참 동안 공모라도 했나 보다. 세탁기 밖으로 나온 두 커버를 보고 내 입에서 나온 첫마디는 "햐!"였다. 라오스 이불 커버의 베이지색 안감은 하얘지고, 노란색 침대 커버는 밝은 녹색으로 변해 있는 것이 아닌가. 또한 이불 커버에 덧댄 예쁜 태양 조각은 갈가리 뜯겨 세탁소에 맡겨야 할 만큼 너덜너덜해져 있었다. 따로 빨았어야 했다는 자책감은 들지 않았다. 어차피 따로 빨았어도 예쁜 태양이며 퀼트 바느질의 각종 무늬들은 해체되어 있었을 것이다. 오히려 짧았던 라오스의 추억을 더 길고 풍성하게 만들어준 것 같아 기분이 좋았다.

라오스 여행기는 수도인 비엔티안Vientiane과 고도古都 루앙프라방, 그리고 방비엥Vang Vieng에 이르는 5박 6일간의 짧은 에피소드다.

Introduction

라오스는 공산주의 국가로 정식 명칭은 라오스 인민민주공화국이다. 캄보디아, 베트남, 타이, 미얀마, 중국과 국경을 접하고 있는 내륙 국가로 열대몬순기후에 속한다. 주민 대부분이 라오족이고 소수민족이 거주한다. 그러나 라오스 국적을 갖고 있는 사람을 모두 라오스인으로 인정하기 때문에 공식적으로는 소수민족이 없다. 다만 고도에 따라 라오룸 Lao Loum, 저지대 사람 , 라오퉁 Lao Tung, 중간지대 사람 , 라오숭 Lao Soung, 고산지대 사람 족으로 불리고 있다.

토착 민족이 생활하던 이 지역에 13세기 무렵 중국 남부에서 살던 라오족이 건너오면서 라오스의 역사가 시작되었다. 비엔티안, 루앙프라방, 참파삭 지역을 중심으로 발전하던 라오스는 18세기 초부터 몰락의 길을 걸었다. 급기야 타이와 베트남의 지배를 받다가, 19세기 중엽에는 프랑스의 지배권 아래 들어가면서 루앙프라방 왕국이 세워졌다. 그 후 1949년에 독립을 했지만 좌익과 우익의 내분에 시달렸다. 결국 베트남 전쟁으로 남베트남이 패망하자 좌익 세력에 의한 라오스 공화국이 수립되었다. 현재 라오스의 공산주의 정권은 통치 실패를 인정하고 부분적으로 경제 자유화를 허용하고 있지만, 여전히 인도차이나 반도 내 최빈국에 머물러 있다.

베트남 전쟁 때 월맹군 호찌민을 중심으로 결성된 베트남 독립운동 단체 이 라오스를 통과해 군수물자를 운반했는데 이 산악길을 '호찌민 루트'라고 한다. 이 통로를 차단하기 위해 미군이 뿌린 어마어마한 폭탄과 고엽제로 인해 아직도 풀 한 포기 자라지 않는 땅이 많으며, 불발탄으로 인한 민간인의 피해가 발생하고 있는 안쓰러운 나라가 라오스다. 하지만 소승 불교를 믿으며 내세를 기원하는, 가슴 따뜻한 사람들이 살고 있는 나라이기도 하다.

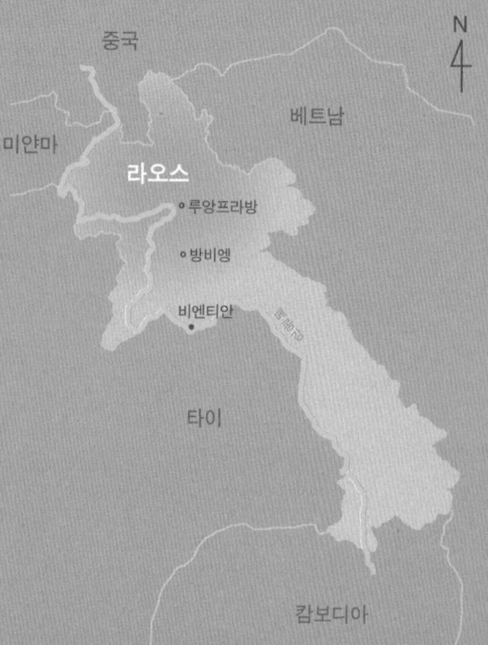

루앙프라방의 왓시엥통 사원 앞 시장.
이불 커버를 비롯해 소수민족 사람들이 만든 예쁜 수공예품이 많다.
비록 이곳에서 산 이불 커버의 태양 무늬는 단 한 번의 세탁으로 뜯어졌지만.

왓시엥통의 동자승(위)과 루앙프라방의 아침 탁발식(아래).

—
방비엥 가는 길.
어릴 적에 찍은 흑백 사진 속 우리 모녀와 모습이 똑같다.

방비엥 가는 길.
아기를 업은 엄마가 들고 있는 낫도, 어린 누나가 메고 있는 짐도 너무 버거워 보인다.

—
반끈 마을의 염전(위)과 빗자루를 만드는 소녀(아래).
최신 유행의 구멍 난 바지를 입고 싶어서 입는 게 아닌 사람이 세상에는 많다.

—

방비엥 재래시장의 미엔족 할머니.
'소수'라는 것은 특별하다는 의미이기에 더욱 가치가 있다.

스님도 부처님에게 일을 시킨다

타이항공 편으로 인천공항을 출발해 타이에서 하루를 묵은 후 라오스의 비엔티안공항에 도착한 것은 오전 10시경이었다. 이웃 나라인 타이와 비행기로 불과 1시간여밖에 걸리지 않는데, 두 나라의 상공은 어쩜 이다지도 다른지. 하늘에서 내려다본 라오스의 지형은 얕은 민둥산인지 평야인지 구분할 수 없을 만큼 완만했고, 키 작은 바나나 나무들이 짙은 황토색 토양 속에 뿌리를 내리고 있었으며, 집으로 보이는 건물들은 찾기 어려웠다.

첫 일정은 수도인 비엔티안 시내에 있는 라오스국립대학을 방문하는 것이었다. 가난한 나라끼리는 모습이 닮는 것인지 이곳의 주택단지는 캄보디아와 비슷한 느낌이었다. '단지'라고 하면 아파트단지나 전원주택단지가 먼저 떠오르지만, 이곳의 주택단지는 그저 열대의 열기와 스콜을 피하기 위해 구하기 쉬운 나무로 만든 고상가옥이 모여 있는 것뿐이었다.

오전 10시 반에 라오스국립대학에 도착했다. 라오스의 유일한 국립대학이라고 하는데 정문이 마치 시골 마을의 입구를 나타내는 구조물 같기도 하고, 〈전설의 고향〉에 나오는 열녀문 같기도 했다. 학교 건물들은 전원주택의 모델하우스 같은, 입주가 끝나면 철거될 것 같은 느낌이 들었다. 남학생들의 교복은 흰색 셔츠에 검은색 바지가 전부였고 여학생도 크게 다르지 않았다. 한국의 1950~1960년대 대학의 모습을 상상하면 맞을 듯싶다.

대학가는 썰렁하기 그지없었다. 대학가 하면 연상되는 카페, 술집, 노래방, PC방 같은 곳은 단 한 군데도 발견할 수 없었고, 먼지가 풀풀 날

왓시사켓 박물관에서 불상 얼굴을 보수하는 승려.
불경스럽게도 시멘트 팔레트를 드는 심부름을 부처님에게 시키고 있다.

리는 흙바닥에 과자와 음료수 정도를 팔고 있는 조그만 상점이 전부였다. 이렇게 한산하고 조용한 대학가가 전 세계에, 아니 21세기에 또 있을까 싶을 정도로 사람 구경하기가 어려웠다. 사실 라오스는 면적은 약 23만 6천 제곱킬로미터로 한반도의 1.1배에 달하지만, 인구는 겨우 560만 명으로 인구 과소 국가이다. 그래서 'City of Moon'이라는 의미를 가진 수도 비엔티안도 한산하기 짝이 없고 높은 건물이래야 호텔 정도, 대부분은 1~2층에 불과했다.

눈에 띄는 원색의 승복을 입은 어린 승려 둘이 자전거를 타고 지나갔다. 라오스에서는 주황색 승복을 입은 비구를 어디서나 쉽게 볼 수 있다. 승려 생활을 해야만 성숙한 남자로 인정하는 소승 불교의 특징 때문이다. 그런데 이 뙤약볕에 왜 검은 우산을, 그것도 하나를 사이좋게 쓰고 다니는 걸까? 검은 우산을 쓰면 오히려 더 덥다는 것을 모르는 것인지, 아니면 한때의 유행인지는 알 수가 없었지만 희한한 것은 이 검은색 우산이 주황색 승복과 기가 막히게 어울린다는 것이었다.

점심 식사 후 타이 양식의 수도원이자 박물관인 왓시사켓 Wat Sisaket 에 들렀다. 1818년에 세워진, 비엔티안에서 가장 오래된 사원으로 10,136개의 크고 작은 불상들이 놓여 있었다. 구석구석 돌아다니다 승방에서 공부 중이던 젊은 승려와 마주쳤다. 그는 내게 어디서 왔으며, 취미는 뭐냐 물었다. 적당히 대답하고 사탕과 펜을 내밀었다. 그러자 손가락으로 바닥을 톡톡 가리켰다. 아마도 거기에 두라는 이야기 같았다. 전염병 환자 취급을 당하는 것 같아 조금 기분이 상했지만 하라는 대로 할 수밖에 없었다. 그러자 자신도 방에서 과자를 갖고 나오며 똑같이 바닥에 두었다. 해서는 안 될 물

물거래라도 한 듯한 기분이었지만 과자(그다지 맛있어 보이진 않았다)를 들고 손을 흔들며 뒤돌아섰다. 나중에 물어보니 라오스 승려들은 여자들과 직접적인 신체 접촉을 해서는 안 된다고 했다. 그제야 이해가 되었다.

비엔티안에는 라오스에서 가장 성스러운 불탑이라고 하는 파탓루앙 Pha That Luang이 있다. 이 불탑은 일반적인 불탑과는 달리 매우 기하학적인 면이 가미되어 있어, 멀리서 보면 마치 최첨단 로켓이 하늘로 발사되기 직전의 모습 같다. 기원전에 세워진 작은 불탑을 1560년경, 즉 지금으로부터 500여 년 전에 탑 부분을 금으로 덧씌워 현재의 모습이 되었다고 한다. 이 탑의 내부에는 부처님의 진신 사리 중 가슴뼈의 일부가 묻혀 있다고 한다. 도대체 부처님의 사리는 얼마나 많이 나왔기에 각국 도처에 묻혀 있는 것인지 궁금했다.

비엔티안 중심으로 들어서는 입구에는 개선문을 연상시키는 파투싸이 Patouxai, 일명 '승리의 문'이라는 것이 있다. 미국이 도로를 지으라고 지원한 시멘트로 이 문을 만들었으니 예술성이나 건축미는 논할 바가 못 된다. 그래도 승리의 문 꼭대기에 오르면 비엔티안의 한산한 시내 전경이 보인다. 작은 소도시 같은 느낌의 수도 비엔티안이 한눈에 들어오고, 또 각 층별로 밖을 내다볼 수 있도록 유리 없는 창이 있는데 창살이 예술이다. 모든 창살 모양이 부처님의 모습을 하고 있기 때문이다. 높이 48미터의 이 문 주변에는 총리 관저를 비롯해 외국의 대사관들이 모여 있으며, 주말이 되면 시민들의 휴식처로 제법 붐빈다고 한다. 개선문 바로 앞에는 돌로 만든 벤치가 있는데 이 벤치에 뭔가 적혀 있었다. 멀리서 볼 땐 어떤 그림 같았는데 가까이서 보니 호텔 전화번호가 적힌 것이었다. 세상에나, 아마도 그 호텔에서 기증한 벤치가 아닐까 싶었다.

파투싸이(승리의 문)의 창살.
부처님이 막고 계시니 적어도 이 나라엔 비엔티안 시내를 내려다보며
뛰어내리는 투신자살은 없을 것이다.

작은 프랑스, 루앙프라방

여행 셋째 날 오전 8시. 출발하기 전에 한 시간 정도 여유가 있어 혼자 호텔 뒤의 마을로 가보았다. 호텔 앞쪽은 외국인들이 많이 다니는 중심가라 레스토랑과 액세서리 숍, 바 등이 가득한 화려한 거리였지만 뒤쪽은 빈민촌이라 불릴 듯한 마을이었다. 도로 공사를 하고 있는지 민소매에 반바지 차림을 한 남자들이 반은 빈둥거리며 일을 하고 있었다. 아이들은 장난감이 없는지 조그마한 돌덩이를 쌓으며 놀고 있었고, 전기를 아끼기 위해서인지 아니면 전기가 안 들어와서인지 아침 햇살에 의지해 나무로 된 창문을 열고 수를 놓고 있는 젊은 아기 엄마의 수줍은 미소도 보였다.

활기찬 아침 시장을 잠시 본 후 루앙프라방으로 가는 국내선 비행기에 몸을 실었다. 30분 정도의 비행이므로 음료수 한 잔 정도는 주겠거니 했는데 예쁜 스튜어디스는 달랑 물수건 하나만 주었다. 이유는 금세 알게 되었다. 라오스에는 아직 제트기가 없었다. 그러니 양 날개에 프로펠러를 달고 날아가고 있는 비행기에 에어컨이 있을 리 만무했고, 무거운 음료수를 싣고 비행하는 건 무리였던 것이다. 따라서 비행기의 스푼이나 포크 하나라도 기념으로 가져가려고 했던 나의 계획은 산산조각 나버렸다. 그 대신 30분 동안 원 없이 습식사우나를 했다. 물수건의 용도는 땀 닦는 것이었다.

드디어 오후 1시 반에 루앙프라방에 도착했다. 상공에서 내려다본 루앙프라방은 비엔티안 상공과는 사뭇 달랐다. 계단식 논과 산지 사이로 남칸Nam Khane, '남은 강'이라는 의미과 남콩Nam Khong, 메콩강이 흐르고, 시내와 유적지 모두 걸어 다니며 볼 수 있을 만큼 작고 아늑한 도시였다. 또한 금빛으로 반짝이는 작은 공예품부터 프랑스식 가옥까지 며칠을 머무르며 구경해도 질리지 않을 것 같은 매력적인 곳이었다.

루앙프라방의 역사적 의미를 말하자면 18세기로 거슬러 올라간다. 14세기에 세워진 란쌍 왕국은 내분에 의해 18세기에 이르러 비엔티안, 루앙프라방, 그리고 참파삭 왕국으로 분열된다. 이 세 왕국은 제각기 독특한 사원 양식을 갖추게 되는데, 비엔티안의 사원은 타이의 영향을 받아 기둥이 많고 천장이 높은 것이 특징이고, 루앙프라방의 사원은 기둥이 적고 천장이 낮으며 처마가 긴 것이 특징이다. 특히 루앙프라방 사원은 아름다운 벽화가 금분으로 치장되어 있으며 정면에 아치 모양의 장식이 있어 매우 아름답다.

왕궁 박물관에 들러 왕족들이 사용하던 화려한 가구와 장신구, 의복 등을 보고난 후, 동남아시아에서 가장 유명한 사원이라는 왓씨엥통Wat Xieng Thong에 들렀다. 전형적인 루앙프라방 스타일로 지어진 이 사원은 지붕 구조가 3중이며 후면 벽에는 생명의 나무라 불리는, 즉 탄생에서부터 이승^연옥^저승에 이르는 인생의 모든 것을 나무로 표현해 모자이크한 것이 있는데 매우 독창적이고 예술적이었다. 이 사원은 메콩강 가의 언덕 위에 지어져 예로부터 루앙프라방에 있는 40여 개의 크고 작은 사찰 중에서 가장 성스러운 사찰로 추앙 받고 있는 곳이라고 했다.

저녁 무렵 루앙프라방의 야시장을 둘러보았다. 부족 특유의 복장과 헤어스타일을 한 인근의 라오족과 소수민족 여인들이 다양한 수공예품을 팔고 있었다. 더위가 가신 초저녁의 여유롭고 따뜻한 햇살 속에 화려한 천과 기념품, 붉고 푸른 색등이 펼쳐져 거리가 갑자기 화려해졌다. 상인보다 손님이 더 많은 것은 분명한데 다들 뜨내기 관광객이라, 물건을 사기보단 사진 찍기와 구경하기에 더 바빠 보였다. 과연 오늘 하루 얼마나 벌 수 있을지, 그 돈으로 그녀들의 가족이 먹고살 수 있을지 안쓰러운 마음이 들었다.

야시장의 끝자락에는 양쪽으로 프랑스풍의 2층짜리 건물들이 즐비하게 늘어서 있었다. 1층은 대개 기념품점이나 바, 레스토랑 등이고 2층은 게스트 하우스로, 어슴푸레 달빛이 들 때쯤엔 가게마다 달아놓은 색색의 등 때문에 마치 조용한 축제가 벌어지고 있는 것 같았다. 빌딩숲과 아스팔트, 자동차 배기가스를 잔뜩 머금은 가로수 속에서 내가 하는 일이 어떤 의미가 있는지, 누구에게 얼마나 무슨 의미를 주는지 생각조차 하지 못하며 하루하루를 보내다가 온 내게, 눈앞에 펼쳐진 아름답고 몽롱한 분위기의 루앙프라방의 모습은 결단코 한국으로 돌아가고 싶지 않다는 욕구를 불러일으켰다. 이곳은 아름다운 사찰과 오랜 전통, 소수민족들의 삶과 문화, 프랑스풍의 거리 등이 독특해 그 보존가치를 인정받아 1995년에 지역 전체가 유네스코 지정 세계문화유산으로 선정되었다.

오후 7시에 도착한 호텔은 또 어찌나 낭만적이고 아름다운지, 같은 값으로 한국이나 다른 선진국에서는 결코 머물 수 없을 곳이었다. 넓은 방과 티크 Teak 재의 바닥과 테이블, 라오스 특유의 문양이 있는 벽걸이와 소품 등 앤티크한 느낌의 프랑스풍 고급 리조트 호텔이었다. 만약 사진 촬영이 아닌 휴식을 위한 최고의 여행지를 꼽으라면 단연코 1순위는 루앙프라방이다.

우리는 이미 잃어버린 모습들

여행 넷째 날 오전 8시경에 보트를 타고 메콩강을 따라 20분 정도 달려 반무앙캄이라는 마을에 도착했다. 이곳은 라오스 사람들이 즐겨 먹는 파래를 만드는 마을이었다. 파래를 강가에서 걷어와 작은 발에 널고 그 위에 마늘과 깨, 생강 등을 뿌려서 말리는 것이었다. 엄마를 도와 파래를 널고 있는 여자아이, 장난감이라고는 눈 씻고 찾아봐도 없는 곳에서 아이들이 그들 나름대로 개발한 듯한 흙 던지기 놀이, 아무도 없는 사원에서 비질하는 노스님, 아빠를 도와 대나무를 나르는 소년, 새장을 보여주며 웃는 소년…… 우리는 이미 모두 다 잃어버린 모습들이었다.

하지만 다시 보트를 타고 이동하며 둘러본 몇몇 마을은 원래의 모습을 많이 잃은 듯했다. 예전에는 마을마다 특색이 있어 양조, 파래, 종이 만들기 등을 하며 살았다지만, 지금은 관광지로 변모해 외국인에게 기념품을 파는 것 외엔 별 관심이 없어 보였다. 그래도 이들 강가 마을에서 건진 것도 있었다. 벽장식용 천을 7달러에 구입했고, 모래사장에서 배꼽티에 땟국이 흐르는 귀여운 얼굴을 한 두 여자아이를 만난 것이었다. 한국에 돌아온 후 장식용 천은 침대 앞 벽에서 격조 높은 침실 분위기를 자아냈고, 두 여자아이의 사진은 크게 뽑아 사무실 한쪽에 걸어두었는데 들어오는 사람들에게 동심을 유발시켜 편안함을 주었기 때문이다.

루앙프라방으로 돌아와 잠시 시내 구경을 나섰다가 석양을 받아 황금빛에서 주황빛으로 물든 사원을 발견했다. 그 모습을 담고 싶어 사원에 들어서보니 관광객은 나 하나뿐인 듯했다. 저녁 햇살을 받아 고즈넉해진 사

반무앙캄 마을의 소년.
새장에 갇힌 새는 소년에게
행복을 주었다.

어린 동생을 안고서 엄마 대신 가게를 보는 소년.
형아는 동생의 무게만큼 삶이 무겁다는 것을
이미 느꼈을 것이다.

찰을 조심스럽게 숨죽이며 한 컷 찍으려는데, 열일곱 살쯤 되었을 법한 비구가 슬쩍 나타났다. 절대로 사원과 함께 찍고 싶은 외모가 아니었기에 빨리 사라져주길 바랐는데, 청년 스님은 자신이 내 사진 속에 들어가길 원하는지 비켜서질 않았다. 할 수 없었다, 함께 찍을 수밖에. 그러면 뭐 어떤가 사원과 인간이 별개일 수 없는 나라인데.

저녁이 되자 바씨 Baci 를 보러 갔다. 바씨란 라오스인들이 결혼식이나 장례식은 물론 성인식이나 돌잔치 등 모든 행사에 여는 피로연 같은 잔치다. 바씨에서는 둥글고 조그만 탁자 위에 과자와 떡 등을 차려놓고 가장 연

–

반무앙캄 마을의 소녀.

파래를 널던 이 아이는 혹시 지금 한국에 시집 와 있는 것은 아닐까.
그렇다 하더라도 완도에서 김을 널고 있지는 않았으면 좋겠다.

장자인 할아버지가 주문 같은 것을 외운 후 함께 둘러앉아 노래를 불러준다. 그것이 끝나고 나면 모인 사람들에게 흰색 실을 양 손목에 걸어주면서 주문을 외우는데, 세상일이 다 잘 풀릴 거라는 덕담인 듯했다. 그들은 흰색 실이 순결, 정화, 행운을 의미한다고 믿으며 '화이푸켄'이라고 부른다. 이 실은 최소한 3일 동안은 하고 있어야 한다기에 나도 비엔티안에 돌아오고 나서야 풀었다. 현지 가이드인 몬은 언제나 화이푸켄을 하고 있었다. 불심이 부족해 모든 소원은 이루어지지 않았지만 말이다.

여하튼 덕담이 끝나면 다과와 술을 권하면서 인사를 나눈다. 그리고 이 모든 순서가 끝나면 장례식을 제외하고는 가무가 이어지는 것이 보통이다. 이날은 우리를 위해서 라오룸족, 라오퉁족, 라오쑹족의 전통춤 공연이 이어졌다. 그리고 대나무 빨대로 마시는 전통술을 반주 삼아 맛있게 저녁 식사를 했다. 라오스 음식은 타이나 베트남 음식과 큰 차이가 없지만, 끼니마다 거의 찰밥을 먹는다는 것이 다르다. 재미있는 것은, 이 찰밥이라는 것이 왕골이나 갈대로 만든 뚜껑이 달린 조그만 바구니에 담겨 나오는데, 꼭 손으로 먹어야 제맛이 난다는 것이다. 하긴 젓가락으로 먹으려 해도 웬만한 힘으로는 어림도 없을 만큼 차지다.

흰 콧물과 맑은 콧물의 아이

여행 다섯째 날, 이른 아침인 오전 6시 반. 거대한 탁발 풍경을 보기 위해 시내로 나섰다. 정각 7시가 되자 탁발의 시작을 알리는 종이 울려 퍼졌다. 그러자 주황색 가사를 입고 발우를 하나씩 챙겨 든 승려들이 맨발로 골목 사이사이에서 나타나기 시작했다. 마을에 활기찬 군가가 울려 퍼지기라도 하듯 한 줄로 맞춰 서서 탁발하는 모습은 장관이었다. 이 모습은 서양의 사진 찍는 사람들에게도 유명한 풍경인가 보았다. 이렇게 이른 아침에 이토록 많은 노랑머리 '찍사'들이 다 어디서 잠자다 나왔을까 싶을 만큼 엄청 많았다.

주민들은 공양할 음식과 돈을 챙겨 무릎을 꿇은 채, 불심이 가득한 얼굴로 승려들을 기다리고 있었다. 그러고는 승려들의 발우에 주걱으로 밥을 퍼서 담아주거나, 지폐를 집어넣거나, 바나나 잎으로 싼 삼각형 모양의 찰밥을 넣어주었다. 바나나 잎으로 싼 찰밥은 승려들이 주변의 아이들이나 걸인들에게 다시 건네주었다. 돌고 도는 것은 인생만이 아니었다.

한참을 여기저기 뛰어다니며 탁발 풍경을 찍고 있는데, 누군가 날 바라보고 있다는 느낌이 들었다. 라오스에 내가 아는 사람이 누가 있겠는가? 그런데 고개를 돌려 보니, 아…… 전날 저녁에 사원에서 만났던 결코 잘생기지 않은 그 젊은 승려가 나를 보며 웃고 있는 것이 아닌가. 순간 어이없게도 반가움이 들었다. 그 스님도 반가웠을까? 그 순간조차 그는 인연이라는 업을 생각했을까?

꾸막나우 마을에서 만난 누런 이에 콧물을 흘리던 소년.
유년기의 나처럼 녀석의 소매에도 반들반들 콧물이 굳어 있을 것이다.

다시 호텔로 돌아와 급히 아침을 먹고 마지막 목적지인 방비엥으로 향했다. 열 시간 정도 이동해야 한다기에 마음의 준비를 하고, 가급적 주변 풍경을 눈에 많이 담기로 했다. 과연 이 길을 포장도로라고 할 수 있을지 의심스러운 꼬불꼬불 첩첩산중의 산길을 버스는 계속 올랐다. 강릉과 대관령 사이의 '대관령 옛길' 같았다. 그런데도 곳곳에 마을이 있었다. 다들 무얼 해서 먹고사는 걸까. 사실 이 사람들이 먹고사는 문제보다 과연 이 버스가 무사히 산을 넘어 방비엥까지 도착할 수 있을지가 더 걱정이었다. 계기판은 얼마 전부터, 아니 처음부터 '0'을 가리키고 있었기 때문이다. 산길을 오르고 있는데 먼지가 풀풀 날리는 도로변에서 머리를 감고 있는 여인이 보였다. 머리엔 잔뜩 비누칠을 했는데 물은 달랑 대야 하나뿐이었다. 그 여인의 머리에선 어떤 냄새가 날까?

오전 10시 반경 해발 1,000미터 정도에 이르자 중간지대에 사는 라오퉁족의 마을, 꾸막나우에 도착했다. 60여 가구가 사는 마을의 공터에는 빗자루를 만들기 위한 갈대가 건조되고 있었고, 사람들은 할 일이 없는지 그냥 모여 앉아서 수다를 떨고 있었다. 아이들은 어찌나 많은지…… 콧물과 땟국으로 범벅인 아이들이 양말도 신지 않은 채 놀고 있었다. 잠시 돌고 있는데 네댓 살쯤 되어 보이는 동네 꼬마들과 그 녀석들의 엄마로 보이는 아낙네들이 모여 있는 것이 보였다.

순간, 한 녀석과 눈이 마주쳤다. 녀석을 보는 순간 내 손은 카메라로 향했고 동시에 녀석은 일어나 도망치기 시작했다. 녀석이 내 눈에 띈 것은 당연했다. 까무잡잡한 얼굴에 짧은 머리를 한 그 꼬마는 무리 중 한가운데에 앉아 한쪽 콧구멍에선 희고 걸쭉한 콧물이, 다른 쪽 콧구멍에선 맑은 콧물이 입술과 콧구멍 사이를 왔다 갔다 하는 모습으로 대나무를 칼로 자르며 놀고 있었던 것이다. 사진감이 되든 말든 그 모습이 너무 귀여워서 찍고 싶었는데 녀석은 나의 의중을 눈치 챘는지 잽싸게 도망치기 시작했다. 뒤좇고 있는 나를 보며 남아 있던 사람들은 깔깔대며 웃어댔다. 웃음소리를 뒤로하며 녀석을 찾았지만 그 짧은 다리로 어찌나 빨리 숨어버렸던지 아이는 곧 내 시야에서 사라졌다.

낙담이야 말로 다 할 수 없었지만 결국 포기하고 다른 쪽으로 발걸음을 돌려 무심히 사진을 찍었다. 그래도 아쉬움이 남아 마을을 떠나기 전에 다시 한 번 녀석이 있던 쪽을 바라보니, 이게 무슨 일인가. 날 그렇게 달리게 만들었던 녀석이 버젓이 앉아 놀고 있지 않은가. 원망 반 반가움 반으로 다가가 보니 더 가관인 것은 그 녀석이 그새 콧물을 닦고, 머리에 물을 묻혀 2대 8 가르마로 빗질까지 하고선 날 기다리고 있는 게 아닌가. 물론 말끔히 꾸미고 온 녀석의 외모는 더 이상 매력적이지 않았지만, 이 녀석 나름의 스타 의식을 어찌 무시할 수 있겠는가. 반갑게 웃어주는 녀석이 만족할 수 있도록 여러 컷의 셔터를 눌러주었다. 녀석은 정말 스타였다. 어찌나 자연스럽게 웃어대던지 목에서 꼴딱꼴딱 소리까지 났다. 금세 맑은 콧물을 흘리기 시작하는 녀석에게 사탕을 듬뿍 안겨주고 마을을 떠났다.

내 인생 최고의 누드모델

오전 11시 반쯤 남밍 주변 마을에서 서둘러 점심을 먹은 후, 일행들의 출발 시간을 확인해두고 잠시 마을 안쪽으로 들어가 보았다. 식사 시간을 조금이라도 줄이고 부지런히 돌아다니다 보면 건지는 것이 꼭 있기 마련이다. 골목 안으로 조금 깊숙이 들어가 보니 수돗가에서 '몸뻬'에 상체는 알몸으로, 머리는 위로 틀어 올린 중년의 포동포동한 여인이 목욕을 하고 있었다. 재빨리 카메라를 들이대자 여인은 찍지 않겠다며 뒤로 돌아섰다.

이럴 때를 대비해 항상 어른들을 위한 선물을 챙겨 오지 않았던가. 색색의 사인펜 두세 자루를 보여주며 한 장 찍자고 손짓을 하니, 주변에 있던 아낙들이 "까짓 가슴 좀 보여주면 어때? 펜 준다잖아"라며 흥을 돋우는 것 같았다. 여인도 그게 더 실속이 있다고 판단했는지 자연스러운 목욕 자세를 취하며 좀 쑥스러운지 배시시 웃었다. 얼굴은 쉰 살쯤 된 것 같은데 아직도 육감적인 가슴을 갖고 있는 그녀가 귀여웠다. 약속대로 사인펜을 주고 사탕 몇 알도 챙겨주었다. 이상한 것은 그녀의 사진은 아무리 보아도 야해 보이지 않는다는 것이다.

남밍 마을을 떠나 또다시 산을 넘어갔다. 작은 마을을 지날 때마다 버스는 경적을 울려댔다. 돼지, 개, 닭, 병아리, 소, 염소 등 가축이란 가축은 죄다 나와서 도로를 점령하고 있었기 때문이다. 이미 해가 저물고 있는데 방비엥까지는 아직도 한참을 가야 했다. 아스팔트 포장도로이긴 하지만 워낙 길이 험해 이날 안에 도착이나 할까 싶었다.

버스에서 내려 저녁 햇살을 받아 반짝이는 갈대들을 보며 잠시 쉬고

남밍 마을의 육감적인 가슴을 갖고 있는 아주머니.
내가 만난 최고의 누드모델이다.

있는데 커브 길에 아기를 업은 아낙이 한손엔 낫을 들고, 다른 한 손엔 네 살쯤 되었을까 싶은 여자아이의 손을 잡고 걸어오고 있었다. 갈대 꾸러미는 딸아이에게 지우고 말이다. 갈대조차 무거운지 머리에 두른 포대가 행여 떨어질까 잔뜩 고개를 숙이고서는 호기심 어린 눈으로 낯선 이방인을 올려다보던 그 아이의 눈동자와 그들의 뒷모습을 잊을 수가 없다. 엄마 등에 업힌 갓난아이는 자꾸 뒤를 돌아다보았다. 갑자기 가슴 가득 슬픔이 밀려왔다. 낫과 갈대와 짐과 갓난아이와 커브 길…… 따지고 보면 아무것도 아닌 그냥 삶의 단편적인 영상일 뿐인데 왜 슬픈 건지 알 수 없었다. 아이가 바라는 삶의 끈과 내가 좇고 있는 삶의 끈이 너무 달라서일까? 아니다. 그 아이의 삶의 끈은 아주 가까이 있고, 내가 좇고 있는 삶의 끈은 너무 아득했기 때문일 것이다.

오후 8시, 드디어 방비엥에 도착했다. 중국의 구이린桂林과 비슷하다고 하지만 깜깜해서 아무것도 보이질 않았고, 열두 시간에 걸친 이동으로 일행 모두 지칠 대로 지쳐버렸다. 숙소는 방비엥에서 가장 좋은 호텔이라고는 하나 삐걱대는 마루에, 방음이 전혀 안 되어 옆방의 말소리가 그대로 들리는 방갈로였다. 뭐 어쩔 수 없는 일 아니겠는가, 가장 좋은 호텔이라는데. 옆방에서도 내 발소리가 들리겠구나 싶어 슬리퍼를 벗고 맨발로 방과 욕실을 왔다 갔다 하는데, 이런 내 모습을 누가 보면 코미디겠다 싶었다.

하지만 이 호텔이 내게 아픔을 준 건 방 때문이 아니었다. 약간 지저분해 보이는 담요 위에 놓여 있던 타월이 문제였다. 대부분 욕실에 걸려 있어야 할 타월이, 그것도 하얀색이 아닌 파란색 두 장이 담요 위에 놓여 있었다. 빨아둔 건가 싶어 냄새를 맡아보니 상큼한 비누 냄새가 아닌 발고린내 비슷한 냄새가 났다. 그래도 빨긴 했구나 하고 믿은 것은 뽀송뽀송 건조되어 있었기 때문이다. 이것이 실수였다. 샤워를 하고 예의 그 타월로 얼굴을 닦았다. 아…… 다음 날 아침에 일어나 보니 양볼 가득 빨갛게 여드름 비슷한 것이 돋아 있었다. 이글거리는 태양 아래에서 피부가 약해진 탓에 세균에 감염되었던 것 같다. 잔뜩 기미 낀 듯한 얼굴을 하고 며칠을 더 여행한 후에 한국에 돌아와 가장 먼저 한 일은 피부과를 찾는 일이 되고 말았다.

어쨌든 방비엥에서의 하룻밤을 그냥 보낼 수 없어 호프집을 찾아 다운타운으로 나가보았다. 사실 다운타운이랄 것도 없었다. 방비엥은 숙소에서 중심가까지 걸어서 약 5분밖에 안 걸릴 정도로 작았다. 서양 배낭족들이 많이 찾아온다는 것은 분위기만으로도 알 수 있었다. 라오스인보다 서양 사람이 더 많이 보였으니 말이다. 수도인 비엔티안에서 세 시간 정도 거리밖에 안 되니 당일치기로 여행이 가능하고, 들리는 바에 의하면 이곳의 여유로움과 한적함에 반해 일정을 어기며 며칠씩 머물다 가는 배낭족이 많다고 했다. 라오맥주와 파파야 샐러드를 시켰는데도 5천 원이 넘지 않았다. 생맥주는 겨우 500원 정도밖에 안 되니 한턱낼 일이 있으면 라오스에 와서 한껏 폼을 잡아도 된다.

방비엥에서는 시간 개념을 잊은 닭들에게 감사하라

여행 여섯째 날. 출발 시간은 오전 9시인데 눈이 떠진 것은 새벽 5시였다. 일어나고 싶어서도 모닝콜이 울려서도 아니었다. 시간 개념을 잊어버린 듯한 닭들의 울음소리 때문이었다. 아직 해도 뜨지 않은 시간에 어찌나 번갈아가며 울어대던지 더 이상은 침대에 누워 있을 수가 없었다. 결국 닭에게 졌다. 옆방에 들릴까 싶어 샤워기의 물을 약하게 틀어놓고 조용히 세수를 했다. 나가보니 이미 일어나 있던 인솔자가 방문을 열고 나오는 나를 보며 왜 이리 빨리 일어났냐고 물었다. 상황을 설명하니 자신은 그 닭들을 잡아먹으려고 일어났다고 했다. 닭들이 여전히 울고 있는 것을 보니 참살은 면했나 보았다.

다행이었다, 여명이 찾아오고 있었던 것은. 카메라만 챙겨 방을 나서는데 이게 웬일인가. 지난밤엔 아무것도 보이지 않아 도대체 어디가 구이린과 닮았다는 것인지 알 수 없었는데, 방갈로 바로 앞이 소나무 숲이고 그 앞에는 석회석의 높은 산봉우리 몇 개가 떡 버티고 있질 않은가. 아침 안개에 쌓인 소나무 숲과 물안개에 비친 카르스트 석회암이 빗물에 녹아 형성된 지형 의 잔영은 한 폭의 동양화였다. 게다가 소나무 숲을 경계로 두 개의 마을을, 우기였다면 금세 휩쓸렸을 법한 위태로워 보이는 나무다리가 이어주고 있었는데, 그 위로 건넛마을 사람들이 일거리를 찾아 부지런히 오가는 모습이 보였다. 다리 아래로는 잠자는 물고기들을 장대로 깨워 그물 낚시를 하는 어부와, 물소들을 강으로 내보내는 목동들까지…… 고요하면서도 분주한 새벽이었다. 시간 개념을 잊은 닭들에게 감사해야 할 일이었다.

방비엥의 아침 풍경.
예약하지도 않은 모닝콜을 해주는 닭들에게 감사해야 한다.

이날은 방비엥 근처를 둘러보고 출발지였던 비엔티안으로 돌아가는 여행의 마지막 날이었다. 오전 9시에 호텔을 출발해 석회동굴인 탐짱 Tham Chang 에 들렀다. 가파른 계단을 올라가 보니 탐짱은 비교적 큰 종유동鐘乳洞이었다. 지금까지 라오스에서 본 대로라면 이런 자연 동굴은 그대로 두어 인공미를 느끼기 어려울 법한데, 탐짱은 한국의 동굴처럼 계단이 설치되어 있고 백열전구 등으로 꾸며져 있었다. 과거 바닷속에 있던 지층이 솟아 이렇게 높은 산이 되었다는 것이, 그 산이 빗물에 녹아 동굴을 만들었다는 것이, 그 동굴 안에 지금 내가 들어와 있다는 것이, 이 모든 일이 신비로웠다.

동굴을 나와 방비엥의 재래시장에 들렀다. 지천으로 널린 싸고 맛있는 열대과일을 구경하다가 고산지대에 사는 소수민족인 미엔족의 전통복장을 한 할머니를 만났다. 머리엔 검은 터번을 두르고 목엔 빨간색 목도리로 한껏 멋을 부렸는데, 소박한 검은 셔츠에 어울리지 않게 색색의 수가 새겨진 몸뻬를 입고 있었다. 그래서인지 피부색이 다른 라오스인보다 더 희게 보이고 검버섯은 더욱 검게 보였다. 할머니는 결단코 사진을 안 찍겠다며 뒤돌아섰지만 모든 인간은 돈에 약한 법. 2달러가량 주고 결국 사진을 몇 장 찍긴 했지만 이미 자연스러움은 사라졌다. 하지만 보기 힘든 미엔족을 직접 볼 수 있었고, 이렇게나마 묘사할 수 있다는 것은 여행 중에 만난 행운이었다.

오후 3시가 넘어 비엔티안으로 가는 도중에 염전이 있다는 반끈 마을에 들렀다. '바다'라고는 손톱만큼도 접해 있지 않은 라오스이기에 염수를 지하에서 끌어 올려 네모난 솥에 넣고 팔팔 끓이다가, 소금 결정체가 만들어지면 광주리에 부어 걸러내는 제염 방식을 이용하고 있었다. 생산된 소금은 광주리째 막대기에 끼워 두 사람이 앞뒤로 메고 창고까지 운반해 포대에 담았다. 보기에도 꽤나 무거워 보였는데 광주리를 메고 가는 사람들의 표정은 밝기만 했다. 낯선 외국인 앞에서만은 일그러진 표정을 보이고 싶지 않았던 것일까.

오후 5시에 드디어 출발지였던 비엔티안으로 돌아왔다. 라오스에서의 마지막 밤이었다. 라오스는 외형은 가난해 보이나 사람은 절대로 가난해 보이지 않는 그런 나라였다. 고행에 가까운 문화적 충격을 가진 인도, 선하고 수줍음 많은 미얀마, 강렬한 눈빛의 전투적인 인도네시아, 독재로 얼룩진 탓인지 슬퍼 보이던 캄보디아, 현란한 자본주의의 퇴폐적인 겉모습을 닮은 타이와는 다른 나라.

라오스도 이제 변해갈 것이다. 다만 조금 천천히 변할 것 같다. 인구가 너무 적고 갖고 있는 것이 빈약하니 다른 나라에서 투자할 가치가 크지 않기 때문이다. 다행스럽다고 해야 할지 모르겠지만 아직 때 묻지 않은 자연의 라오스를 볼 수 있어서 기분 좋은 여행이었다. 루앙프라방에서 산 이불커버의 모습이 변했듯 라오스에서 돌아온 후 내 모습도 조금 변한 듯하다. 나 자신과 내가 가진 것들도 아름다운 라오스처럼 변하길, 라오스는 부디 천천히 변하길 바란다.

6

소수민족들의 공화국, 베트남 북서부

우리나라에서 캄보디아로 가는 직항기가 없던 2001년, 베트남의 호찌민 Hô Chi Minh 에서 하룻밤을 머문 적이 있다. 그때는 캄보디아의 앙코르와트가 주목적지였기에 수박 겉 핥기 식으로 미토 My Tho 평야의 열대과일 농장에 들러 과일 맛보기, 유람선에서 저녁 식사 하기, 구찌 Cu Chi 터널 통과하기, 프랑스풍의 우체국 둘러보기가 전부였기에, 차마 베트남에 가봤다고 말할 수 있는 정도는 아니었다.

다만 논 Nonh 이라 불리는 넓은 원뿔형의 전통모자를 쓰고, 전통의상인 아오자이 Ao Dai 를 입은 늘씬한 여자들을 보고 부러워하며 한편으로는 이기적인 내 몸매에 대해 절망했을 따름이다. 특히 베트남 항공기의 승무원들이 입은 파란 아오자이는 눈을 뗄 수 없을 정도로 아름다웠고, 하얀 아오자이 교복을 입은 여학생들이 자전거를 타고 긴 상의를 바람에 날리며 달리는 모습은 어느 항공사의 텔레비전 광고에서 보았던 것과 똑같았다. 베트남 여인들이 입는 아오자이는 앞뒤로 길지만 옆구리 부분까지 쭉 트여 있기 때문에, 약간의 허리 동작만으로도 충분히 섹시해서 야동의 예고편을 보는 듯하기도 했다.

2007년에 떠난 베트남 여행은, 자신들만의 독특한 의복 문화와 주거 문화를 간직하고 있는 베트남 북서부의 소수민족을 사진에 담는 것이 주목적이었다. 그래서 6년 전처럼 느긋하게 여행을 할 수 있을 거란 기대도, 6년 전과 별로 달라진 바 없는 몸매 때문에 아오자이를 입을 수 있을 거란 기대도 접은 채, 점차 사라져가는 소수민족을 조금이라도 카메라에 담아 오자는 의지만을 굳건히 하고 비행기를 탔다.

Introduction

베트남은 사회주의 국가로, 동남아시아 국가 중에서 가장 인구가 많은 나라다. 북쪽으로는 중국, 서쪽으로는 라오스 및 캄보디아와 국경을 접하고 있고, 동쪽과 남쪽으로는 남중국해가 펼쳐져 있다. 수도는 하노이Hanoi지만, 상업적·경제적인 최대 도시는 호찌민이다. 인구의 약 90퍼센트가 킨Kinh족이며 그 외 공식적으로 53개의 소수민족이 살고 있다. 대부분의 소수민족은 독특한 문화를 유지한 채, 도시와 떨어진 산간 지역에 거주하고 있다.

베트남은 과거 약 1,000년 동안 중국의 지배 아래 있었다. 중국의 영향력으로부터 벗어나 독립 왕조가 세워진 것도 잠시, 1884년부터는 프랑스의 식민 지배를 받게 되었다. 그 후 호찌민의 지휘 아래 베트남 공산당이 결성되어 독립운동을 펼쳤으나, 인도차이나 전쟁으로 인해 남과 북이 갈리게 되었다. 그리고 미국의 참전으로 그 유명한 베트남 전쟁이 벌어졌다. 베트콩의 지속적인 게릴라전과 세계적인 반전 여론에 부딪혀 전쟁은 종식되었고, 베트남은 지금의 사회주의 국가가 되었다. 과거에는 북한과 마찬가지로 폐쇄적인 정책을 취했으나, 1980년대 후반부터 '도이머이Doi moi'라 불리는 개혁 정책을 추진했다. 현재는 서방 세계에 문호를 개방해 자유로운 여행이 가능해졌다.

「월남에서 돌아온 김상사」라는 노래가 한때 유행이었을 정도로, 베트남과 우리나라의 현대사는 밀접한 관련이 있다. 베트남 전쟁에 참전해 얻은 우리나라의 경제 성장과 그 후유증으로 병을 앓고 있는 양국의 사람들, 한국인 아빠의 피가 흐르는 베트남에 남겨진 아이들과 베트남인 엄마의 피가 흐르는 한국의 다문화 가정 아이들까지…… 얻은 것들과 잃은 것들 사이에서 과연 베트남을 어떻게 보아야 하는 것일까.

매주 토요일마다 열리는 깐꺼우 시장.
깐꺼우 시장에서 구별할 수 없는 것은 사람과 새 옷이다.

깐꺼우 시장의 아주머니.
자신의 아이가 사내라는 것을 그리도 알려주고 싶었던 건가.

나무를 나르는 타이족 여인들(위)과 사파에서 만난 블랙 몽족 아주머니들(아래).
세련된 복장으로 자전거를 타고 있는 소녀의 모습이 대세를 이루기 전에 다시 가봐야 할 텐데.

박하의 푸라족.
소수민족 중 가장 소박해 보이는 복식을 해서인지
미소도 소박하게 느껴졌다.

—

박하의 몽족.

찬물에 콩나물을 씻어 손이 빨개진 아이라도,
고무장갑은 왠지 어울리지 않는다.

제발 머리 좀 감아주세요

여행 첫째 날, 오전 10시. 베트남항공으로 네 시간 반 정도 비행하자 송코이 Song Coi 강이 내려다보이더니, 하노이의 노이바이 Noi Bai 국제공항에 도착했다.

베트남 영토는 남북으로 길기 때문에 북쪽의 하노이는 남쪽의 호찌민과는 달리 추울 거라 했는데 예상과는 달리 좀 더웠다. 아니 더웠다기보다 유난히 추위를 타는 내게는 따뜻한 편이었다. 하지만 이상하게도 하노이 사람들의 복장은 '문화 일탈'이라고나 할까, 다들 같은 복장이 아니었다. 반팔을 입은 사람이 있는가 하면 털모자에 점퍼를 입은 사람까지 참으로 다양했다. 같은 햇살 아래에 있는 사람들이 저리도 다양한 옷을 입고 있다니 마치 다들 변온 증상을 겪고 있는 것은 아닐까 하는 생각마저 들었다.

또 하나 하노이가 호찌민과 다른 점은 아오자이를 거의 볼 수 없었다는 것이다. 호찌민에서 아오자이를 흔히 볼 수 있는 것은 베트남 남부를 점령한 호찌민 정부가 강제적으로 아오자이를 입게 했기 때문이라고 하지만, 그런 정치적인 영향력보다는 기후 차이에서 오는 현상이 아닐까 하는 생각이 들었다.

하노이는 호수가 많아 '물의 도시'라는 애칭을 갖고 있다. 우리들의 첫 번째 일정은 구시가지 근처의 최대 관광지인 호안끼엠 Hoan Kime 호수였다. 커다란 호숫가는 시민들의 휴식처이자 운동장, 데이트 장소, 그리고 관광지까지 겸하고 있어 많은 사람이 모여 있었다. 곳곳에 호찌민의 혁명정신 포스터와 공산당의 깃발인 금성홍기 金星紅旗: 붉은 바탕에 노란색 별이 새겨진 베트남 국기 가 걸려 있었지만 허울뿐인 사회주의 체제는 중국의 상황과 마찬가지였다. 사람들의 모습에서는 자본주의의 바람이 곳곳에 스며들고 있는 개발도상국의 면모가 보였다.

특히 데이트를 하고 있는 젊은이들의 모습은 여느 나라와 별반 다를 바가 없었는데, 사소한 결벽증이 있는 나로서는 도저히 그냥 넘길 수 없는 장면이 하나 있었다. 아무리 제 눈의 안경이라지만 베트남 남자들의 두발 상태는 이해할 수가 없었다. 물이 귀한 시골도 아닌데, 행정적 수도에 사는 하노이 시민이 왜 머리를 감지 않는 것인지. 남녀 간의 격차가 있다는 것도 이상했다. 여자들은 머릿결을 휘날리며 교태를 부리고 앉아 있는데, 그녀들을 껴안고 있는 남자들 머리는 제비집 세 개는 거뜬히 얹을 수 있을 만큼 단단히 덩어리져 있었다. 오죽하면 샴푸로 대신 감겨주고 싶다는 마음이 들 정도였다.

호안끼엠 호수에는 전설이 있다. 레Le 왕조를 세운 레러이Le Loi는 옥황상제에게 신검을 하사 받아 중국과의 전쟁에서 승리할 수 있었다. 그런데, 어느 날 레러이가 호안끼엠 호수에서 뱃놀이를 하고 있을 때 갑자기 거대한 금 거북이 나타나 신검을 빼앗고는 호수 속으로 사라졌다고 한다. 그래서 '검을 되돌려준 호수'라는 뜻의 '환검還劍', 즉 호안끼엠이라고 한단다. 그 증거로 호수 안의 작은 섬에 있는 사당에 커다란 거북이 박제가 유리상자 안에 모셔져 있는데, 호안끼엠 호수에서 살던 수백 년 묵은 거북이라고 한다. 전설은 전설일 뿐이겠지만 이를 믿고 기도하는 사람에게 마음의 평화를 준다면, 뭐 믿어도 상관없는 것 아니겠는가.

호안끼엠 호수는 구시가지와 신시가지 사이에 위치하고 있다. 빌딩과 고층아파트가 들어서 있는 신시가지와 달리, 구시가지는 3층 높이의 길고 좁은 건물들이 즐비하게 늘어서서 우리나라의 남대문 시장처럼 동종의 상가들로 블록화되어 있었다. 다음 날부터 베트남의 시골 마을에 속하는 지역들을 찾아가야 하기 때문에 상가에서 값싼 슬리퍼를 하나 샀다. 호텔에 무엇 하나 제대로 갖추어져 있을 리가 없을 테니 말이다.

구시가지에서 수상 인형극을 관람하러 가는 길에 편도 2차선 도로를 건너야 했다. 그런데 보행자 신호는 고사하고 횡단보도조차 눈에 띄지 않았다. 베트남에서는 자동차와 오토바이, 자전거, 인력거 그리고 거리의 상인 (굵은 대나무 장대의 양쪽 끝에 바구니 두 개를 매달고 다닌다) 들을 피해 요령껏 길을 건너야 한다. 인솔자는 천천히 걷다 보면 알아서 피해 간다고 했는데 그 말은 별로 신빙성이 없어 보였다. 겁나는 사람이 조심조심 피하며 건너야 한다. 물론 곳곳에서 울리는 경적 소리와 매연에 취하지 않은 상태여야 가능하다.

수상 인형극은 과거 송코이강이 범람했을 때 농부들이 강물 위에서 한 꼭두각시놀이에서 유래한다고 했다. 인형극을 보기 전에는 천장의 줄에 매단 인형을 수면 위로 내려 조정하겠거니 했는데, 막상 공연장에 들어서 보니 왼쪽에 예닐곱 명의 악단이 있을 뿐 천장에는 아무것도 없었다. 물속에서 산소 호흡기를 한 채 인형을 조정하는 사람이 있나 싶었지만 그곳 역시 아무도 없었다. 다만 한 가지 의심스러운 상황은 장면이 바뀔 때마다 뒤쪽에 쳐진 대나무발 사이에서 끊임없이 인형이 나온다는 것이었다. 소를 탄 소년과 소녀, 고기잡이하는 어부, 황제의 행차 등등 인형은 악단의 연주에 맞춰 40여 분간 춤을 추었다. 나는 인형의 현란한 움직임을 조정하는 정체가 궁금해서 공연에 집중을 할 수가 없었다. 드디어 마지막 공연이 끝나고 인형 조종사들이 뒤에서 발을 들치고 나오기 시작했다. 어떻게 뒤에 숨어서 그렇게 역동적으로 인형을 조정할 수 있었는지, 어떻게 공연이 끝날 때가 되어서야 조종사들이 뒤에 있다는 것을 알 만큼 내가 둔할 수 있었는지 아직도 미스터리다.

Always OK, 흥을 만나다

여행 둘째 날 아침. 전날 예약해둔 도요타 랜드크루저가 도착해 있었다. 물론 새 차는 아니었고, 함께 온 운전기사는 50대 후반으로 보이는 털모자를 쓴 아저씨였다. 영어는 단 한마디도 통하지 않았지만 연륜은 경력이려니 싶어 내심 안심하고 있었다. 하지만 출발하고 5분이나 지났을까, 잘못된 만남이라는 생각이 들었다. 아저씨는 의자 등받이에서 등을 떼고 핸들을 꽉 잡은 초보 운전 아주머니의 자세(어쩌면 이 아저씨의 운전 습관인지도 모르지만)를 취하고 있었고, 차에서는 덜덜거리는 엔진 소리가 났다. 도저히 시속 50킬로미터 이상은 속력을 낼 수 없을 듯한 이 차로 비포장도로가 많은 북서부 산악 지역을 일주일간 여행할 수 있을지 걱정이 되었다.

아니다 싶으면 빨리 결단을 내리는 것이 중요하다. 하루치 품삯이 50달러였지만 아침 일찍 출장 준비를 하고 나섰을 아저씨의 고생을 생각해서 20달러를 건네며, 사정이 있어 하노이에 더 머물게 되었으니 근처 쉐라톤 호텔로 가자고 했다(베트남의 호텔에는 렌터카 서비스가 있다). 아저씨의 차가 너무 후져서 갈 수 없다는 것을 어떻게 보디랭귀지로 표현할 수 있겠는가. 어쨌든 아저씨는 잠깐의 운전으로 20달러를 벌었으니 대박이었겠지만, 아침

7시 예약에 맞춰 졸린 눈을 비비고 일어난 나는 누구에게 시간을 보상 받나 조금 억울했다.

하지만 문제는 여기서 끝이 아니었다. 쉐라톤은 고급 호텔답게 렌터카도 고급스러웠다. 이 호텔에서는 도요타의 제이스를 빌리는 데 하루 평균 400달러라고 했다. 전날 묵었던 호텔 지배인이 제시한 제이스 임대료가 60달러니, 이대로라면 일주일치 차비를 하루에 쓸 판이었다. 결국 아침에 나왔던 호텔로 되돌아가 제이스를 빌려 출발한 것이 오전 10시 반경이었다. 그리고 새 차의 운전기사가 이후 일주일간 우리와 생사의 고비를 함께 넘긴 'Always OK 홍'이었다.

홍의 별명을 'Always OK'라고 붙인 이유는 아찔한 순간이거나 지루할 때 "Are you OK?"라고 물으면 항상 해맑게 웃으며 "OK"라고 했기 때문이다(홍이 구사할 수 있는 가장 긴 영어 문장은 "I don't know"였다). 하지만 홍은 웃지 않을 때가 더 나았다. 대부분의 베트남 사람들은 물처럼 차를 즐겨 마셔서 치아가 갈색으로 물들어 있는데, 우리의 시각으로 보면 청결해 보이지 않기 때문이다. 점잖고 침착한 홍과 엔진소리 좋은 제이스를 믿고 첫 번째 목적지인 박하 Bac Ha 로 향했다.

가다가 길가 식당에서 쌀국수를 한 그릇 먹었다. 면발은 부드럽고 국물도 깔끔했다. 다만 베트남을 비롯한 동남아시아 국가의 음식에는 대부분 고수 향이 나는 풀 가 들어가기에 이를 싫어하는 나로서는 나름 준비를 해야 했다. 고수의 베트남어인 '무이 Mui '라는 단어를 외워두고 식사 때마다 "No Mui"라고 말하는 것이었다. 하지만 아무리 말해도 음식에는 조금씩 무이가 들어가 있었다. 종업원이 내 말을 못 알아들었거나, 아니면 주방장이 습

웃을 때 예쁜 주름이 생기는 소녀(위)와 가만있어도 주름이 보이고야 마는 할머니(아래).

관적으로 무이를 넣었거나 둘 중 하나였을 것이다.

오후 5시쯤 라오까이 Lao Cai 주로 들어서자 드디어 소수민족들의 모습이 보이기 시작했다. 베트남에는 53개의 소수민족이 있으며, 그중 3분의 2가 북서부 지역에 살고 있다고 한다. 대도시와 평야를 킨족에게 양보하고 산중에 칩거하듯 살아가는 것이다. 또한 그들만의 룰이 있는 것인지 고도에 따라 거주하는 민족이 다르다. 고도가 낮은 곳에는 타이 Thai 족, 고도가 높은 곳에는 몽 H'mong 족 등이 사는 것이다.

소수민족들은 머리 장식이나 눈썹, 치마 등 신체 조건이나 옷차림이 조금씩 다른데, 자꾸 보다 보니 어느 정도 구별할 수 있게 되었다. 하지만 이것은 여자들의 경우일 뿐 남자들은 비슷비슷한 옷을 입고 있어서(물론 머리는 언제 감았는지 알 수 없다), 몽족 여자 옆에 있으면 그 남자도 몽족이려니 하고 생각할 수밖에 없었다. 만약 내게 발가벗은 그들을 보고 어느 민족인지 맞춰보라고 한다면 불가능하다고 할 것이다.

안개 속의 유언

얼마나 차를 타고 갔을까. 오후 7시, 이날의 숙박지인 박하까지 20킬로미터가 남았다는 표지판이 보였다. 이제 거의 다 왔다는 생각에 설레는 마음이면서도 한편으론 안도의 한숨을 쉬었다. 하지만 안도하기엔 일렀다. 이 지역이 흐리거나 비가 오는 날이 많다는 것은 익히 알고 있었지만,

고도가 높아짐에 따라 안개인지 구름인지 점차 진해져 목적지를 10여 킬로미터 앞두고는 그야말로 한 치 앞도 안 보이기 시작했던 것이다. 차 안에서 보닛이 보이지 않을 정도였다면 얼마나 심했는지 상상할 수 있을 것이다. 사실 10킬로미터 남았다는 표지판도 앞에 있을 때 본 게 아니라 지나가면서 옆 창문으로 보았을 정도니, 살면서 가장 무서운 안개를 베트남의 산속 박하에서 경험했던 것이다.

이때부터 내 유언은 시작되었다. 함께했던 일행들에게 혹시라도 살아남거든 나의 말을 전해달라며 사랑했던 모든 것에 대한 애정을 표현했다. 홍은 이 길을 다섯 번이나 와봤다고 했지만 영어를 못하는 홍의 말을 어찌 믿을 것이며, 또 설사 그렇다 하더라도 이처럼 무시무시한 안개 속의 박하를 와본 적이 있었을까 싶었다. 차는 시속 10킬로미터의 속도로 나아갔지만 나는 저절로 옆 사람의 손을 꽉 쥐게 되었고, 수시로 홍에게 "Are you OK?"라고 물으며 옆길을 살폈다.

얼마나 흘렀을까, 9킬로미터가 남았다는 표지판이 보였다. 몇 십 분은 지난 것 같은데 이제 겨우 1킬로미터를 왔다니! 때마침 왼쪽 길가에 불빛이 보였다. '마을이다! 잘하면 하룻밤 신세를 질 수 있겠다'라고 여긴 건 역시 너무 쉽게 생각한 것이었다. 그 불빛은 마을에서 나온 게 아니라, 가족으로 보이는 사람들이 도로변에 주차한 커다란 트럭을 바람막이 삼아 저녁을 먹느라 새어나온 것이었다. 하룻밤 신세는커녕 훔쳐온 베트남항공의 담요라도 적선하고 가야 할 판이었다. 내 입에서는 또다시 유언이 방언처럼 터지기 시작했다.

얼마 후 지프의 둔탁한 엔진 소리가 좀 부드러워지나 싶더니 산 정상에 도착했다. 거기서부터는 내리막길이었다. 그때부턴 액셀이 아니라 끼익하는 브레이크 소리를 들어가며 또 안개 속을 헤매기 시작했다. 얼마나 더 갔을까, 그렇게 심하던 안개가 말 그대로 '안개처럼' 사라졌다. 〈센과 치히로의 행방불명〉이라는 만화 영화에서처럼 갑작스레 별세계에 뚝 떨어진 것 같았다. 표지판에는 "박하 8km"라고 쓰여 있었다. 2킬로미터를 가는데 무려 30분이나 걸렸던 것이다. 꼭 잡고 있던 옆 사람의 손을 저만치 치우고, 늘어놓았던 유언도 거둬들이고, 소수민족 최대의 시장이 열리는 박하만을 눈앞에 두었다.

오후 8시경 드디어 박하의 사오마이 Sao Mai 호텔에 도착했다. 인솔자는 애초에 한 동뿐이었던 이 호텔이 세 동으로 늘어난 것을 보니 박하가 그새 많이 발전한 것 같다고 했다. 하지만 처음 박하에 가본 나는 이런 시골에, 그것도 그렇게 심한 안개를 뚫고 살아서 도착한 이곳에, 이다지도 좋은 호텔이 있다는 사실에 감동했다. 홍은 약간 상기된 듯, 자신의 멋진 운전 실력에 고무되어 있는 표정이었다. 애초에 홍의 숙식에 드는 돈은 본인이 지불해야 하는 것이었지만, 생사고락을 함께한 그날부터 우리는 친구로서 홍이 원하는 음식을 다 사주기로 했다.

가장 예쁜 옷은 가장 깨끗한 옷, 플라워 몽족

여행 셋째 날. 오전 6시 반으로 모닝콜을 부탁해두었지만 4시 반에 잠이 깼다. 닭도 아닌 돼지가 새벽을 알렸기 때문이다. 이른 새벽부터 어디서 돼지를 잡는지 덩달아 닭들도 울어대기 시작했고, 5시부터는 확성기에서 나오는 노랫소리에 말 울음소리마저 더해져 남아 있던 졸음을 다 쫓아버렸다. 무슨 말인지는 하나도 못 알아들었지만, 아마도 우리의 새마을 운동과 비슷한 내용이려니 했다. 결국 쌀국수로 이른 아침을 먹고 플라워 몽Flower H'mong족이 살고 있는 따반쥬 마을로 향했다.

문제는 소음이 아니라 날씨였다. 베트남의 1월은 건기지만 가끔 며칠씩 흐린 날이 계속되기도 한다는데, 하필 여행을 갔을 때가 그런 시기였다. 하지만 어쩌겠는가. 날씨에 맞춰 여행을 떠날 수 있는 팔자 좋은 사람이 아니니. 어쨌든 베트남을 떠날 때까지 계속 날씨가 흐려 사진 촬영 대부분은 안개 속에서 진행될 수밖에 없었다. '이 죽일 놈의 사랑', 아니 안개는 따반쥬 마을 플라워 몽족의 아이들 촬영 때부터 시작되었다.

해발 고도 1,300미터에 위치한 따반쥬 마을은 박하에서 한 시간가량 비포장도로를 달려 이동해야 한다. 고도가 높아질수록 안개 속인지 구름 속인지 분간이 안 되었다. 하지만 전날의 안개에 비하면 그 정도는 낭만에 불과했다. 갑자기 안개 속에서 컬러풀한 옷을 입은 아주머니 둘과 산비탈을 달려 내려오고 있는 예닐곱 명의 여자아이들이 눈에 들어왔다. 홍에게 급하게 "스톱"을 외치고 사진을 찍었다. 그들은 플라워 몽족이라 불리는 소수민족으로 'Flower'라는 이름은 꽃처럼 화려하고 다양한 색의 옷을 입기 때문에 붙여진 것이다.

플라워 몽족의 여인들은 짧은 망토를 두르고 수를 놓은 두꺼운 플레어스커트에 앞뒤로 서로 다른 모양의 짧은 앞치마를 입는다. 일할 때 입기

박하의 플라워 몽족 아이들.
플라워 몽족 아이들은 플라워보다 예쁘다.

엔 불편할 것 같은데 모두 이 옷을 입고 청소하고, 빨래하고, 밭을 갈고, 소를 몰며, 돼지도 치고, 아이도 업는다. 옷이 낡으면 장에 가서 똑같은 옷을 사 온다. 같은 옷을 입고 사는 것만큼 친근감과 동족의식, 평등의식을 불러일으키는 일이 또 있을까. 누가 더 잘사는지 비교할 필요도 없고 그냥 하루하루 굶지 않고 살 수만 있다면 행복한 사람들, 야생화처럼 저절로 자라는 아이들, 생명이 다하는 날까지 그저 살아가는 사람들. 그들을 보며 내 삶을 돌아보게 되었다. 또 삶도 종교도 별것 아니라는 생각이 들었다. 예수, 부처, 시바가 아닌 정령신을 믿는다고 해서 그들이 벌을 받고 있는 것처럼 보이지 않았기 때문이다.

따반쥬 마을로 들어서자 안개 속에서 학교가 가장 먼저 눈에 들어왔다. 참으로 다행스러웠던 것은 모든 집이 흙이나 나무, 볏짚 등으로 지어졌지만, 학교만큼은 번듯하게 콘크리트로 지어진 데다 노란색 페인트까지 칠해져 있었다는 것이다. 물론 1층짜리였고 건물 중앙에는 금성홍기가 휘날리고 있었다. 사회주의 국가이기 때문에 나라에서 학교를 지어주었고, 소수민족 보호 차원에서 모든 기자재 및 문구 등도 무상으로 지원된다고 했다. 교복은 따로 없어 여자아이들은 소수민족의 의상 그대로였고 남자아이들은 셔츠에 바지, 빨간색 머플러를 하고 있었다.

세계 어느 나라나 그곳에서 가장 예쁜 것은 아이들의 미소다. 특히 플라워 몽족 아이들의 웃는 모습은 정말 귀여웠다. 어떤 아이는 커다란 카메라를 들이대자 놀라서 울음을 터뜨렸는데, 나는 그 모습이 귀여워 마구 셔터를 눌러댔고(미안했지만 어쩔 수가 없었다) 아이는 더 크게 울어댔다. 결국 사탕 몇 개를 쥐어주자 꺽꺽거리며 울음을 멈추었다. 속눈썹에 맺힌 눈물방울들이 내게도 있었을 유년기를 기억나게 하고, 어느덧 중년에 이른 내 나이의 허망함도 느끼게 해 서둘러 자리를 떠났다.

학교 옆 여염집에서는 시어머니와 며느리로 보이는 여인들이 수돗가에서 빨래를 하고 있었다. 다가가 사진을 찍고 싶다고 하자 손사래를 쳤다. 거절의 뜻인 줄 알았더니 깨끗한 옷으로 갈아입고 나올 테니 그때 찍으라는 것이었다. 재미있는 것은 한참을 이 옷 저 옷 입어보더니, 갈아입은 것인지 아닌지 구별이 안 가는 옷을 입고 나온 것이었다. 그러고는 긴 머리를 마당 쪽 기둥에 걸어놓은 손거울에 비추어 보며 빗질을 시작했다. 조그마한 거울에 아줌마의 그 큰 얼굴이 다 비춰지기나 할까 생각하다가, 하얀 빗에 새까맣게 낀 때에 온통 신경이 쓰이기 시작했다. 내 결벽증 탓이었다. 머리를 감을 때 빗질을 하면 때가 빠진다는 것을 알려주고 싶은 것을 꾹꾹 참았다.

몸단장을 끝내고 열심히 포즈를 취해주는 그녀들을 찍었다. 이제 그만 마을을 떠나야지 하는 찰나 멀리서 구경하던 여인들이 몰려들어 붙잡힌 꼴이 되어버렸다. 디지털 카메라에 찍힌 자신들의 모습이 신기했는지, 하교해 집에 온 자신의 아들까지 찍어달라고 하는 여인도 있었다. 이 마을에서 찍은 사진들은 감도를 800까지 올려서 촬영했지만, 안개 때문에 뿌옇게 실루엣만 나와 잘 찍었다기보다는 분위기 있는 사진이 되어 마음에 들었다.

호텔로 돌아와 점심으로 양배추 볶음과 동치미처럼 저린 열무를 반찬 삼아 채소 볶음밥을 먹었다. 특히 간장에 찍어 먹는 볶은 유채 나물이 매우 맛있었다. 시저라고 하는 이 간장에 '엇'이라고 하는 매운 고추를 잘라 넣어 먹으니 그 맛이 일품이었다. 여행 내내 고기를 입에 대지 않은 내가 유일하게 단백질을 섭취한 것이 계란 프라이였는데 맨밥에 계란 프라이, 시저를 넣어 비벼서 먹은 것이었다. 한국에서라면 반찬이 부족할 때나 별미겠지만 이곳에서는 가장 입에 맞는 음식이 되어버렸다.

식사 후 인근의 푸라 Phu la 족 마을을 찾아갔다. 이들은 소박한 감색 상의와 검은색 바지로 이뤄진 소박한 옷차림에 긴 머리를 땋아서 머리 위로 둘둘 만 헤어스타일이 특징이었다. 푸라족 여인들의 얼굴은 예쁜 편이었지만 어딘지 모르게 그늘지고 고단해 보였다. 근처 눙 Nung 족 마을에도 들렀는데, 이들은 파란색 바지를 입고 머리에는 삼각형 모양의 족두리 같은

박하의 반포 마을 아이들.
이 아이들에게는 작은 호미도 너무 길고 무거워 보였다.

것을 쓰고 있었다. 하지만 플라워 몽족의 화려한 옷차림을 보고 나서였는지 그들의 옷은 물론 표정마저 어둡게 느껴져 사진 촬영은 그만두었다.

오후 2시 반쯤 반포 Ban-Pho 라는 마을에 들렀는데 이곳 역시 플라워 몽족이 살고 있었다. 집안 어른들은 다들 박하 시내로 장사를 나갔는지 아니면 인근의 가파른 계단식 경작지로 일하러 갔는지 보이지 않고, 예쁜 세 자매만 넓적하고 커다란 호미로 밭의 흙을 고르고 있었다. 자신의 키보다 더 큰, 삽인지 호미인지 정체가 불분명한 것을 들고 일하는 모습이 안쓰럽기도 하고 귀엽기도 해서 사진을 몇 장 찍고 사탕을 안겨주었다. 며칠 다니다

보니 베트남어로 인사 한두 마디 정도는 할 줄 알게 되어 "신짜오 Xin chào: 안녕하세요"라고 인사를 하자 씩 웃어주었고, "깜언 Càm òn: 감사합니다"이라는 말엔 같이 고개를 끄덕여주었다. 하지만 귀여운 그 아이들에게 "일하느라 고생이 많구나"라는 말은 너무 어려워서 할 수가 없었다.

호텔로 돌아와 저녁을 먹고 나니 캄캄해졌다. 다음 날 깐꺼우 Can Cau 마을의 아침 시장을 보는 것을 끝으로 이곳 박하를 떠나게 된다고 생각하니, 그냥 자기가 서운해 밤거리를 산책했다. 시내 중심에 있는 (사실 중심이라고 할 것까지도 없다) 사거리 교차로에는 그나마 가로등이 세워져 있었다. 그곳에 어른 아이 포함해서 대여섯 명이 모여 앉아 있기에 무얼 하나 들여다보았더니, 이동식 화로를 가져다 놓고 고구마를 구워 먹고 있었다.

그중 어떤 젊은 아주머니가 머리에 털모자를 쓰고 있었는데 모자에 붙은 커다란 상표명이 한글처럼 보였다. 자세히 살펴보았더니 "박박력"이라고 쓰여 있었다. 우리나라 말 중에 박박력이라는 단어가 있었나? 누군가가 한국 상품으로 보이게 하려고 글자를 새겨 넣긴 했는데 아마 글씨를 잘못 보았나 보다. 아니면 '더듬거리는 박력'이거나. 참고로 베트남에서 가장 흔히 보이는 트럭이 우리나라의 현대자동차 제품이다. 한국의 중고차도 많이 들어와 있어서 ㅇㅇ주요소, ㅇㅇ학원 등 광고 스티커가 그대로 붙어 있는 차를 곳곳에서 볼 수 있었다. 가끔은 글자가 거꾸로 붙여져 있는 것도 있었다. 뭐 어쩌겠는가, 이들에게 한글은 그저 그림일 뿐인걸. 별이라고는 하나도 없는 밤하늘을 보며 다음 날도 맑은 날씨는 글렀구나 싶었다.

시장에 가면 새 옷도, 친구도, 외국인도, 남자도 있다

여행 넷째 날 토요일. 오전 6시에 일어나 발코니에 나가 보니 부슬부슬 새벽비가 내리고 있었다. 흐릴 줄은 알았지만 비까지 내리다니. 사진 촬영은 고사하고 과연 소수민족들이 깐꺼우 시장에 꽃단장을 하고 나타나줄지가 더 걱정이었다. 그들이 바리바리 등짐을 지거나 망태기에 닭이며 강아지를 넣어서 거기다 아기까지 들쳐 업고 우산을 쓰고 나온다면, 찍기엔 어려워도 더 리얼하고 애잔한 사진을 남길 수 있다. 하지만 여인들이 나타나지 않는다면? 리얼리티와 애잔함은 정작 카메라를 메고 우산을 받쳐 든 채 그들을 기다리고 있는 '나'의 몫이 될 것이다. 그래도 일단은 비가 오거나 말거나 일정에 따라 깐꺼우에 가보기로 했다.

참고로 이 지역을 여행할 때는 요일을 따지는 것이 중요하다. 왜냐하면 마을마다 시장이 열리는 요일이 다르기 때문이다. 박하 시장은 일요일에 열리고 깐꺼우 시장은 토요일에 열린다. 그런데 박하 시장은 이미 콘크리트 건물로 바뀐 터라 특유의 매력을 잃어버렸다. 우리가 박하 시장이 아닌 깐꺼우 시장을 택한 것은 이 때문이었다.

한 시간쯤 달려 산 몇 개를 넘자 깐꺼우 시장에 도착했다. 다행스럽게도 깐꺼우에는 비가 거의 오지 않은 듯했고, 이른 아침이긴 하지만 사람들이 서둘러 시장에 가는 모습이 곳곳에 보였다. 화려한 옷을 입은 할머니, 아주머니, 아이 들이 달리고 있는 것을 보자 나 역시 덩달아 심장박동이 조금씩 빨라지고 숨이 가빠졌다. 가끔 남자도 보였는데 그들은 과거 베트콩들이 쓰던, 테두리에 작은 챙이 달린 국방색의 동그란 모자를 쓰고 있었다.

깐꺼우 시장에서 사탕수수를 씹고 있는 아주머니.
좀 전에 새 옷을 고르고 있었던 것 같은데, 어느새 여기 와서 사탕수수를 팔고 있는지.
아주머니의 분신술은 플라워 몽족의 옷만큼 화려하다.

밭과 밭 사이, 집과 집 사이의 좁은 산길을 달려 내려오는 사람들 때문에, 그리고 곳곳에서 몇몇이 한꺼번에 또는 두 사람이 함께 바구니를 메고 달려오기 때문에, 길 비켜주랴 사진 찍으랴 정신이 하나도 없었다. 하지만 그것은 시작에 불과했다.

시장터인 큰 광장에 도착하자 천 명 남짓의 똑같은 옷을 입은 사람들이 바글바글 모여 있어, 과연 이 속에서 그들이 자신의 식구며 친구를 알아볼 수 있을지 의심스러울 정도였다. 서양인이 볼 때 한국인의 얼굴이 다 비슷해 보이듯 내 눈에 플라워 몽족은 그 얼굴이 그 얼굴이었다. 더구나 옷이 똑같아서

시장에 가는 플라워 몽족 아이들.
시장에 가면 새 옷도 있고, 친구도 있고, 외국인도 있고, 남자도 있다.

더욱 분간이 되질 않았다. 아까 찍었던 아주머니가 이 아주머니인지, 저 아주머니는 아까 저쪽에서 사탕수수를 씹고 있었는데 언제 여기 와서 옷을 고르고 있는 건지 알쏭달쏭했다. 아무래도 몽족 사람들에게 홀린 것 같았다.

도대체 애들을 몇 명이나 낳았는지 여인들 대부분은 아이들을 손에 잡고 또 등에도 업고 있었다. 아기를 들쳐 업은 여인 중에는 열여섯이나 되었을까 싶은 어머니인지 언니인지 알 수 없는 소녀도 보였다. 누구든 깐꺼우 시장에 한 시간만 서 있으면 세상의 모든 색깔이 분홍색으로 보일 것이다. 이따금 서양인들이 눈에 띄었다. 찾으려 해서 보이는 것이 아니라 독보적으로 키가 컸기 때문이다. 소수민족들은 대부분 키가 매우 작아서 그들과 같이 사진을 찍으려면 무릎을 구부려야 할 정도였다.

관광객용 물건을 팔고 있는 이들도 더러 눈에 띄었다. 이곳 역시 서서히 관광지화되어 가고 있는 것이다. 그래도 오후에 찾아갈 사파Sapa처럼 완전히 변하려면 시간은 조금 더 걸릴 것 같았다. 아직까지 분홍빛의 플라워 몽족으로 살아가고 있는 이들을 보며, 조금이라도 일찍 이곳에 찾아오기를 정말 잘했다는 생각이 들었다.

눈썹이 없어 ET를 닮은 레드 자오족

오전 11시쯤 사파로 향했다. 사파는 식민지 시절 프랑스인들의 별장이 있던 지역으로, 주변의 다양한 소수민족들이 옛 모습 그대로 살고 있어서 일찌감치 관광지로 발달한 곳이다. 수도인 하노이부터 라오까이까지는 기차가 놓여 있는데 라오까이의 오른쪽에 박하가, 왼쪽에 사파가 있다. 박하가 사파에 비해 그나마 소박한 모습을 간직하고 있는 것은 길이 좋지 않고 산을 넘어야 하기 때문이다. 유언을 남겨야 했던 안개 낀 산에게 고마울 따름이었다. 라오까이에서 사파로 가는 길은 편도 2차선이 뻥뻥 뚫려 있어 한 시간 반 만에 사파에 도착했다.

사파는 호찌민이나 하노이보다 가게들도 예쁘고 고급스러운 식당들이 즐비했다. 이곳에 과연 소수민족이 살고 있나 싶을 정도였다. 이곳에서 하노이로 돌아갈 때까지 우리를 안내해줄 마잇을 소개 받았다. 마잇은 제법 영어를 잘하는 데다 홍과 나이가 같았다. 홍에게 친구가 생겨 정말 다행이었다.

숙소를 잡고 먼저 깟깟 Cat Cat 마을에 들렀다. 이곳에는 블랙 몽 Black H'mong 족이 살고 있는데 일반적인 관광객들이 들르는 코스여서, 지나는 관광객들에게 저마다 물건을 사라고 난리였다. 마잇에게 조용한 마을로 데려다달라고 부탁해 신짜이 Shin Chai 마을로 향했다.

작은 산 하나를 넘어가고 있는데 빨간색의 커다란 쓰개를 쓴 아주머니 셋이 보였다. 그녀들은 장에 갔다 오다 잠시 쉬고 있는 것인지 산 아래에 짙게 깔린 안개를 보며 서 있었다. 뒷모습이 너무 예뻐 사진을 찍고 있는데 셔터 소리에 놀랐는지 그녀들이 뒤를 돌아보았다. 하지만 정작 놀란 건 이쪽이었다. 'ET'들이 서 있었던 것이다.

안개에 쌓인 몽환적인 배경, 화사한 색의 복장과 안 어울리게 이 아주머니들은 몇 개의 금니를 드러낸 조금 못생긴 얼굴이었다. 그녀들은 레드 자오 Red Dzao 족이었다. 못생겼다고 말할 수밖에 없는 것은 눈, 코, 입은 다 있는데 눈썹이 없어서 ET처럼 보였기 때문이다. 사람의 얼굴에서 눈썹의 역할이 얼마나 중요한가. 단지 먼지와 비를 막아주는 역할만 하는 게 아니라, '여기 위부터는 이마'라는 뜻이기도 하고, 잘생긴 눈썹은 사람의 인상을 돋보이게도 한다. 그런데 앞머리마저 뽑아버려 더욱 튀어나와 보이는 둥그런 이마에서 갑자기 찢어진 눈이 나오니, 이런 모습을 처음 본 나로서는 놀랄 수밖에 없었다. 그리고 금니는 이들에게 패션이자 아름다움의 상징이었다. 하물며 가족이 죽으면 그 금니를 뽑아 녹여서 자신의 치아에 맞게끔 만들어 앞니에다 끼운다고 했다.

한참 동안 그들의 사진을 찍어 보여주고 있는데 귀가 중인 다른 무리의 아주머니들이 나타났다. 그녀들은 나를 보고는 자기들이 더 신나서 손뼉을 치며 다가오고 있었다. 이들은 블랙 몽족이라 그나마 눈썹이 있어 좀 나아 보였다. 다른 한쪽에는 껍질을 벗긴 소 한 마리를 통째로 사 들고 오는 남자아이들이 다가오고 있었고, 도로 옆 흐르는 물에는 소 뒷다리를 씻고 있는 녀석이 보였고, 그 옆에는 그 냄새에 혹한 누런 개 한 마리가 소 뒷다리를 넘보고 있는 모습도 보였다. 어느 방향에서 어떤 모습이 나타날지 알 수 없는, 정말 재미있는 곳이었다.

신짜이 마을은 관광객을 찾아볼 수 없는, 농사를 짓고 가축을 기르는 조용한 마을이었다. 이곳에서 만난 블랙 몽족 여인들의 특징은 검은 상의에 검은 스커트를 입고 다리에 검은 행전을 두르고 있으며, 머리에는 뚜껑이 없는 검은 쓰개를 쓰는데, 특이한 것은 그 안에 긴 머리를 둘둘 말아 넣고 빗으로 고정시킨다는 것이었다. 그리고 귓불이 찢어질 것 같은 커다란 귀고리를 어찌나 주렁주렁 달고 있는지, 패션 감각 한번 참으로 독특하다는 생각을 했다. 그곳에서 마주친 한 작은 블랙 몽족 여자아이는 염색을 하다가 나왔는지 양손에 온통 녹색 물감이 배어 있어 안쓰러웠지만, 수줍게 웃는 얼굴에 한쪽에만 깊은 보조개가 있어 더없이 귀여웠다.

오후 5시쯤 호텔로 돌아와 식사도 할 겸 사파의 밤거리를 걷기로 했다. 음식점들의 조명을 받아 주황색 불빛으로 물든 사파의 거리가 예쁘게 새 단장을 하고 모습을 드러냈다. 베트남의 시골 마을이 아닌 프랑스의 골목 일부를 옮겨다놓은 것처럼 베트남인보다 서양인이 더 많았다. 우리는 현지인들이 찾는 허름한 레스토랑을 택해 현지음식을 먹기로 했다. 뭘 먹

신짜이 마을의 귀여운 블랙 몽족 아이.
녀석의 손과 코는 녹색 염료로 물들어 '슈렉'이 되어 있었다.

을까 고민을 하는데 옆 테이블의 베트남 사람 넷이 자신들의 음식을 먹어 보라며 이것저것 권했다. 도대체 음식을 몇 개나 시켜놓고 먹는 것인지 보는 것만으로도 소화제가 생각났다. 그런데도 그들이 날씬한 걸 보면 칼로리는 높지 않은 것 같았다. 결국 맥주 한 병, 냄 Nem 두 접시, 볶음 채소 두 접시를 시켰는데 3만 6,000동(당시 1달러는 1만 6,000동), 즉 한국 돈으로 2,000원 정도가 들었다. 돈 쓸 맛이 나는 곳이었다.

오토바이 만물상은 여인들의 연예인

여행 다섯째 날, 라이쩌우 Lai Châu 로 향했다. 라이쩌우에는 자이 Giay 족과 블랙 타이 Black Thai 족, 화이트 타이 White Thai 족, 블랙 자오 Black Dzao 족, 블랙 몽족 등이 사는 도시여서 제법 많은 부류의 소수민족을 한꺼번에 볼 수 있을 거란 기대에 부풀어 있었다.

오전 11시 반경 드디어 라이쩌우에 들어섰다. 도로를 달리다 시장을 발견하면 잠시 지프를 세워 사진을 찍고 이동했는데, 가장 먼저 만난 사람들이 블랙 자오족이었다. 복장은 검은색이며 단순했지만 머리 모양이 매우 독특했다. 머리를 틀어 올리고, 그 위에 예전에 우리나라의 부인들이 머리를 꾸미기 위해 얹었던 가체 같은 것을 썼다. 가는 끈을 꼬아 똬리를 틀듯 받침을 만들어 마치 머리카락처럼 보이게 해놓고, 그 위에 조그만 밥상을 거꾸로 뒤집어 놓은 듯한 것을 얹은 모양이었다. 그리고 그 위에 까만

라이쩌우의 블랙 자오족.
머리 위의 장신구가 마치 태양열 장치의 집열기처럼 보인다.
아름다움의 기준은 민족마다 다르다지만 눈썹만큼은 그려주었으면 좋겠다.

수건 같은 것을 덮었다. 레드 자오족과 마찬가지로 눈썹을 뽑아서 아무리 예쁜 여인이라고 하더라도 절대로 예뻐 보일 수 없는 블랙 자오족이었다.

뉴 라이쩌우에 도착해서 점심을 먹고 올드 라이쩌우로 가는 도중에 좀처럼 볼 수 없는 자이Jay족이 사는 마을이 있다고 해 들르기로 했다. 마잇의 친구가 이 마을에서 교사로 봉사활동을 하고 있어 잘 안다고 했다. 그 말을 믿고 무려 한 시간도 넘게 산길을 돌아 멀미가 날 정도로 힘들게 올라갔더니 작은 시장이 열려 있었다. 자이족 할머니 한 분이 장사를 하고 있어 찍으려다가 좀 더 가다 보면 자이족이 또 있겠다 싶어 카메라도 꺼내지 않고 시장을 지나 마을로 들어서는데 어디서 나타났는지 경찰이 막아섰다. 라오스와의 국경지대라 들어갈 수 없다고 했다. 마잇은 잔뜩 겁을 먹고 되돌아가자고 했다. 돌아가다 아까 그 할머니라도 찍으려고 했더니 경찰이 계속 따라와 그럴 수가 없었다. '인생은 선택의 연속'이라는 말이 매순간 적용된다는 것을 실감했다.

다시 산길을 돌아 내려가는데 그린 몽족의 여인 네 명이 사탕수수를 씹으며 도로를 걷고 있었다. 연한 안개 속에 펼쳐진 계단식 논과 여인들의 모습은 한 폭의 그림처럼 아름다웠다. 고운 복장을 한 예쁜 그린 몽족 아가씨들에게 마잇도 마음이 동했는지 "뷰티풀 걸"을 연발하며 눈을 못 뗐다. 사진을 찍고 있는데 갑자기 여인들이 놀라며 일제히 한곳을 바라보았다. 뭔가 했더니 철망으로 만든 틀에 잡동사니를 넣고, 오토바이를 타고 다니며 물건을 파는 만물장수였다.

계속된 산길 운행으로 멀미 기운이 있었던 나는, 저 예쁜 아가씨들은 도대체 얼마나 걸어가야 원하는 곳에 도착할 수 있을지 걱정스러웠다. 두 시간 동안 산길을 오르락내리락하다 결국 자이족도 못 보고 라이쩌우로 가자니 더 어지러웠다. 그래도 이곳은 곳곳이 촬영할 거리였다. 소 떼를 몰고 오는 그린 몽족 아가씨에, 베트콩 모자를 쓴 어린 목동까지. 그렇게 잠깐씩 차에서 내려 사진을 찍다가 캄캄한 저녁이 되어서야 올드 라이쩌우에 도착했다.

어둑어둑한 창밖으로 어슴푸레 마을이 보였다. 그간 다닌 곳 중에서 가장 낙후된 동네일 것 같았다. 과연 이런 곳에 호텔이 있을까 싶었는데 좁은 비포장도로의 골목골목을 돌자 마술처럼 번듯한 호텔이 나타났다. 넓은 대지에 단층으로 지은 방갈로 스타일의 예쁜 호텔이었다. 따로 저녁을 먹을 수 있는 곳이 주변에 없을 듯해 호텔에 앉아 밥과 계란 프라이 두 개를 간장에 비벼 먹었는데 이것도 서서히 질려갔다. 고기와 고수를 먹지 못하니 베트남에서 음식 먹기는 참으로 고역이었다. 나는 원래 여행갈 때 고추장 등 밑반찬을 챙기지 않는다. 가능한 한 현지음식을 많이 먹어보기 위해서인데, 다음 베트남 여행 땐 고추장만큼은 꼭 갖고 와야겠다고 생각했다. 그리고 정신병의 일종인 결벽증을 치료할 수 있는 약이 있으면 좀 알아봐야겠다는 생각도 함께했다.

여행 여섯째 날. 아침 식사로 계란 프라이를 주문했는데 아무래도 계란이 익은 다음에 식용유를 부었나 보았다. 계란보다 기름이 더 많이 보이니 이걸 먹어야 하나 싶어 잠시 망설이다가 할 수 없이 계란 노른자만 터트려서 퍼 먹었다. 하지만 곧 기름 때문에 토할 것 같아 겨우 두세 숟가락 뜨다가 그만두고 바나나만 두 개 먹었다. 주방에 들어가 요리사에게 세상에서 가장 쉬운 계란 프라이 하는 법을 가르쳐주고 싶었다.

라이쩌우에는 주로 몽족이 살고 있지만 이곳에 흐르는 다강Da River 건너편에는 타이족 마을이 있다고 해서 보트를 타고 건너가 보기로 했다. 강기슭에 보트를 대고 마을로 들어서자 야자수와 바나나 나무들 사이사이로 이들의 전통가옥이 보였다. 타이족은 나무로 기둥을 세워 이층으로 집을 짓는데, 아래층에는 돼지 등 가축을 기르고 사람들은 위층에서 생활한다.

학교에 들어서니 네댓 살쯤 되어 보이는 귀여운 아이들이, 내가 앉으면 엉덩이 한쪽만 겨우 걸칠 수 있을 것 같은 앙증맞은 의자에 앉아 공부를 하고 있었다. 아이들의 사진을 찍어주고 돌아서는데 자신도 좀 봐달라는 듯 널어놓은 빨래 사이로 한 아이가 슬픈 표정을 하고 서 있었다. 사진

라이쩌우의 그린 몽족 여인들.
하의에는 앞에, 상의에는 등 뒤에만 천을 두르는 독특한 패션이다.

을 찍어주었더니 그제야 웃었다. 누군가를 바라봐주는 것은 그만큼 중요한 것이다.

디엔비엔푸 Dien Bien Phu 로 가는 길은 곳곳이 도로 공사 중이었다. 이 지역이 변하는 것은 시간문제일 듯했다. 도중에 레드 몽족이 수십 명 모여 있기에 지프를 세웠다. 물어보니 장례식을 치르는 중이라고 했다. 멀리서는 남자들이 가축을 잡고 있었고, 여자들은 전통의상을 화려하게 차려 입은 채 남자들을 바라보고 있었다. 하지만 그녀들의 표정 어디에서도 슬픔은 찾아볼 수 없었다. 자연으로 돌아가는 고인보다는 갑자기 나타난 외국인

그린 몽족 여인들과 만물상 아저씨.
베트콩 모자를 썼다고 해도 분명 머리를 안 감았을 남자에게
처녀는 무슨 말을 하고 있는 걸까?

에게 더 관심을 보였다. 레드 몽족은 머리에 빨간 수건을 쓰고 그 위에 빨간색 방울을 여러 개 달아 장식을 한다. 지금까지 본 베트남 소수민족의 의상 중 가장 귀여운 장식이었다.

오후 1시, 디엔비엔푸에 도착했다. 이곳은 인도차이나 전쟁의 마지막 격전지였던 곳으로 전쟁박물관이 있다. 프랑스와의 전투에서 사용된 탱크와 박격포, 비행기의 잔해가 그대로 녹슨 채 남아 전쟁이 휩쓸고 간 후 50여 년의 시간을 전하고 있었다. 박물관 안에는 호찌민과 혁명용사들의 사진이 걸려 있었고 전쟁에 참여했던 소수민족들의 모습도 사진으로 남아

디엔비엔푸의 타이족 여인.
맨발의 여인에게는 삽 대신 장화가 필요해 보인다.

있었다. 이렇게 작고 여려 보이는 사람들이 어떻게 프랑스군을 물리칠 수 있었는지 이곳 사람들의 저력이 무서웠다.

시내 외곽에는 모내기를 시작하려고 하는지 불규칙하게 놓인 논두렁을 사이에 두고 머리에 전통모자인 논을 쓴 사람들이 땅을 고르고 있었다. 논배미마다 표시가 되어 있는 것도 아닌데 자신의 논인 걸 어찌 알고 일을 하는지, 여태껏 남의 논을 다듬고 있는 것은 아닌지 쓸데없는 걱정까지 하게 만들었다. 타이족 여자들은 긴 스커트를 입고 맨발로 논에 들어가서 흙을 퍼내 논두렁을 쌓고 있었다. 장화가 없으면 짧은 치마라도 입을 것이지 그 긴 치마의 흙은 다 어떻게 빨려고 하는지, 허리짬에 끈이라도 묶으면 좀 나을 텐데 싶었다.

조개 모양 욕조에 보온병 물 붓기

여행 일곱째 날, 손라 Son La 를 향해 출발했다. 하노이에 가까워지자 기온이 점차 올라 반팔로 다녀도 따뜻했다. 산을 몇 개나 넘고 있는지 모를 지경인 데다 길은 도로공사 중이어서 먼지를 잔뜩 뒤집어쓰며 달렸다. 아니 달렸다기보다는 도로의 요철에 차를 맡기고 있다는 표현이 맞을 정도였다. 평생 먹을 먼지를 이때 다 먹었다고 해도 과언이 아닐 만큼 도로는 엉망이었다. 이 공사가 다 끝나면 하노이부터 손라, 디엔비엔푸, 라이쩌우까지 번듯한 도로로 연결될 테고, 소수민족의 삶은 더 많이 더 빠르게 변해갈 것이다.

사진작가 김수남의 『변하지 않는 것은 보석이 된다』(1997)라는 책에 나오는 말처럼, 과거 그대로의 모습으로 살아가는 사람들을 보며 마음 한 구석이 포근함과 알 수 없는 정서로 뭉클해지는 것은, 자신은 더 이상 그들처럼 살 수 없다는 것을 알고 있기 때문일 것이다. 언제 다시 이곳을 찾을 수 있을지 알 수 없지만 내 기억 속의 베트남 북서부는 지금 이 모습 이대로 여기에 머무를 것이다.

얼마나 높이 올라왔나 하고 밑을 보니 높낮이가 얕은 계단식 논이 부채 모양으로 넓게 펼쳐져 있었다. 디엔비엔푸만 해도 모 심을 준비가 한창이었는데, 이곳은 벌써 모내기가 끝나 초록의 벼가 자라고 있었다. 가다가 들른 시장에서 예쁜 여인이 카사바cassava를 칼로 자르고 있는 것을 찍고 있는데, "예쁜 것들은 항상 까다롭다"는 일행의 말에 성희롱으로 고발해야 할지 생각하며 웃다가 사진 초점이 어긋나버렸다.

손라에 도착해 점심을 먹은 후 호텔을 정하게 되었는데 마잇이 잘 아는 호텔이 있다고 해서 가봤더니 하루 숙박료가 35달러였다. 그런데도 좀 썰렁해 보여 길가에 있는 게스트 하우스에 가보기로 했다. 게스트 하우스는 정부가 운영하는 곳으로 최고급 방이 25달러밖에 되지 않았고 방도 멋있으며, 무엇보다도 조개 모양의 커다란 욕조가 있어 뜨끈한 물에 몸을 담글 수 있다는 희망이 생겼다. 이것이 문제였다. 나중의 일이었지만 몸을 담근 상태에서 멋 부리며 과일을 먹으려고 잔뜩 준비해서 욕조에 가봤더니, 따뜻하기는커녕 미지근한 물밖에 나오지 않는 것이었다. 보일러의 용량이 너무 작아서 욕조를 채울 만큼의 온수가 나오지 않는 것이었다. 도대체 이 커다란 조개 모양의 욕조는 왜 설치를 해서 사람을 유혹하는 것인지 지배인에게 따지고 싶었다. 결국 차를 마시도록 놓아둔 보온병의 얼마 안 되는 따뜻한 물까지 욕조에 부어버린 후 물속에 들어가 이를 덜덜거리며 차가운 과일을 먹었다. 하지만 짜증이 나지는 않았다. 여기가 아니면 또 어디서 이런 경험을 할 것이며, 덕분에 이렇게 글로 남길 수 있는 에피소드를 제공해 주었으니 감기에 안 걸린 것만으로도 충분히 즐거운 게스트 하우스였다.

짐을 풀고 마을 촬영이라도 할까 하고 나섰는데 이상하게도 마을에 사람이 없었다. 알고 봤더니 동네 부녀자들 모두 도로변의 근사한 마을 회관에 모여 가족계획에 대한 교육을 듣는 중이었다. 베트남 정부는 산아제한을 통해 아이를 둘까지만 낳도록 하고 있다. 단 소수민족에게는 제한을 두지 않는데, 그렇다 하더라도 자식들의 교육을 위해선 아이를 되도록 적게 낳는 게 좋다는 캠페인을 벌이고 있는 것이었다. 사진을 찍으려 다가갔지만 아주머니들이 일제히 쳐다보는 바람에 교육 기관에서 나온 사람에게 야단맞을 것 같아 그만두었다. 나야 그들의 교육이 끝날 때까지 기다릴 수 있지만 태양은 기다려줄 것 같지 않아 결국 호텔로 돌아왔다.

시어머니는 돈 벌어 집으로 가고
며느리는 돈 쓰러 시장에 가고

여행 여덟째 날. 이날 일정은 하노이로 이동하는 것이었다. 깜빡 졸았나 싶었는데 도로 끝에 계곡 건너편 마을로 이어지는, 대나무로 만든 좁고 긴 다리가 나타났다. 연출한 사진은 찍고 싶지 않았지만 어쨌든 소수민족의 의상을 입은 여인이 지나가줘야 다리가 부각되고 사진이 살기 때문에 별 수 없이 마을에 들어가 모델을 찾기로 했다. 마침 젊고 예쁜 아기 엄마가 블랙 타이족의 복장으로 일하고 있어 안성맞춤이었다. 하지만 이 아기 엄마는 시집온 지 얼마 안 된다며 모델로 나서려고 하지 않았다. 5만 동을 줄 테니 찍자고 설득을 하자 시어머니로 보이는 할머니가 자신이 하겠다고 나섰다.

베트남 소수민족 중에는 치아가 새까만 여인들이 있다. 빈랑 betel nut 이란 열매를 장기간 오래 씹어 일부러 치아를 까맣게 만든 것이다. 이것은 과

—
빈랑 열매로 까맣게 만든 치아.
굳이 치아를 까맣게 만들지 않아도 될 것 같은데,
아주머니가 본 거울은 그리 말하지 않았나 보다.

거 프랑스 식민지 시절 성폭행을 당하지 않으려고 더러워 보이기 위해 쓴 방법이다. 이 할머니의 치아가 그랬다. 꿩 대신 닭이라고 결국 할머니에게 망태기를 매게 하고 두 번 정도 다리 위를 오가게 했다. 역시 연출한 사진 속의 사람은 표정이 굳고 팔다리가 부자연스러워 찍는 사람조차 마음이 불편해진다. 할머니에게 약속한 돈을 지불하고 이제 출발할까 하는데 이게 웬일인가. 아까 그렇게 싫다고 고집을 부리던 젊은 엄마가 아기를 안고 시장에라도 가려는지 다리를 건너고 있는 게 아닌가. 우연인지 아니면 시어머니 눈치 때문에 일부러 모델을 안 한다고 했는지는 그녀만이 아는 일이었다. 연출한 것도 아닌데 시어머니와 며느리, 아기가 자연스럽게 다리 위에서 만나고 헤어졌다. 정신없이 셔터를 누르고 보니 역시 나중에 찍은 사진이 가장 마음에 들었다.

다리가 있는 마을을 떠나 목쩌우Mok Châu로 향했다. 목쩌우는 우유와 차로 유명한 지역으로, 베트남 여행에서 처음으로 젖소가 있는 풍경을 만난 곳이다. 마잇이 강력히 추천해 목쩌우 우유를 마셔보았는데 과연 자랑할 만했다.

넓은 차밭에 이르자 논을 쓴 아주머니들과 모터가 달린 긴 칼을 메고 웃자란 찻잎을 자르는 잘생긴 남자가 있었다. 베트남에서 처음 보는 잘생긴 남자였는데 약간 혼혈인 듯한 외모였다. 잘려 나가는 찻잎이 눈을 상하게 할 수 있어 스키 고글 같은 것을 썼는데, 자세히 보니 한쪽은 구멍이 나 있고 다른 쪽은 갈라져 있었다. 그는 또 어찌나 친절한지 연방 웃으며 차를 권했다. 누구나 다 입을 댔을 법한 컵을 내밀어 좀 꺼려졌지만 사양할 수 없어 마셔보니 차 맛은 정말 좋았다.

차밭에서의 촬영이 끝나고 마이쩌우Mai Châu에 들렀다. 마이쩌우는 하노이에서 가장 가까운 소수민족 마을로, 박하나 사파까지 갈 수 없는 외국인들이 타이식 집에서 홈스테이를 하며 며칠씩 머무르는 곳이다. 과연 곳곳에서 서양인들이 한가로이 햇살을 받으며 책을 읽거나 풍경을 감상하는 모습이 보였다. 사실 좀 부러운 일이었다. 좀 더 시간이 있으면 홈스테이까지는 아니더라도 이런 풍경 속에서 잠시 쉬어 가는 여유로움을 가져보고 싶었다.

점심을 먹고 오후 5시쯤 하노이에 도착했다. 홍과 마잇에게 계약금과 팁 30달러씩을 주고 헤어졌다. 말이 통하지 않아 별로 대화를 나누진 못했지만 처음부터 끝까지 생사고락을 함께한 홍과의 작별은 특히나 아쉬웠다.

다시 박하를 가게 된다면 꼭 홍을 다시 만나 그의 지프를 이용할 것이다.

베트남에서의 마지막 밤이기에 하노이 구시가지의 밤거리를 돌아다니며 사진을 찍었다. 마침 장례식을 치르고 있는 곳이 보였다. 사진을 찍어도 된다기에 상복을 입고 머리에는 하얀 마 소재의 수건을 걸쳐, 코와 입만 드러낸 여자 상주의 사진을 찍었다. 남의 상갓집에서까지 사진을 찍고 있는 나란 사람이 좀 어이없었다. 그냥 나오기 미안해 5만 동을 부조했더니 내 사진을 찍는 것이 아닌가. 부조한 사람은 모두 찍는 듯했다. 명부에 사인을 하라기에 어쩔 수 없이 이름까지 적고 나왔다. 불교의 업에 비유하자면 고인은 전생에 나와 엄청난 인연을 맺은 게 아니었나 싶었다.

하노이의 밤 풍경은 활기차고 화려했다. 야시장은 밤늦게까지 쌀국수를 파는 사람과 풍선장수, 뗏Tết: 베트남의 설날 용품을 파는 붉은 장식의 가게 주인, 대나무 광주리를 길게 메고 과일을 팔러 다니는 사람, 오토바이 가득 꽃을 싣고 팔러 다니는 사람 등등 먹고살기 위해 뭔가를 팔고 있는 사람들로 가득했다. 여행객만이 재미를 위해 그것을 보고 즐기고 있을 뿐이었다. 소수민족의 삶을 보며 애잔했던 마음은 야시장의 상인을 보면서도 여전했다. 우리 인생사 역시 그렇게 모두 저 나름대로 격렬하고, 힘들고, 안쓰러운 게 아닐까. 가끔씩 찾아오는 번민 없는 웃음만이 그 애잔함을 달래줄 수 있으리라는 생각을 하며 베트남에서의 마지막 밤을 보냈다.

손라의 블랙 타이족.
시어머니는 돈 벌어서 집으로 가고, 며느리는 돈 쓰러 시장에 간다.

7

호찌민 루트와 무이네, 베트남 중남부

2008년 1월 27일 오전 10시 30분, 베트남항공을 타고 호찌민을 향해 출발했다. 이 여행은 호찌민에서 베트남 국내선을 이용해 후에 Huế 로 이동한 후, 호찌민 루트 Hồ Chí Minh route 를 따라 중부 내륙을 통과해 판티엣 Phan Thiết 의 휴양지 무이네 Mũi Né 까지 돌아보는 자유여행이었다. 후에부터는 지프를 렌트해 호찌민 루트를 따라갈 예정이었다. 미리 세세하고 정확하게 일정을 정하지 않고, 상황에 따라 계획을 변경하기도 하면서 촬영과 관광, 휴식을 겸한 편안한 여행을 해보기로 한 것이다. 2007년에 박하를 비롯한 베트남 북서부 지역을 일주할 때 받았던 아름다운 충격으로 이번에는 중남부 지역을 돌아보고 싶었다.

베트남 현지 시각으로 오후 2시쯤 호찌민의 탄손누트 Tan Son Nhat 국제공항에 도착했다. 한국의 날씨는 영하 7도였는데, 호찌민은 영상 34도였다. 40도에 이르는 기온차가 여행의 시작을 알리고 있었다. 후에로 가는 국내선 탑승을 위해 청사로 이동해 수속을 밟고 짐을 부치고 나니 출발 시간인 5시 10분까지 두 시간가량 여유가 있었다.

공항에서 환전을 하고 비행기를 기다리며 청사 밖에 앉아 주스 한 잔을 마시니, 제법 선선한 바람이 느껴졌다. 하노이와는 달리 호찌민 사람들의 표정에는 그늘이 없었다. 베트남 전쟁이 남긴 상처를 그들에게선 찾아볼 수가 없었다. 경제적 풍요가 가져다준 여유로움이 그들에게 미소를 되찾아준 것인지도 모르겠다. 그러나 나는, 사회주의의 상징인 호찌민 시티라는 이름보다 1970년대 초까지 불린 사이공 Saigon 이라는 이름이 더 순박하고, 더 '베트남답다'는 생각이 든다.

Introduction

베트남은 인도차이나 반도의 동쪽 해안선을 따라 남북으로 길게 뻗어 있는 국가다. 그래서 베트남 국민들은 자신들의 땅덩이를 길쭉한 대나무 장대 양쪽에 바구니를 매단 그들의 생활용품 깐 ganh에 비유하곤 한다. 남북으로 길다 보니 전체적으로는 열대 및 아열대기후에 속하지만 고도 차이가 많이 나 국지적으로는 온대기후가 나타나기도 한다. 겨울에는 저온다습한 북동풍이, 여름에는 고온다습한 남동풍이 부는 계절풍 지역이며 연강수량은 2,000밀리미터 이상이다. 따라서 고온다습한 환경에 잘 자라는 쌀, 차, 커피, 고무 등의 농작물 재배가 발달했다.

베트남은 유네스코에서 지정한 세계문화유산이 다섯 곳에 이르는데, 북부의 하롱베이Ha Long Bay와 퐁냐 동굴Phong nha cave을 제외한 세 곳이 중남부에 위치해 있다. 즉 응우옌Nguyên 왕조 시절의 후에 왕궁, 아름다운 무역항의 모습을 간직하고 있는 호이안Hoi An의 옛 거리, 고대 참파Champa 왕국 유적지인 미선Mison이 그곳이다. 베트남 중남부 지역은 이러한 역사적 가치뿐만 아니라, 따뜻한 날씨만큼이나 포근한 미소가 넘치는 사람들과 아름다운 경관 또한 빼놓을 수 없는 매력이었다.

유네스코 지정 세계문화유산 미선.
한때는 시바신을 모시던 사원이 지금은 이끼로 덮여가고 있다.
우리네 인생사와 닮았다.

무이네 인근의 연꽃 호수(Lotus lake).
싱그러운 미소를 보여준 소녀들의 빨간 넥타이를 보며
그제야 베트남이 사회주의 국가라는 걸 떠올렸다.

무이네의 새벽 포구(위)와 해변(아래).
생선을 나르고 말린 새우를 걷어내고, 바다의 여인들은 쉴 틈이 없다.

달랏의 평원(위)과 부온마투옷 가는 길의 고무나무 농장(아래).
누군가가 심어놓은 모가 자라 초록의 벌판을 이루었으니
이제 자라기만 하면 된다.

꼰뜸 가는 길에 만난 아주머니.
나뭇짐만으로도 무거운데 도끼까지 메고 있으니,
아주머니의 인상도 도끼와 닮았다.

하이번 고개를 넘어 참파 왕국으로

여행 둘째 날. 아침을 먹고 가이드 앤과 지프 기사 융을 호텔 로비에서 만났다(이 두 사람으로 인해 여행 내내 엄청난 에피소드가 생겼다). 후에는 베트남 최후의 왕조인 응우옌1802~1945년 왕조의 무덤과 사찰 등 수많은 유적이 남아 있는 고대 도시로, 한때는 봉건제를 상징하는 곳이라고 해서 폐허가 되도록 방치해두었으나 1993년에 유네스코 세계문화유산으로 등재된 후부터 복원^보존 작업이 한창 진행 중이라고 한다.

후에에 있는 유적을 다 돌아보는 것도 좋지만, 현지인들의 사는 모습을 아름다운 풍경과 함께 촬영하는 것이 여행의 주목적이었기에 가장 대표적인 유적 몇 곳만 구경하고 오전 중에 다낭Da Nang으로 출발하기로 했다. 후에성 중 먼저 1804년부터 건축되기 시작한 다이노이Dai Noi, 大城에 들렀다. 성은 연못으로 둘러싸여 있고, 성 안에는 황제가 집무를 보던 황궁이 있다. 황궁에 들어가면 디엔타이호아Dien Thai Hoa, 太和殿라는 곳이 있는데, 옻칠한 기둥 80여 개가 화려한 지붕을 받치고 있으며 아름다운 조각이 새겨져 있다. 또한 인근에 있는 티엔무Chua Thien MU사원은 높이 21미터의 8각 7층탑으로 유명하다. 지금은 소수의 수도자와 비구니만 생활하고 있지만, 1960년대 초기에는 반정부 저항 세력의 본거지였다고 한다. 이 사찰은 강변에 있어서 담벼락에 앉아 조그만 배들이 지나가는 모습을 바라보며 잠시 바람을 맞기에도 좋다.

오전 10시에 다낭을 향해 출발했다. 후에는 해변에서 약간 떨어진 곳에 있기 때문에 100여 킬로미터 떨어진 다낭까지 거의 대부분 내륙의 도로를 달려야 했다. 국도변에서 간단하게 쌀국수를 먹고 나자, 가이드인 앤은 내게 터널을 통과할지 고개를 넘어갈지 물었다. 터널을 통과하면 다낭까지 금방 도착하지만 고개를 넘어가면 경치가 아주 좋다고 했다. 날씨가 약간 흐리지만 당연히 고개를 넘어가는 길을 택했다.

하이번 Hai Vên 이라 불리는 이 고개는 15세기에 베트남과 참파 왕국 사이의 국경을 담당하던 곳이라고 한다. 이 고개를 경계로 후에와 다낭의 기후 차이가 확연히 느껴졌다. 겨울철 중국에서 불어오는 저온 다습한 바람이 하이번 고개를 넘으면서 고온 건조한 바람으로 변해, 후에는 춥고 흐리지만 고개 너머 다낭 지역은 맑고 따뜻하다. 과연 고개 정상에서 바라본 하늘은 여전히 뿌연 구름이 가로막고 있었는데 고개를 내려온 지 몇 분 만에 파란 하늘과 함께 작은 만에 위치한 다낭 시가지가 눈에 들어왔다. "우아"라는 감탄사가 추임새처럼 저절로 따라왔다.

구불구불 고개를 돌아 내려오자 부부로 보이는 젊은 남녀가 논을 쓴 반바지 차림으로 그물 낚시를 하다 말고 우리를 향해 반갑게 웃어주었다. 다낭에서 오늘의 숙박지인 호이안까지는 30킬로미터밖에 떨어져 있지 않았기 때문에 여유를 부리며 천천히 해변을 달렸다. 그러다 둥그런 소쿠리 모양의 배를 탄 두 남자가 밀려오는 파도를 헤치며 노를 젓고 있는 것을 발견했다. 배라고 하면 가로보다 세로가 길고 뾰족하게 생겨서 노를 저으면 앞뒤로 움직이는 것이 당연한 원리일 텐데, 이곳은 대나무 생산이 많다 보니 이를 엮어서 둥그런 소쿠리 배 몽, Mong 를 만들어 탄다고 한다. 이것으로 고기도 잡고 유명 관광지에서는 외국인을 태워주며 돈벌이도 하는 모양이었다. 이런 소쿠리 배는 무이네 아래 남쪽 지방에서는 볼 수 없었다.

다낭의 고기잡이 부부.
논을 쓴 것도, 흰 셔츠에 반바지를 입은 것도, 들고 있는 그물도 똑 닮았다.

아직 해수욕을 하기에는 이른 계절이었지만 고운 모래사장이 아이들의 놀이터 역할을 하고 있는지 남자 아이들 몇몇이 놀고 있었다. 녀석들에게 사탕도 줄 겸 사진도 찍어볼 겸 "하나 둘 셋" 하면 다 같이 뛰어보라고 했더니 뒤죽박죽이었다. 사탕을 주려고 한 뭉치 꺼냈더니 멀리서 보고 있던 동네 아이들이 죄다 달려오기 시작했다. 무엇이든 한꺼번에 몰려오면 무서워지는 건 세계인의 공통 사항이다.

해변을 지나자 바로 호이안에 들어섰다. 호이안은 17~19세기까지 동남아시아 무역의 거점 역할을 한 항구 도시로, 이곳의 구시가지는 유네스

다낭의 해변.
하나 둘 셋 하면 뛰라고 했는데, 그걸 하나 딱딱 못 맞추는 아이들이었다.

코 세계문화유산으로 지정될 만큼 아름답기로 유명하다. 호이안의 구시가지는 차량을 통제하고 과거의 상가와 가옥, 우물, 사당, 다리 등을 그대로 유지·보수한 채 관광객을 맞이하고 있었다. 서양인과 동양인이 함께 어우러진 구시가지의 정취를 천천히 여유롭게 구경했다. 햇살이 너무 따가워 논을 쓰고 긴소매의 옷을 입고 촬영하는 내가 재미있는 피사체였는지 아니면 베트남 사람으로 보여 그랬는지, 한 프랑스 남자가 나를 향해 사진기를 들이대고 있었다. 이걸 주객전도라고 해야 할지 미모 탓으로 돌려야 할지 알 수 없었다.

호이안의 야경.
너무 아름다워서 사랑 고백을 하면 반드시 성공한다는 나만의 전설이 있다.

어느 지역에 가든지 시장에는 꼭 가봐야 한다. 서민들이 가장 활기차고 분주하게 움직이는 곳이라 가장 자연스러운 표정의 피사체를 찍을 수 있기 때문이다. 물론 다소 산만한 구도는 감수해야 하지만 말이다. 구시가지를 나와 어시장에 들어서니 소음과 냄새와 사람들이 뒤섞여 정말 혼이 다 나갈 것 같았다. 갓 잡아온 생선들을 소쿠리에 담아 저울질하는 여인들, 원색의 플라스틱 바구니를 들고 흥정하는 여인들, 오토바이로 생선을 실어 나르는 남자들, 미끄러운 바닥을 분주히 오가는 사람들까지…… 보고 있자니 입이 다물어지지 않았다.

이들에겐 '비린내'라는 단어가 없는 것인지, 아니면 고무장갑이나 비닐장갑이 없는 것인지, 모두 맨손으로 생산을 들고 만지고 쓰다듬고 있었다. 아…… 그 손으로 먹는 사과에서는 과연 어떤 맛이 날까.

"I'm sorry. Because you are very big size."

호이안의 또 다른 매력은 바다로 이어지는 투본 Song Thu Bon 강 양쪽에 늘어선 음식점과 상가다. 새롭게 건축한 건물도 있지만 구시가지 쪽에 면한 건물들은 예스러운 분위기를 그대로 간직해, 저녁이 되면 초롱에 불을 밝혀 몽환적인 분위기를 자아냈다. 또한 낮에는 칠이 벗겨지거나 검게 곰팡이가 핀 외관과 묘하게 조화를 이루는 오래된 식당에서 간단한 식사와 함께 맥주를 마시는 외국인들을 보는 것도 재미있었다.

안호이 An Hoi 반도와 호이안을 연결하는 다리 위에서 일몰을 배경으로 하얀 아오자이를 입고 논을 쓴 여학생들이 자전거를 타고 지나가는 것을 찍으려고 계속 기다렸다. 하지만 알록달록한 몸빼를 입은 통통하고 까만 아주머니들만 지나갔고 일몰도 신통치 않았다. 결국 촬영을 일찍 접고 관광객으로서의 역할에 충실하기 위해 쇼핑을 나섰다. 여행 전 검색을 통해 호이안에 싼 값으로, 그것도 서너 시간 만에 옷을 맞춰주는 곳이 있다는 정보를 입수하고는 내심 기대하고 있었던 것이다.

구시가지 주변 시내에는 정말로 양장점이 줄지어 늘어서 있었다. 그중

한 곳의 마네킹이 입고 있던 원피스가 마음에 쏙 들었다. 마네킹을 가리키며 이 옷으로 맞춰달라고 했더니 여종업원은 난처한 표정을 지으며 짧고 명확하게 말했다. "I'm sorry. Because You are very big size." 양장점이라는 데가 손님 체형에 맞춰 옷을 만드는 곳이므로 화를 내야 하는 것은 분명 내 쪽인데도, 저절로 미안하고 죄송한 마음이 든 것은 왜였을까. 결국 옆 가게에 가서 프리 사이즈의 붉은색 랩스커트를 사는 것으로 위안을 삼았다. 깨끗한 레스토랑에서 저녁으로 치킨 카레와 냄을 먹고, 거기다 맥주까지 마셔 빵빵해진 배를 만지면서도 끝내 원피스에 대한 아쉬움을 떨치지 못했던 그때의 미련스러움이라니…… .

여행 셋째 날. 오전 5시에 일어나 전날에 찜해두었던 포구의 시장으로 향했다. 태양은 아직 멀리 있지만 아침 7시까지만 열린다는 시장은 이미 만원이었다. 게다가 전날과는 달리 조그만 배를 타고 와 생선을 매매하는 여자들까지 더해져, 형광등을 켜놓아서 어둡다는 것을 알 뿐이지 분위기는 대낮 같았다. 빨간 티셔츠를 입은 어느 서양 남자는 한 아주머니와 흥정을 하더니 배에 올라탔다. 물어보니 한 시간에 3만 동을 달라고 했다. 여행객들로 제법 부수입이 짭짤한지 서로 손을 내밀며 자기 배에 타라고 호객했다. 도대체 그 남자는 그 새벽에 무엇을 보려고 작고 비린내 나는 보트에 탄 것일까. 일출을 기다렸던 것인지 배를 타고 명상을 하려 했던 것인지 알 수 없지만 내게는 도저히 내키지 않는 여행 상품이었다.

새벽 시장을 찍고 그만 호텔로 돌아가려는 찰나 갑자기 커다란 배가 포구에 정박하려는 모습이 보였다. 배는 학생들로 꽉 차 있었다. 멀리서도 그들이 학생이라는 것을 알 수 있었던 것은 하얀 아오자이 때문이었

미선 가는 길에 만난 아이들.
모자와 마스크와 재킷을 벗고 긴 머리를 휘날리면
얼마나 아름다운지 소녀들은 모르는가 보다.

다. 물론 남학생도 있었을 테지만 옷 때문에 학생과 아저씨가 구별되지 않는 데다 내 목적은 오직 아오자이를 입은 여학생이었다. 하지만 그녀들은 배에서 내리자마자 포구 뒤 골목골목으로 뿔뿔이 그리고 빠르게 흩어져 누구를 따라가야 할지 대책이 없었다. 게다가 내가 원한 것은 하얀 아오자이를 입고 자전거를 탄 근사한 여학생의 모습이었지만 앞에 탄 아이가 그랬다면 뒤에 앉은 아이는 야구 모자를 쓰고 있었고, 요즘 유행인지 아이들 대부분 점퍼를 입고 있어 완벽한 아오자이 차림의 여학생은 단 한 명도 볼 수가 없었다.

호이안의 뒷골목.
껌 좀 씹는 아이들이 골목으로 들어섰다. 가운데 아이가 '짱'일 것이다.

차라리 골목 하나를 정해서 안으로 들어오는 여학생을 찍기로 하고 기다리고 있는데 다섯 명의 여학생이 들어섰다. 2001년에 처음 베트남에 왔을 때 가이드에게 들은 말에 의하면, 베트남 여학생들은 생리를 할 때 다른 색깔의 바지를 입는다고 한다. 흰색 아오자이에 비치기 때문이라 했다. 그런데 골목에 들어서는 아이들 모두 까만 바지를 입고 있었다. 그렇다면 이 아이들은 동시에 생리 중이라는 이야기인가? 또 생리 중인 아이들은 함께 다녀야 한다는 규칙이라도 있나? 물어볼 수는 없었지만 내 나름대로 내린 결론은, 그녀들의 걸음걸이와 얼굴에서 뿜어져 나오는 강한 포스로 볼 때 소위 말하는 '껌 좀 씹는' 아이들이라는 것이었다. 졸지에 내게 비행 청소년으로 찍힌 그녀들은 등교하는 걸음걸이도 당당했다.

반사회주의자 까칠남, 앤 아저씨

오전 8시, 미선으로 향했다. 여기서 잠깐 가이드 앤에 대해서 이야기해 두고자 한다. 왜냐하면 이 아저씨가 나중에 무이네에서 엄청난 사건을 일으켰기 때문이다. 앤 아저씨는 57세지만 얼굴은 그보다 훨씬 더 나이 들어 보였다. 고생스러운 자신의 인생을 대변하듯 말이다. 다음 내용은 미선으로 가면서 아저씨가 들려준, 반사회주의자로 살게 된 그의 인생 이야기다.

아저씨는 11살 때 고아가 되어 갖은 고생을 하며 성장했고, 20살 때부터 사진을 찍게 되었다고 했다. 글쓰기를 좋아하고 머리도 좋은 편이었는데, 입대 후 베트남 전쟁이 일어나자 월남군으로 참전해 미군에게 영어를 배우고 16년간 종군기자로 활약하게 된 것이다. 아저씨는 고아였으므로 최전방에 배치되어 탱크며 헬기까지도 몰아보았다고 했다(물론 다 믿을 수는 없을 것 같다). 어쨌든 중위를 단 지 15일 만에 월남이 지면서 전쟁이 끝나자 그때부터 아저씨의 인생도 꼬이기 시작했다.

먼저 월남군으로 참전했기 때문에 매우 혹독하게 사회주의 교육을 받게 되었다. 그때 너무 힘들어서 자살한 동료들도 있다고 했다. 또한 전쟁 중에 찍었던 극한의 사진들은 모두 몰수당했는데, 만약 이 사진들이 남아 있었으면 그것을 팔아 돈을 꽤 벌었을 거라고 했다. 하지만 아저씨의 불운은 여기서 끝이 아니었다. 1985년에 결혼해 딸 둘을 얻었지만 제대로 된 직업을 얻을 수가 없었기에 1991년에는 부인이 돈 많은 남자에게로 떠나 이혼을 했고, 딸들 또한 연좌제 때문에 공무원 같은 직장에는 들어갈 수가 없다고 했다.

아저씨의 한 많은 인생 이야기를 듣다 보니 '팔자가 사나운 건가'라는 생각이 들었지만, 어찌 보면 그리 된 데에는 다분히 성격 탓도 있어 보였다. 전쟁이 끝난 지 한참이 지났는데도 말끝마다 베트콩에 대한 비난이 이어졌고, 그로 인해 자신이 모든 것을 잃었다고 생각하는 것은 지나친 집착이 아닐까 싶었다. 세상에는 팔자 탓으로 돌려 잊고 살아야 할 일들이 대부분인데, 그러질 못하고 지나간 과거로 자신과 가족들을 괴롭히며 살아왔던 것은 아닌가 싶었다.

오후 1시 반쯤 미선에 도착했다. 미선은 고대 참파 왕국의 유적지로 2000년에 유네스코 세계문화유산으로 지정되었다. 참파 왕국은 2세기에서 15세기까지 번영한 왕국으로, 대표적 유적지인 미선에는 참파 왕조의 창시자이자 수호자로 여겨지는 힌두교의 시바신과 관련된 사원들이 있다. 고고학자들에 의하면 이 사원들은 베트남에서만 자라는 식물의 기름으로 만든 접착제를 사용해 구운 벽돌을 붙이고 난 후 벽돌에 무늬를 새겨 넣었다고 한다. 그러나 안타깝게도 이 지역은 베트남 전쟁 때 베트콩들의 집결지로 이용되었기 때문에 미군의 폭격으로 현재 남아 있는 사원은 스무 개 정도이고, 그조차도 완벽한 모습을 갖추고 있는 것은 없다.

'고양이 이빨산'이란 뜻의 '혼 쿠압 Hon Quap 산' 기슭에 자리한 사원에 들렀다. 복원을 위해 애쓴 흔적은 바닥을 벽돌로 잘 정리해둔 것에서 엿볼 수 있

호이안 투본강의 노부부.
부수입이 짭짤했으니 오늘 밤은 행복할 것이다.

었다. 또한 부조된 신상은 잔뜩 끼어 있는 이끼와 잡초들 때문에 마치 살아 있는 여신이 화환을 쓰고 있는 듯 보였다. 마침 매달 열리는 시바신의 제삿날이라 참족 복장의 아저씨가 구운 통돼지 한 마리와 과일, 화환 등을 놓고 제를 올리고 있었다. 과거에 수많은 사람들이 제사를 지내던 화려한 신전이었을 것을 생각하면 달랑 통돼지 한 마리뿐인 쓸쓸하기 그지없는 제사상이었다.

호이안으로 돌아와 오후에는 그물 낚시를 하는 사람들을 보기 위해 투본강으로 보트를 타고 가보기로 했다. 마침 노부부가 강물에 그물을 던져 고기를 잡고 있었는데, 커다란 그물로 잡은 고기 치고는 좀 작고 초라했다. 하지만 할머니는 키를 잡고 할아버지는 그물을 던지는 모습이 귀엽고 정겨워 보였다. 내가 탄 보트도 흔들리고 할아버지의 보트도 흔들리는 바람에 다시 사진을 찍기 위해 한 번 더 그물을 던져달라고 부탁을 하자 부부가 다가와서 돈을 달라며 손을 내밀었다.

이미 수십 컷을 찍었지만 할아버지의 동작이 너무 귀여워 "one more?"라고 하자 순순히 멀어져서는 또다시 그물을 던졌다. 웃음이 터져 나와 더 이상 사진을 찍을 수가 없었다. 할아버지에게는 3만 동을 드리고 할머니에게는 팁으로 따로 1만 동을 건넸다. 한 시간 동안 보트를 빌리는 값이 10만 동이었는데 노부부는 그물 몇 번 던져주고 4만 동을 벌었으니 그날 그들은 작은 보트를 다 채울 만큼의 생선을 잡은 게 아니었을까 싶다.

나는 결벽증 환자다

여행 넷째 날 오전 7시, 꼰뚬 Kon Tum 을 향해 출발했다. 꼰뚬은 인구 약 9만의 해발 고도 525미터에 있는 꼰뚬성의 수도이며, 베트남 중부 고원 최북단의 도시다. 바나 Ba Na 족, 자라이 Jarai 족 등 소수민족이 거주하지만 여행객이 그리 많이 찾지 않기 때문에 훼손되지 않은 베트남 산악 마을을 볼 수 있을 거라 기대하며 찾았다. 과연 듬성듬성 작은 동네가 있었지만 사람은 별로 없었다.

오전 11시경 겨우 바나족 마을에 도착했는데 초등학교에서 커다란 눈을 한 바나족 아이들을 만날 수 있었다. 아이들은 작은 교실을 반으로 나누어 앞뒤로 칠판을 두고 등을 지고 앉아 따로 수업을 받고 있었는데, 과연 이런 교실에서 수업이 제대로 될 수 있을지 알 수 없었다. 그래도 학교가 있다는 것만도 다행이었다.

점심을 먹기 위해 거리의 식당에 들렀다. 볶음밥을 주문했더니 둥근 접시에 담은 볶음밥 위에 계란 프라이가 마치 피자처럼 올려져 나왔다. 제법 먹음직스러워 몇 숟가락을 뜨는데 아뿔싸…… 계란 껍데기가 씹혔다. 계란을 씻었을 리 없다는 생각이 들자 위장에서 바로 신호가 왔다. 올라오는 구역질을 참으며 숟가락을 놓아야 했다. 여행을 다닌 지 벌써 몇 년째인데도 음식에 대한 결벽증은 쉽게 극복되지 않는 것 같다.

사실 나의 결벽증은 초등학교 5학년 때로 거슬러 올라간다. 어느 날 순댓국집을 하는 친구 집에 놀러갔는데, 친구의 어머니가 가게의 시멘트 바닥에 앉아 커다란 자주색 대야를 앞에 두고 일을 하시다가 내 친구는 놀러 가고 없다고 말씀해주셨다. 그런데 인사를 남기고 뒤돌아서던 그 짧은 순간에 어린아이로서는 다소 충격적으로 느껴지는 장면을 보고야 말았다. 친구의 어머니는 맨손으로 순대의 내장을 채우고 계셨는데, 문제는 순대의 내장이 아니라 친구 어머니의 손톱이었다. 손톱 밑에 새까맣게 때가 끼어 있었던 것이다. 그런 채로 왼손으로는 깔때기를 잡고 오른손으로는 당면과 양념을 채워 넣던 모습을 지금까지도 잊지 못한다. 그때부터 '우리 엄마를 제외한 다른 사람들은 모두 더러운 손으로 음식을 만들고 있구나'라는 일그러진 생각이 머릿속 어딘가에 자리하게 되었다.

물론 성인이 된 후에 그때 친구 어머니 손톱에 끼어 있던 것은 더러운 때가 아닌 돼지고기의 핏물이 배어든, 먹고살기 위한 노동의 흔적이라는 것을 알게 되었다. 하지만 당시의 충격은 이미 엄마가 한 음식이 아니면 먹지 못하는, '외인 제작 음식 결벽증'이라는 병을 만들어버렸다. 지금은 식당 음식 정도는 먹을 수 있게 되었지만 아직도 불결해 보이는 음식에는 젓가락이 가질 않는다. 여행지에서 접하게 되는 음식과 그릇의 위생 상태는 초등학교 시절 친구 어머니의 손톱을 연상시켜 헛구역질을 일으킨다. 그러니 계란 껍데기가 들어간 볶음밥은 당연히 음식의 유혹을 떨쳐버리게 했다.

다시 출발해 작은 마을에 들렀을 때 냐롱Nha Rong을 보았다. 냐롱은 결혼식, 축제, 기도 모임 등 마을의 중요한 일에 쓰이는 장소로, 높은 기둥 위에 지어진 넓은 원두막 형태의 초가지붕 건물이다. 냐롱 옆에는 반으로 쪼개진 깎은 카사바가 볕에 말려지고 있었다. 또한 그 옆에는 다섯 살이나 되었을까 싶은 동네 아이들이 모여 앉아 감자 깎는 칼로 자신의 팔 길이만 한 긴 카사바의 껍질을 벗기고 있었다. 죄다 맨발에 때가 절은 옷을 입고 있어 흙 묻은 카사바보다도 더러워 보였지만, 아이들의 눈만큼은 흰 속살의 카사바보다도 더 환했다.

잠깐 졸았는지 시간은 어느새 3시 반을 지나고 있었다. 어디선가 향긋한 꽃향기가 난다고 했더니 앤 아저씨는 이 고장이 커피 재배로 유명하다고 했다. 과연 넓은 커피 농장 가득히 하얀 커피 꽃이 피어 있어 그 향기만으로도 어지러울 지경이었다. 이곳에서 커피를 주문하면 잔 위에 드리퍼를 올려둔 상태로 내오는데, 아주 작은 시골 마을이라도 커피를 마실 때는 항상 격식을 차리는 것이 인상적이었다.

카사바 껍질을 벗기는 아이.
카메라가 무서웠는지 아니면 부끄러웠는지 울고 말았다.

오후 6시쯤 되자 어느새 햇살이 저물기 시작했고 산악 지역이라 금세 깜깜해졌다. 게다가 길을 잘못 들어섰는지 융과 앤은 번갈아가며 지나가는 사람들에게 길을 묻고 있었다. 오늘 중에 도착할 수 있을지 걱정이 되려는 찰나, 어디선가 축제가 벌어지고 있는지 왁자지껄한 소리와 함께 환한 불빛이 보였다. 이왕 늦은 김에 잠시 들러보기로 했다. 젊은이들은 춤을 추고 있었고 나이 든 축은 삼삼오오 술 항아리를 끼고 앉아 빨대로 술을 마시고 있었다. 그들은 이미 거나하게 취했는지 술 냄새를 풍기며 풀린 눈을 하고는, 밤중에 찾아온 외국인을 신기한 듯 쳐다보더니 몇몇은 내 손목을 잡고 술을 마시고 가라며 끌어당겼다. 이 사람들에게 "결벽증이 있어서 당신이 쓰던 빨대로는 절대로 술을 마실 수 없다"는 말을 어떻게 전달할 수 있겠는가. 적당히 웃으며 고개를 흔들었지만 그들은 막무가내였다. 술 취한 사람들은 무서웠다. 결국 앤 아저씨가 말려서 겨우 빠져나왔다.

드디어 오후 8시경 꼰뚬에 도착했다. 종일 차를 타고 이동해서인지 점심의 계란 껍데기 사고 때문인지 식욕이 없어서 열대 과일인 파파야, 드래곤 후르츠Dragon Fruit, 龍果, 롱안Longan, 龍眼으로 저녁을 때우기로 했다. 롱안은 갈색의 작은 열매로 반투명하고 즙이 많으며 단맛이 강하다. 드래곤 후르츠는 줄기에 매달려 있는 모양이 용이 여의주를 물고 있는 것처럼 생겼다고 하는 선인장 열매로, 속에 까만 깨 같은 것이 잔뜩 들어 있어 사각사각 소리가 나는 맛있는 과일이다.

고무나무 농장 노동자들의 다큐 사진을 찍다

여행 다섯째 날 오전 7시 반, 호텔을 출발해 부온마투옷Buôn Ma Thuột 으로 향했다. 그런데 꼰뚬을 벗어나자 도로 주변에 온통 생채기가 가득한 나무들이 즐비한 것이 아닌가. 고무나무 농장에 들어선 것이었다. 보이는 곳은 모두 고무나무로 터널을 이루고 있었다. 그러다 고무나무 사이로 비치는 햇살 아래, 아이를 업고 선 논을 쓴 젊은 여인과 풀을 뜯는 소가 함께 있는 아름다운 풍경이 눈에 들어왔다. 사진에 꼭 담고 싶었지만 젊은 여인은 좀처럼 내 쪽으로 얼굴을 돌리지 않았다. 도저히 출생지를 가늠할 수 없는, 마치 아프리카 니그로와 베트남인의 피가 섞인 것 같은 까만 피부와 넓적한 코를 가진 아주머니와 아이들만이 카메라를 향해 웃어주었다. 의도했던 고무나무 농장의 아름다운 전원 풍경 대신 노동자들의 다큐멘터리 사진을 찍고 말았다.

뒤이어 도착한 커다란 고무나무 농장에서는 순박해 보이는 아주머니 혼자 고무를 채취하고 있었다. 사선으로 고무나무 껍질을 벗겨내고 그 끝에 코코넛 열매의 껍질을 반으로 잘라 사발처럼 만든 그릇을 매달아두면, 밤새 하얀 고무액이 흘러 담기게 되는데 양동이를 들고 다니며 이를 모으는 작업을 하고 있었다. 안타깝게도 고무액이 튀는 것을 막기 위해 아주머니가 비닐 작업복과 마스크를 쓰고 있었기 때문에, 광각^망원렌즈 모두를 이용해 촬영해보았지만 순박한 아주머니의 웃음을 담을 수 없었다. 아마 아주머니에게 돈을 몇 푼 주고 마스크를 벗어달라고 했다면 원하는 사진을 찍을 수 있었겠지만, 돈으로 표정까지 연출해서 찍는 것은 나조차도 감동할 수

부온마투옷 가는 길의 고무나무 농장.
코코넛으로 만든 그릇에 고무액을 받아 양동이에 다 채우면 얼마를 받는 것일까.

없는 사진이고 일하고 있는 아주머니를 모욕하는 일 같아서 하지 않았다.

부온마투옷으로 가는 길은 수많은 농작물 생산지를 볼 수 있는 코스다. 재스민 향이 나는 거대한 커피 농장과 후추 농장, 고무나무 농장에 티크나무 농장까지 산악 지형을 제대로 활용하고 있는 지역이기 때문이다.

오후 2시, 드디어 부온마투옷에 도착해 점심을 먹은 후 소수민족 마을에 들어가기 위한 허가증을 받으려고 정부청사에 들렀다. 그러나 허가증을 받는 일은 쉬운 게 아니었다. 적어도 하루 전에 신청을 해야 하고, 된다는 보장도 없다는 것이다. 결국 소수민족 마을은 포기하고 다음 목적지였던 달랏Da Lat으로 바로 이동하기로 했다. 피곤해하는 융을 다독이며 달랏으로 향하고 있는데, 대화 내용은 알 수 없지만 앤과 융 둘 사이가 뭔가 좀 불편한 듯했다. 둘은 말없이 운전만 하거나 창밖을 내다보며 몇 시간을 보내고 있었다. 20대 후반의 융과 50대 후반인 앤의 말 없는 전쟁은 그렇게 시작되고 있었다.

눈물 젖은 새우 야채 볶음밥

달랏까지 서너 시간이면 도착할 거라 예상했지만 융은 시속 50킬로미터의 속도를 고집스럽게 유지하며 달려 오토바이에게까지 추월을 당하고 있었다. 마음이 불편한 건지 혹사시키고 있는 나에게 시위를 하고 있는 건지 알 수 없는 상태로 시간은 오후 8시를 넘어서고 있었다. 멀리 불빛이 보이는 것으로 보아 30분 정도 후면 달랏에 도착할 듯했다. 잠시 지프에서 내려 기지개를 켜며 하늘을 보니 수많은 별들이 쏟아질 듯 빛을 발하고 있었다. 쭈그리고 앉은 융의 뿌연 담배 연기와 대비되는 깜깜한 밤하늘의 화려한 별들의 잔치를 넋 놓고 바라보고 있자니 저절로 탄성이 나왔다.

드디어 달랏에 도착했다. 달랏은 해발 1,475미터에 달하는 중부 고원의 중심 도시로, 쑤언흐엉Xuan Huong 호수가 있는 아름다운 휴양지로도 유명하다. 아름다운 호수는 나중에 보기로 하고 숙소를 찾아서 20여 분간을 헤맨 끝에 겨우 중급 호텔들이 모여 있는, 호수에서 조금 떨어진 곳에 숙소를 정했다. 앤과 융은 쉬러 가고 밥을 달라는 위의 아우성을 해결하러 홀로 길을 나섰다.

그러나 밤 10시가 넘은 시간이라 주변의 식당은 모두 불이 꺼져 있었다. 호수 근처는 관광지니까 늦게까지도 영업을 할 거란 생각에 택시를 탔다. 1분 정도 탔을까 싶은 짧은 거리에 무려 1만 5,000동을 요구하는 기사를 야속한 눈빛으로 째려본 후, 호숫가에 있는 고급스러워 보이는 레스토랑에 가보았더니 음료수밖에 팔지 않았다. 낮 2시에 점심을 먹은 후 아무것도 먹지 못했으니 소박한 쌀국수 한 그릇만 먹어도 소원이 없을 지경이었다.

조금 전 나를 내려주었던 택시 기사는 그 야심한 밤에 꽃을 고르고 있었다. 아저씨의 꽃다발을 받을 사람 따위는 전혀 궁금하지 않았다. 다만 내게 밥을 줄 식당은 어디에 있는지가 관심사였을 뿐이었다. 택시를 다시 타고 다른 시장으로 가달라고 하니 또 1분도 안 돼서 내려주었다. 그러곤 기사도 내가 안쓰러워 보였는지 1,000동을 깎아주었다. 택시 기사가 데려다 준 곳은 재래시장이 있는 커다란 시장터였다. 그러나 야심한 시간이라 사람들은 바닥에 깔아놓은 비닐 천을 정리하고 있었고, 떠돌이 개들만이 버려진 과일과 떨어진 음식들을 주워 먹고 있었다.

불 꺼진 식당을 야속하게 바라보고 있자니 구멍가게 하나가 눈에 띄었다. '그래, 그냥 호텔로 돌아가서 컵라면에 맥주라도 한 잔 하는 게 낫겠다' 생각이 들었다. 호텔에 차가운 맥주가 있을 것 같지 않아 가게에 들어가 "cold beer?"라고 물으니 주인 남자는 자신의 가게에는 없지만 옆 가게에 있을 거라며, 밖으로 나와 바로 옆의 중국식 레스토랑 문을 두들겨댔다. 왜 나는 문 닫힌 식당을 두들겨볼 생각을 못했던 것일까? 한국에서라면 당연히 불가능한 일이기 때문일 것이다.

흰 커튼이 들춰지는가 싶더니 마음씨 좋게 생긴 할아버지가 나와 무슨 일이냐고 물었다. 다행히 할아버지는 영어를 잘했고, 찬 맥주도 있고 식사도 된다고 했다. 오로지 먹기 위해 30분 이상을 고생한 내게는 천사의 말이었다. 새우 야채 볶음밥과 야채 국수를 주문한 후, 먼저 차가운 맥주를 한 잔 마시니 찌르르한 느낌과 함께 갑자기 눈물이 났다. 배고픈 서러움이 이렇게도 클 줄이야…… . 빵빵해진 배를 안고 호텔로 돌아오니 밤 11시였다. 너무나도 긴 하루였다.

융의 교통사고, 소를 치다

여행 여섯째 날 아침 6시. 전날 밤에 들렀던 재래시장의 아침 풍경을 찍기로 했다. 재래시장은 생각보다 엄청 컸고 이른 아침인데도 상인과 손님들로 북적였다. 둥근 닭장 안에 빼곡히 들어찬 닭과 오리, 신선한 야채와 해산물, 생필품 등이 시장 가득 널려 있고, 논을 쓰거나 헬멧을 쓴 사람들이 분주히 물건을 나르고 있었다. 위에서부터 찍으며 내려가다 보니 전날 밤의 식당에서 쌀국수를 팔고 있었다. 당연히 이곳에서 먹어줘야 인정이지 않겠는가. 맛있는 야채 쌀국수를 먹고 진한 커피에 물을 타서 마시니 그럭저럭 괜찮은 식사였다.

오전 8시, 판티엣의 무이네를 향해 출발했다. 확실히 고도가 점점 낮아지고 있는 것이 느껴졌다. 고무나무와 커피 농장이 즐비한 북쪽과 달리 점차 푸른 논과 대규모 화훼 농장이 보였기 때문이다. 아침이었지만 햇살은 한낮처럼 뜨거웠다. 빽빽한 열대림 곳곳에는 나무가 베인 자리에 작은 집들이 지어져 있었는데, 정부가 이곳으로 소수민족들을 이주시킬 계획이라고 했다. 과연 소수민족이 이런 집에서 살고자 할지 의문이었다. 고도가 점차 낮아지고 드디어 포장된 도로가 나타나자 그제야 속도가 나기 시작했다.

갑자기 커다란 호수와 백사장이 펼쳐졌다. 도로에서 조금 떨어져 있긴 하지만 잠시 가보기로 했다. 눈이 시리도록 파란 호수와 이에 어우러진 파란 하늘까지, 이곳에 파라솔을 하나 설치하고 백사장에 누워 책을 보거나 음악을 들으면 천국이 따로 없을 것만 같았다.

오늘의 숙소는 무이네 해변에 위치한 리조트 호텔로 한국에서 미리 예약을 해둔 곳이었다. 왼쪽으로 파란 바다와 백사장이 펼쳐지면서 리조트 군락이 보이기 시작하자 그동안 돈을 아끼기 위해 싼 호텔에서 묵었던 것을 하룻밤 만에 보상 받게 될 것 같아 가슴이 두근대기 시작했다. 하지만 사건은 여기서부터 시작되었다. 앤과 융이 번갈아가며 사람들에게 길을 물어보더니 갑자기 말다툼을 벌인 것이었다. 무슨 말이 오갔는지 알아들을 수는 없었지만 '이쪽 길이 맞다', '아니다 저쪽으로 왔어야 했다'라는 내용 같았다.

융은 화가 났는지 자동차 속도를 높이는 것으로 화풀이를 하기 시작했다. 싸움에 끼어들 수도 없어 가만히 뒷자리에 앉아 있던 나는 괜히 기가 죽어서 조용히 앞만 바라보고 있는데, 반대편 도로에서 소 두 마리가 어슬렁어슬렁 걸어오고 있는 게 보였다. 그러나 흥분했던 융은 소를 피하지 못하고 그만 부딪히고 말았다. 놀란 나의 비명 소리와 소의 뿔이 지프와 부딪히는 '드드득' 소리가 아름다운 무이네 도로에 산산이 부서졌다.

지프가 망가진 것보다 소의 상태가 어떤지 더 걱정되었다. 양손으로 얼굴을 가리고 겨우 뒤편 유리창으로 넘겨다보니 소들은 머리를 흔들며 쩔뚝쩔뚝 걸어가고 있었다. 그 후 소들의 운명을 나는 알지 못한다. 아니, 알아서는 안 될 것 같았다. 만약 소들이 그 자리에서 죽었다면 절대로 마음 편히 여행을 할 수 없었을 것이며, 좋아하는 쇠고기를 먹을 때마다 죄책감에 젓가락을 놓아야 했을지도 모를 일이다. 소들과의 충돌로 언성을 높이고 있던 앤과 융은 모두 침묵했다. 각자 분을 삭이고 있었을 것이다. 그러나 이들의 전쟁은 여기서 끝나지 않았다.

겨우 호텔을 찾은 후 지프에서 내려보니 깨끗하던 은빛 이스즈ISUZU 지프의 헤드라이트는 처참히 부서져 덜렁거리고 있었고, 무엇보다도 앞의 펜더fender가 가로로 길게 찢겨져 있었다. 검게 삭은 얼굴이 되어 있는 융에게 괜찮으냐고 물었더니 "OK"라고 했다. 하지만 절대로 '괜찮은' 얼굴이 아니었다. 그 사람에게 가장 필요했던 것은 위로가 아니라 화풀이 대상이 아니었을까.

다행히도 호텔은 상상 그 이상이었다. 넓은 방과 대리석 욕조, 무엇보다 바다가 바라다보이는 개별 풀장까지 딸린 방이었다. 내 평생 이런 호사스러운 순간이 또 있을까 싶어 풀장에서 나오고 싶지 않았지만, 오후 햇살이 서서히 부드러워지고 있었기에 '찍사'의 임무를 수행하러 다시 카메라를 챙겼다.

파란 배, 파란 바다, 파란 하늘의 무이네

오후 3시 반, 호텔을 나서니 주차장에 앤과 융이 지프를 사이에 두고 각자의 방향을 노려보고 있었다. 아무래도 두 사람이 화해하기는 어려울 듯했다. 애써 웃고 있는 융은 더 짠해 보였다. 무이네 촬영의 주된 피사체는 호텔에서 차로 30분가량 떨어진 홍紅 사막이라 불리는 황적색의 모래 언덕이었다. 석양빛을 배경으로 홍사막을 찍기 위해 해변 길을 달리다 보니 수백 대의 파란 배와 소쿠리 배가 보였다. 무이네의 해변이 이러한 모습일 거라고는 상상도 못했기에 탄성이 터져 나왔다. 석양이 깔릴 때까지는 시간 여유가 있었기에 잠시 해변 풍경을 찍기로 했다.

햇살은 제법 뜨거웠지만 덥진 않았다. 바닷바람 때문이었을 것이다. 해변에는 작업을 끝내고 쉬고 있는 젊은 어부들과, 그 어부들이 실어온 작은 새우를 방파제에 널어두었다가 빗자루로 쓸어 다시 소쿠리에 담고 있는 논을 쓴 아주머니들 등 다양한 삶의 모습이 펼쳐져 있었다. 얼굴이 동그란 귀여운 여자아이가 자전거를 끌며 인사를 했다. 아이는 이미 수차례 모델이 되어봤는지 자연스럽게 방글방글 웃는 얼굴을 보여주었다.

모래 언덕은 정말 가까운 곳에 있었다. 하지만 무이네 최대의 관광지여서인지 고운 모래 바닥은 수많은 사람들의 발자국으로 씨름판이 되어 있었고, 도처에 오가는 관광객들 때문에 도저히 사진을 찍을 수가 없었다. 게다가 동네 아이들의 아르바이트인지 녀석들은 장판지를 하나씩 들고 와서는 모래 썰매를 타라고 호객을 했다. 결국 일몰 촬영은 접고 다음 날 새벽에 다시 오기로 했다.

무이네의 일몰.
이렇게 아름다운 하늘과 바다를 본 적이 없다.

다시 찾은 해변은 좀 전과 달랐다. 새우는 이미 다 걷어간 뒤였고 일몰을 기다리는 관광객들의 수다만이 남아 있었다. 사진을 찍기 시작하면서 당연하다고 여기며 지나친 것들의 중요성을 느끼게 되는 순간이 생겼다. 바로 시차를 두고 같은 피사체를 찍을 때다. 사진을 찍는 그 순간이 지나면 똑같은 상황은 절대 생기지 않는다. 오직 카메라를 통해 느낀 감정만이 사진으로 남아 있을 뿐이다. 결국 무이네 해변에서의 당초 일정은 1박이었지만 하루를 더 묵기로 결정했다.

저녁을 먹은 뒤 유난히 거세진 파도가 치는 해변을 걷기도 하고 벤치에 앉아 쉬기도 하면서 이런저런 생각에 빠져들었다. 파도는 동적이어서인지 생각도 급격하게 만들어버렸다. 살아온 날들, 살아가야 할 날들, 지나온 곳들, 가야 할 곳들, 딛고 일어선 자리와 올라가야 할 자리, 버린 카메라들, 사고 싶은 카메라들, 사랑했던 것들, 사랑하고 싶은 것들, 치고 온 소들, 먹어야 할 소들……. 거친 파도 소리를 들으며 서서히 꿈속으로 빠져들었다.

여행 일곱째 날. 새벽 4시에 일어나 사막으로 출발했다. 앤과 융의 표정은 여전히 어둡고 둘 다 말이 없었다. 두 사람의 분위기만큼 구름이 많이 낀 하늘이어서 아침 햇살을 받은 멋진 사막 풍경은 포기해야 했지만, 인근 상가의 자매에게 논을 씌워서 언덕에 오르게 해 제법 그럴듯한 사진을 몇 컷 찍었다. 간밤에 바람이 거셌던 덕에 전날 지저분하게 발자국이 찍혀 있던 모래판은 잔물결이 새겨진 모래 언덕으로 바뀌어 있었다. 촬영이 거의 끝나갈 때쯤 부지런한 관광객들이 도착해 모래 언덕 경계선에 앉아 해맞이를 시작했다. 때맞춰 장판 썰매를 끌고 나온 아이들도 합세해 그만 떠나기로 했다.

호텔로 돌아가는 길에 어촌 마을이나 포구 주변에 시장이 있을 듯해 물어물어 들어가 보니 갓 잡아온 듯한 생선과 야채를 파는 작은 좌판이 벌어져 있는 것이 다였다. 생각보다 규모가 작아서 그냥 호텔로 돌아갈까 하다가 혹시 고기잡이배들이 포구에 있지 않을까 싶어 상인들에게 물어보니 경사진 골목길을 가리켰다. 주택가의 좁은 골목을 따라 내려가 보니 구석구석 쌀국수며 베트남식 햄버거를 파는 작은 좌판들이 펼쳐져 있었다. 도대체 누구를 상대로 이른 아침부터 장사를 하는가 싶었다. 그 답은 금세 알 수 있었다.

골목을 거의 다 빠져나왔는데 어디선가 쿠린 듯 비린내가 나는가 싶더니 눈앞에 어마어마하게 큰 포구와 엄청난 수의 배와 사람들이 나타났던 것이다. 그때가 오전 7시경이었는데 조금 더 일찍 갔었더라면 무이네 주민 대부분을 만나지 않았을까 싶을 만큼 수많은 사람들이 일을 하고 있었다. 큰 배들은 해변에서 멀리, 작은 배들은 가까이 정박해 있었고, 작은 배 위에서는 수많은 사람들이 어깨에 짊어진 막대기의 양쪽 끝에 소쿠리를 매달고 짧은 보폭으로 부지런히 오가고 있었다. 소쿠리 안에 든 묵직한 것은 큰 생선이려니 싶었는데 들여다보니 멸치보다 약간 큰 작은 생선이었다.

그러고 보니 이곳은 베트남에서 느억맘 Nuoc Mam 이 가장 많이 나는 곳이었다. 느억맘은 생선을 발효시켜 만든 액젓으로 이 소스가 없으면 베트남 요리가 완성될 수 없을 만큼 중요한 양념장이다. 그러나 그 향은 뭐랄까, 오랫동안 돌보지 않은 비 맞은 떠돌이 개에게서 나는 비린내 같다고 할까. 그 역함이 이루 말할 수 없다. 오죽하면 두리안 Durian 과 함께 베트남 항공기의 반입금지식품 목록에 들어가 있을 정도라고 한다.

이 작은 생선을 양쪽 소쿠리에 가득 담아서 몇 번을 나르는가에 따라 그날 일당이 다른 것인지, 이른 아침부터 사람들은 슬리퍼도 없이 맨발로 뛰다시피 걷고 있었다. 그리고 몸뻬를 입은 여인들의 잰걸음만큼 그녀들의 어깨도 점점 찌부러지고 있었다. 돈이 걸린 일이라면 싸움이 빠질 수 없듯 모여 있는 여인들 사이에 말싸움이 벌어졌다. 다행히 몸싸움으로 번지지 않았지만 한바탕 쏘아붙인 아주머니의 성난 표정은 그녀들의 삶이 얼마나 전투적인지를 여실히 보여주고 있었다. 옆에 있다가는 한 대 얻어맞

무이네의 새벽 포구.
이른 아침 무이네 아주머니들의 일상이 시작되면 온순한 그녀들의 일상도 거칠게 변한다.

을 것 같아 망원렌즈로 그녀의 얼굴을 찍고는, 잽싸게 그녀 뒤의 풍경을 찍고 있었던 것처럼 무심히 그녀를 보냈다. 다행히도 그녀는 제 감정을 추스르기 바빴는지 나를 의식하지 못하고 지나쳤다.

얕은 갯벌에서 아직 덜 빠져나간 물을 튕겨가며 생선을 나르는 그녀들의 몸에서는 종일 아니 평생 비린내가 떠나지 않을 것이다. 베트남의 이런 풍경을 하롱베이에서는 볼 수 없겠지 하고 생각하니 운이 좋은 것 같았다. 그러나 그 쾌감도 잠시…… 주변을 내려다보니 뭔가 덩어리들이 보였다. 그물에 걸린 조개 더미, 터져버린 생선 내장, 버려진 신발 한 짝 사이로 보

무이네의 액젓 공장.
작은 생선이 다 쪄졌으니 이제 나가 널어야 하는데, 무게 때문에 나무가 부러질까 걱정스럽다.

이는 누런 물체들. 그건 똥이었다. 분명 이른 아침의 대변이지 싶은, 아직 풀어지지 않은 누런 덩어리들이 곳곳에 있는 것이 아닌가. '아…… 바닷물이 이 누런 덩어리를 아직 쓸어가지 못했구나'라는 생각과 함께 온몸에 소름이 돋았다. 먹지도 않은 아침밥이 올라올 것 같아 헛구역질이 나오는 입을 틀어막았다. 하지만 그것만 제외하면 무이네 어촌의 새벽 풍경은 치열한 일상의 아름다운 한 장면이었다.

해변에서 뭍으로 올라오니 느억맘을 만드는 공장이 보였다. 갓 잡아온 작은 생선을 채에 가지런히 놓은 다음, 살짝 쪄내고 나서 햇볕에 말리는 것이었다. 물론 이 작업도 여인들이 하고 있었다. 김이 모락모락 오르는 발을 몇 판이나 겹쳐서 둘이 나르는데, 지렛대 역할을 하는 나무가 휠 정도니 그녀들이 짊어지고 가는 생선의 무게가 얼마나 무거울까 싶었다.

앤과 융의 결별, 그리고 버려짐

이른 아침부터 서두른 탓에 의외의 좋은 사진을 많이 찍게 되어 흥분하며 지프로 돌아왔지만, 차 안의 분위기는 살벌함 그 자체였다. 내가 사진을 찍고 있을 때 둘이 또 싸웠는지 어땠는지는 알 수 없는 일이었다. 오전 8시 반경에 호텔로 돌아와 앤과 융에게 오후 4시에 다시 만나자며 헤어졌다. 그런데 아침을 먹은 후 해변 벤치에 앉아 사막과 포구에서 찍은 사진을 정리하고 방으로 들어서니 앤이 가방을 메고 할 말이 있다며 찾아왔다. 조금 문제가 생겼다며 털어놓기 시작한 앤의 이야기는 조금의 문제가 아니었다.

앞서 앤에 대해 말했듯 뿌리 깊은 반사회적 의식을 가진 앤과 젊은 세대인 융은 처음부터 맞지 않았다. 가장 큰 계기는 전날의 교통사고 때문이었을 텐데 결과를 놓고 그동안 쌓여왔던 불만이 폭발한 모양이었다. 앤이 한 이야기의 요지는 "융은 어제 내가 새로운 길로 가자고 주장을 했기 때문에 사고가 난 것이라고 나를 원망한다. 선물을 사야 하는데 돈이 없어 가이드 비용을 먼저 달라고 했더니 돈이 없다며 주지를 않는다. 어젯밤에도 융은 자신의 삼촌 집에서 잤지만 나는 기사들이 묵는, 화장실이 한 개밖에 없는 게스트 하우스에서 잤다. 사사건건 의견이 다르고 내가 말을 하면 길도 모르면서 따진다고 대든다. 급기야는 오늘 아침에 신문을 나에게 휙 던졌다. 아들뻘 되는 녀석이 어떻게 나에게 이런 모욕적인 행동을 할 수가 있느냐"였다.

그동안 여행을 하면서 가이드와 여행자 사이에 문제가 생긴 적은 있어도, 가이드와 기사 간에 문제가 생긴 것은 처음이었다. 결국 앤은 "이곳에 아는 여행사가 있으니 새로운 지프와 기사를 소개시켜주겠다"고 했다. 어쩔 수 없이 앤에게서 새로운 기사 겸 가이드인 진을 소개 받았다. 진은 인상 좋게 생긴 통통한 아저씨였다. 앤은 남은 일정을 진에게 설명하느라 정신이 없는데, 멀리서 쭈그리고 앉아 이 모습을 바라보는 융의 표정은 슬픔이 가득했다. 영어를 한마디도 못하는 융은 자신의 분노와 생각, 기분을 표현할 길이 없어 그저 눈으로만 자신은 억울하다고 말하는 듯했다. 내가 다가가 "My heart is broken. I'm sad"라고 했더니 언제나 "Ok"라고만 하던 융이 "I'm sorry"라고 답해주었다.

소와의 충돌로 찢겨진 자동차 펜더만큼이나 둘 사이에는 메울 수 없는 커다란 상처가 생겼기에 더 이상의 동행은 불가능했다. 후에로 돌아가기 위해 앤과 융 둘이서 스물네 시간 동안 함께 차를 타고 가야 했는데, 가는 동안에는 무사했을까 싶다. 그들은 계약금과 팁을 받아 떠나갔고 나는 버려졌다. 하지만 안타깝고 슬픈 눈으로 앤과 융을 떠나보내야 하는데 돌아서는 내 입가에는 웃음이 새어 나오고 있었다. 황당하고 어이없게도 여행지에서의 에피소드를 기사와 가이드가 만들어주는 그 상황이 어찌 재미있지 않을 수 있겠는가.

그래도 할아버지는 행복하다

오후 4시. 작은 새우를 말리던 방파제로 다시 나가보았다. 예상대로 전날과 똑같은 풍경은 없었다. 하지만 전날 만났던 동그란 얼굴의 여자아이가 나를 알아보고는 웃으며 하이 파이브를 해왔다. 작은 구슬을 엮어 만든 목걸이를 파는 아이였다. 비슷한 물건을 파는 아이들이 몰려오자 그 아이가 나서서 물리치더니 으스대듯 빙긋이 웃어주었다. '이 여자는 물건을 강매할 손님이 아니라 자신의 외국인 친구'라는 듯한 미소였다.

일몰을 기다리며 방파제 아래의 해변을 걸었다. 그곳에도 살아가야 할 이유를 가진 사람들이 부지런히 손을 놀리고 있었다. 그물을 메고 가는 남자, 구멍 난 배를 손질하는 청년들, 소쿠리 배를 타고 물장구치는 아이들까지…… 그들의 표정에는 그 나름의 삶이 담겨 있었다.

하얗게 머리가 세어버린 할아버지 한 분이 커다란 바늘로 그물을 손질하고 있었다. 내가 고개를 숙이자 듬성듬성 빠진 이를 드러내며 인사를 받아주었다. 왠지 모노톤으로 사진을 찍어야 어울릴 것 같은 할아버지였다. 그런 느낌이 든 이유는 몇 컷 찍다가 금세 알게 되었다. 할아버지 옆에 놓여 있는 다리는 벗어놓은 의족이었던 것이다. 하얀 그물 밑에 감춰져 있는 오른쪽 다리 옆에 발가락과 발톱까지 예쁘게 조각해 넣은 슬리퍼를 신은 플라스틱 가짜 다리가 바람을 쐬고 있었던 것이다. 그런 할아버지를 칼라로 찍을 수는 없었다. 짠한 마음이 들어 손자들에게 줄 선물이라도 될까 싶어 볼펜을 몇 개 놓아드리고 서둘러 다른 피사체를 찾았다.

해변을 한 바퀴 휙 돈 후 호텔로 돌아가기 위해 다시 할아버지 곁을 지

무이네 해변의 노부부.
저렇게 환하게 웃어주는 할머니가 곁에 있어서 할아버지는 참 행복하겠다.

나가는데, 마중을 나왔는지 할머니가 옆에 앉아 그물을 수선하는 할아버지를 바라보고 있었다. 두 사람에게 뭔가 재미있는 일이 있는지 갑자기 할머니가 크게 웃었다. 할머니는 윗니가 거의 몽땅 빠져 있었는데, 가운데 앞니 하나만이 그게 윗니라는 걸 증명하듯이 도드라져 있었다. 할아버지는 더 이상 한쪽 다리가 없는 안쓰러운 분이 아니었다. 앞니 하나로도 저렇게 환하게 웃어주는 할머니가 옆에 있으니, 할아버지는 더없이 행복한 분일 것이다. 베트남 중남부 여행의 마지막 사진이었던 노부부의 미소는 우리 모두 그리 멀지 않은 시간에 맞이하게 될 노년의 희망 사항이지 않을까.

8

하늘만큼 넓은 땅, 신장웨이우얼 자치구

일본에서 유학할 때, 어느 늦은 밤 어두운 골목길에서 마주오던 한 남자와 부딪힐 뻔했던 적이 있다. 둘 다 깜짝 놀라 서로 죄송하다고 말을 하며 지나쳤는데 학교에서 우연히 다시 만나 대화를 나누게 되었다. 그때 그는 내게 "내가 어느 나라 사람 같아요?" 하고 물었다. 외모로 보아 당연히 이란이나 카자흐스탄 사람 같다고 했더니 그는 뜻밖에도 중국 사람이라고 했다. 그는 중국 신장웨이우얼 자치구의 우루무치烏魯木齊에서 온 유학생이었던 것이다.

그의 이름은 잊었지만 우루무치의 독립을 위해 세계가 좀 더 관심을 가져야 한다고 했던 말과, 책을 보여주며 자기네 민족 문화에 대해 알려주고자 했던 그 호소력 짙은 눈빛은 지금도 생생하다. 언젠가는 우루무치에 꼭 가보겠다고 약속을 했는데 마침내 그 약속을 지키게 되었다. 그의 바람대로 신장웨이우얼 자치구의 상황에 대해 인식하게 되었고, 중국 속에서 독자적인 문화를 유지해 나가려는 그들의 의지도 충분히 공감하게 되었다. 또한 그들의 이야기를 이렇게 소개할 수 있게 되었으니 그의 바람 이상의 것을 이루어주게 된 게 아닐까.

신장웨이우얼 자치구는 2005년과 2007년에 걸쳐 두 번 여행했던 곳이다. 이 여행기는 2005년 여행을 중심으로 하되, 2007년에 새로 찾은 곳의 이야기를 덧붙이기로 했다. 모든 것이 그러하듯, 첫 번째 경험이 가장 신비롭고 경이롭기 때문이다.

Introduction

거대한 나라 중국에는 5개의 자치구가 있다. 그중 우리에게 가장 익숙한 곳은 티베트 자치구, 신장웨이우얼新疆維吾爾 자치구이고 그다음이 네이멍구內蒙古 자치구일 것이다. 이 자치구들이 익숙하다고 말한 이유는 뉴스나 시사 프로그램 등 언론에서 접할 기회가 많았다는 뜻이다. 그만큼 외형적, 언어적 그리고 무엇보다도 문화적으로 확연한 고유성을 갖고 있는 이들 자치구의 민족들이 독립을 원한다는 뜻이며 중국은 어떠한 국제적 요구가 있어도 이들의 독립을 절대로 허용할 의사가 없다는 것을 의미하기도 한다.

신장웨이우얼 자치구는 중국 북서부 가장자리에 있으며, 남한 면적의 16배에 달하는 넓은 지역이다. 건조한 스텝기후에 속하는 이곳은 알타이阿勒泰^텐산天山^쿤룬崑崙 산맥에 의해 남북으로 3등분되며, 그 사이에 중가르분지와 타림분지가 위치한다. 18세기 이전까지 중국인들은 이 땅의 일부를 서역이라 불렀고 실크로드가 이 지역을 지나갔다.

과거에는 위구르족이 다수였지만 현재는 중국의 한족 이주 정책으로 한족이 절반 가까이를 차지하며 그 외 후이回族족, 타지크Tadjiks족, 타타르Tatar족, 카자흐Kazakh족 등이 살고 있다. 이들 소수민족은 대부분 이슬람교를 믿고 있지만 외모뿐만 아니라 문화, 언어 또한 다르다.

위구르인들이 독립을 주장하는 이유는 당연히 정치적, 경제적 문제 때문이다. 건조한 기후 때문에 농사를 지을 수 있는 토지가 거의 없는데도 이 지역에서 생산되는 막대한 석유와 천연가스 개발 이익이 위구르인들에게 제대로 돌아가지 않고 있으며, 개발 명목으로 정치적 탄압과 민족문화 말살 정책이 자행되고 있다. 위구르 사람들의 선한 눈매를 보면 이들의 독립이 어서 이루어지길 바라는 게 인지상정일 것이다.

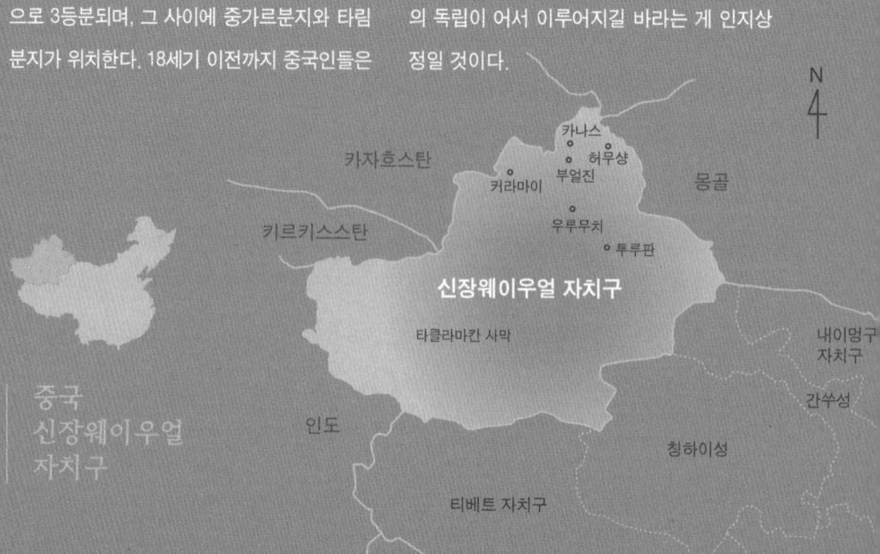

중국
신장웨이우얼
자치구

—
알타이공항 가는 길의 양 떼.
하트 모양을 만든 양 떼들은 매스게임이라도 했나 보다.

부얼진 시장의 빵 가게 아들.
'빵을 먹고 싶다'가 아닌 '빵을 사수하겠다'는 의지의 눈빛이다.

투루판 시장의 소녀.
소녀에게 죽은 양의 다리쯤은 장난감이다.

—
모꾸이청의 일몰(위)과 커라마이의 풍경(아래).
여행은 한편으로는 외로운 행보이고, 다른 한편으로는 모든 것을 만날 수 있는 벅찬 행보이다.

우루무치 시장의 할아버지(위)와 고깃집 청년(아래).
할아버지는 백일 사진도, 성년식 사진도 찍었겠지.
이제 영정 사진만 남았을까.

—
투위거우의 사람들.
만약 줄무늬 티셔츠 아이가 탈레반을 추종한다면 이슬람을 싫어할 것 같다.

부얼진의 소년.
갑자기 나타나 누가 시키지도 않았는데 뛰어난 연기력을 보여주었다.

최소한 3시간은 기본

한국 시각으로 오후 8시 20분에 비행기를 타 우루무치국제공항에 도착한 것은 현지 시각으로 다음 날 새벽 0시 10분경이었다. 새로운 여행지에 대한 기대감으로 설렌 것도 잠시, 비행기 안에서 설핏 잠이 들었는데 도착이 가까워졌다는 기내 방송에 잠을 떨쳐내고 창밖을 보니 하늘은 깜깜했고 유리창엔 빗방울이 맺혀 있었다. 사실 나는 여행지의 기후에는 그다지 신경을 쓰지 않는다. 거창하게 하늘의 뜻이라고 할 것까지는 없지만 내가 의도한 상황이 아니기 때문이다. 그저 낯선 곳에서 낯선 사람들의 모습을 보고 덤으로 사진으로 담을 수 있다면 그만이다.

여행 첫째 날 오전 7시. 서너 시간 자고 일어났더니 입안이 칼칼해 계란 프라이와 삶은 계란으로 아침을 때우고 따뜻한 망고주스로 입가심을 했다. 다행히도 날씨는 맑았다. '아름다운 목장'이라 불리는 우루무치 시내를 벗어나 부얼진布爾津까지 이동하는 게 첫째 날의 목표였다. 가는 데만 10시간가량 걸리는데 카나쓰喀納斯 호수를 보기 위해서는 감수해야 했다. 버스는 톈산산맥을 끼고 계속 서쪽으로 이동했다. 사막의 흙먼지로 가득했을 법한 도로는 간밤에 내린 비 덕분에 말끔히 청소되어 있었고, 대기는 약간의 한기마저 느껴질 정도로 청명했다. 중국은 정말 컸다. 어떻게 같은 풍경이 세 시간 이상 연속으로 나타날 수 있는지, 좁은 한국 땅에서만 살아온 내겐 불가사의였다.

신장웨이우얼 자치구가 중국 땅의 6분의 1을 차지한다지만 끝없이 이어져 있는 것 같은 민둥한 톈산산맥과 멀리 보이는 만년설, 고속도로 변에

서서 줄기차게 좇아오는 미루나무를 몇 시간째 계속 보다보니 과연 이 도로는 끝이란 게 있는지 의심이 갔다. 그러나 황토색과 녹색으로 칠해진 밋밋한 풍경 사이로 가끔씩 보이는 한 무더기의 노란색은 탄성을 지르게 했다. 바로 이 지역의 주요 수출품 중 하나인 해바라기였다. 마을은 보이지도 않는데 도대체 누가 관리를 하고 수확을 하는 것인지 의아했다. 그래도 대형 쇼핑몰의 주차장 크기 두 배쯤 되는 광활한 해바라기밭을 보면 버려져 있는 게 아닌 건 분명했다.

또한 흙더미만으로 봉분을 만든, 지나치게 소박한 무덤들이 묘비 하나만을 벗 삼아 톈산산맥 기슭에 자리 잡고 있었다. 메마른 허허벌판에 그보다 더 메마른 누런 흙을 쌓아 올린 무덤은 버려진 것 같기도 하고 그냥 흙더미로 보이기도 했다. 그나마 간간이 묘비가 세워져 있어 공동묘지구나 싶었다.

출발한 지 세 시간쯤 지나자 드디어 시야에 들어오는 풍경이 바뀌었다. 해바라기와 옥수수, 미루나무 대신 풀밭과 양 떼로 주인공이 바뀐 것이었다. 자연은 그렇게 사람들이 사는 모습을 바꾸어놓았다. 그리고 곳곳에 작업 중인 '메뚜기 떼'가 보였다. 원유를 채취하는 기계가 마치 메뚜기처럼 생겨 그렇게 부른다고 했다. 신장웨이우얼 지역은 중국 내에서 석유를 가장 많이 생산하는 자치구로, 40여 개의 소수민족이 살고 있지만 다른 지역보다 경제적으로 부유하다. 그렇기 때문에 중국은 이 지역을 절대로 독립시킬 생각이 없는 것이다.

점심 무렵 커라마이克拉瑪依에 도착했다. 입구가 러브호텔처럼 보이는 식당에 들어가 신장에서 처음으로 점심을 먹었다. 중국 음식이 양은 물론 종류도 많다는 것은 익히 알고 있었지만 끝도 없이 요리가 나올 줄이야. 네 가지 정도의 반찬으로도 충분한 식사였지만 계속해서 음식이 나왔고, 결국 뒤에 나온 것들은 손도 대지 못하고 말았다. 게다가 채소며 고기를 모두 기름으로 볶아야만 직성이 풀리는 이 민족의 입맛도 어지간하다 싶었다. 그 맛있는 시금치를 왜 볶아야 하는지. 중국말을 할 줄 안다면 끓는 물에 살짝 데쳐서 참기름과 깨와 약간의 소금과 마늘만으로도 시금치 향을 살릴 수 있다는 것을 설명해주고 싶었다.

점심 식사 후에도 주변은 황토색 모래와 자갈과 흙이 번갈아가며 평지와 산지를 이루는 따분한 풍경이 계속되었지만, 다행히도 파란 하늘의 구름이 계속 모양을 바꿔가며 나타나 구름마다 이름을 붙여주며 무료함을 달랬다. 파란 하늘을 배경으로 남녀가 키스하려는 듯 다가서는 구름이 있어 놓치지 않고 사진을 찍었다. 긴 머리를 늘어뜨린 왼쪽 구름은 여자고, 입을 벌리고 다가서는 짧은 머리의 구름은 남자일 것이라고 내 맘대로 정해버렸다.

모꾸이청의 낙타는 연애 중

구름에 이름 붙이기 놀이가 조금씩 싫증날 때쯤, 모꾸이청魔鬼城, 마귀성이 얼마 남지 않았다는 가이드의 말이 들려왔다. 이제 허리 좀 펴나 싶었는데 갑자기 비가 쏟아지기 시작했다. 햇살이 가장 좋을 시간이라 사진 좀 찍을

부얼진 가는 길의 하늘.
키스라는 것은 사람만 하는 것이 아니었다.

수 있겠다 싶었는데 비라니. 바위 사이로 바람이 지나가는 소리가 마치 마귀의 울음소리처럼 들린다고 해서 '마귀성'이라 불리는 곳이라며, 비가 오니 정말 마귀를 볼 수 있을지도 모른다는 가이드의 우스갯소리는 '찍사'들에게는 전혀 웃기지 않는 유머였다. 다행히도 비는 금세 멈춰 더욱 파래진 하늘과 구름이 사진의 배경을 만들어주었다.

오후 6시 반쯤 모꾸이청에 도착했다. 둔황敦煌의 모꾸이청은 소문만큼 멋스럽지 않다고 하는데, 직접 보지 않은 상태에서 뭐라 말할 수는 없다. 하지만 커라마이의 모꾸이청은 면적이나 바위의 기하학적인 모양 등 모

갈라진 자화상.
갈라진 틈을 메우려면 눈물도, 어두움도 필요하다.
항상 햇살만 필요한 것은 아니다.

든 면에서 터키의 카파도키아 Cappadocia 보다 떨어지는 것 같았다. 아무튼 이곳 역시 해저에서 퇴적된 지층이 융기해 침식과 퇴적을 반복한 결과로 만들어진 자연의 작품이라는 것만으로도 볼만한 가치는 있었다. 중국인들에게도 이 지역이 관광지로 유명한 건지 제법 잘 차려입은 한 무리의 중국인들이 기념 촬영을 하느라 정신이 없었다. 나도 뭔가 내 모습을 남기고 싶었다. 마침 바닥을 보니 한낮의 햇살이 쩍쩍 갈라진 땅에 내 그림자를 만들고 있었다. 그래서 그곳에 서 있는 내 그림자를 촬영했다. 사진의 제목은 '갈라진 자화상'이라고 붙여두었다.

모꾸이청의 낙타들.
두 녀석의 눈길은 어느 연인보다도 뜨거웠다.

오후 4시, 일몰을 찍기에는 안성맞춤인 시간이었다. 일몰을 찍기에 좋은 바위까지 낙타를 타고 가기로 했다. 세 마리의 낙타가 함께했는데 삼각관계가 아닐까 싶을 정도로 세 녀석의 표정이 재미있었다. 가운데 있는 낙타는 암컷이었는지 연방 오른쪽에 있는 녀석에게만 머리를 돌리고 있었다. 굵은 쌍꺼풀에 길고 풍성한 속눈썹을 한 녀석들이 그윽한 눈빛으로 서로 마주 보며 서 있는 모습은 사람에게까지 키스하고 싶은 욕망을 유발시켜 당치도 않은 곳에서 입술을 깨물게 만들었다. 몰이꾼들이 낙타를 데리고 가는 뒷모습은 서서히 지는 햇살과 어울려 더욱 마귀성다운 분위기를 자아냈다. 낙타가 쏟아내고 있는 야구공만 한 응가 빼고는…… .

가장 높은 바위에 오르자 서서히 시작되는 일몰에 낮 동안 뜨거웠던 바위들이 그늘에 열기를 식히거나 마지막 태양열에 몸살을 앓고 있었다. 황금빛과 주황빛, 갈색빛 등으로 요란하게 몸치장을 한 바위들은 푸른 하늘의 흐트러진 구름들과 어우러져 장관을 연출했다. 이윽고 햇살이 저만큼 지평선으로 넘어가자 마지막 붉은 햇살을 받은 기이한 바위들은 실루엣으로 변했다.

모꾸이청을 출발해 부얼진으로 향하는 길은 여전히 스텝초원지대과 가끔씩 나타나는 양치기, 양 떼가 주인공이었다. 지겹도록 같은 풍경에 서서히 잠이 쏟아졌다. 문득 잠에서 깨어 시계를 보니 벌써 밤 10시였다. 사실 중국의 시간 계산은 무지막지하다. 그 넓은 중국 땅 전체가 하나의 시간대를 사용하고 있으니 말이다. 경도 15도마다 1시간씩 시차가 생기므로 사실 이 지역은 우리나라와는 세 시간가량 시차를 두는 게 정상이다. 하지만 공산주의 국가라는 이유만으로 중국은 전 지역을 같은 시간대에 적용하고 있다. 밤 10시이긴 하지만 사실은 저녁 8시인 셈이다. 백야가 나타나는 지역도 아닌데 밤 10시에 초저녁의 햇살과 붉은 노을을 바라봐야 하다니. 검푸른 하늘에 저녁노을은 마치 작은 하천의 지류처럼 끊어질 듯 이어져 있고, 저무는 태양과 희뿌연 달이 공존하는 하늘은 부얼진까지 쫓아왔다. 호텔에 도착한 시간은 밤 11시, 여행지에서의 첫날이 참으로 길었다.

카나쓰의 괴물 물고기는 아무도 못 봤다

여행 둘째 날. 현지 시각으론 아침 6시였지만, 한국 시각으로 따지면 아직 캄캄한 새벽 4시인 셈이니 비몽사몽이었다. 아침 메뉴는 만두튀김에 부침개. 첫 끼니부터 아주 기름졌다. 여행을 떠났을 때 신체 리듬이 깨지는 것을 가장 빨리 느끼는 부분이 배변 문제일 것이다. 시차와 평소 먹지 않던 음식들로 생체 리듬이 깨져 아침이면 으레 있어야 할 배변 소식이 없으니, 종일 더부룩한 아랫배 때문에 불편하다. 그런데도 평소 먹지 않던 아침 식사를 여행지에만 가면 꼭 챙기게 되는 것은 무슨 조화인지.

오전 8시에 호텔을 나서 차로 세 시간 정도 떨어져 있는 카나쓰 호수로 향했다. 한 시간 반쯤 흘렀을까. 졸고 있는 나를 깨운 것은 "와!" 하는 일행들의 탄성이었다. 아침 햇살 속에 엄청나게 넓은 해바라기밭이 나타났기 때문이다. 우리말로는 해바라기, 영어로는 선플라워 sunflower, 일본어로는 히마와리 向日葵…… 발음은 틀려도 그 의미는 만국 공통인가 보다. 어떻게 하나같이 태양을 바라보고 있는지, 마침 우리가 내린 방향도 태양을 향하고 있어 해바라기의 정면을 찍기 위해서는 반대쪽으로 달려갈 수밖에 없었다. 인간사처럼 꽃들에게도 화사 花史 가 있는가 보다. 고개를 수그리고 있는 것부터 도도하게 세우고 있는 것까지, 게다가 초록의 이파리 위로 노란 꽃잎을 펼치고 그 안에 검은 후손들을 담은 것까지 닮아 있었다.

다시 차를 타고 가기를 두어 시간. 다들 화장실이 생각날 때쯤 조그만 마을이 나타나 길가에 있는 유료 화장실에 들렀다. 중국 화장실에 문이 없다는 것은 익히 들어오던바, 각오는 했지만 이곳은 듣던 것보다 더 황당했

부얼진의 해바라기.
해바라기 씨앗이 이렇게 많이 빽빽하게 들어 있는 줄은 몰랐다.
이렇게 아름다운지도 몰랐다.

다. 가운데 칸에 돈을 받는 남자가 앉아 있고 양쪽으로 남자용과 여자용을 구별해둔 것까지는 이해를 하겠는데, 아무리 봐도 아래에 물이 흐르지 않는 것이었다. 변기가 아니므로 물을 내리는 버튼 따위가 있을 리 만무한데 도대체 큰일을 보게 되면 어떻게 처리를 할까 걱정이 되었다. 다행히도 난 작은 볼일이었기에 심적 부담을 덜고 일어서는데, 아…… 난 쓸데없는 걱정을 했던 것이다. 내가 볼일이 끝났다는 것을 어떻게 알았는지 물이 나오는 것이 아닌가. 돈을 받는 남자가 소리를 듣고 안에서 버튼을 눌러주는 시스템이었던 것이다. 그야말로 소리 인식 장치가 달린 화장실이었다. 두 번

카나쓰 가는 길의 해바라기.
모든 이가 나를 바라볼 수는 없다.
다만 한 명이라도 나를 보게 하기 위해 애쓸 뿐이다.

다시 만날 일이 없을 남자지만 어쨌든 나의 볼일 보는 소리를 듣게 했다는 것이 겸연쩍어 서둘러 화장실을 나왔다.

카나쓰 호수를 봐야 하는데 비가 내리기 시작했다. 점점 고도가 높아지는 것을 느낄 때쯤, 빗속에 카자흐족의 게르Ger: 몽골의 이동식 천막집 촌이 나타났다. 카자흐족은 6월부터 9월 말까지 고지대의 초원에서 양이나 소, 말 등을 방목하며 살다가 겨울이 되면 도시에 내려가 생활한다. 한 게르 안에는 양젖으로 치즈를 만들고 있는 초로의 아줌마가 손자인지 늦둥이 아들인지를 어르며 냄비 안의 우유를 끓이고 있었다. 동그란 게르 안에는 양탄자가 깔려 있고 작은 침상과 갖가지 생활용품이 꽉 채워져 있어 꽤 아늑한 느낌이었지만, 이곳에서 살라고 한다면 난 하루도 못 견디고 도망갈 것 같았다. 그 좁은 공간에서 음식을 하는 데다 땅에서 올라오는 습기와 사람의 입김이 더해져 숨이 턱턱 막힐 듯했기 때문이다. 하지만 반대로 이 사람들은 도시에서의 생활이 답답하지 않을까 싶었다. "정 붙이고 살면 그곳이 고향"이라는 말처럼 사람은 익숙한 것에 가장 편안함을 느끼는 것일 테니.

다시 이동하기를 두어 시간, 기암괴석을 지나 드디어 산 정상에 올랐다. 이 지역 유명 음식인 수타면으로 점심을 해결하고 가기로 했다. 산 정상은 중국인 관광객들로 북새통을 이루고 있어서 주차장은 만원이었다. 게다가 바람을 동반한 비가 내려 우산을 들고도 옷이 젖는 상황이었다. 어찌어찌 식당 한 곳에 들어가 덜덜 떨면서 따뜻한 음식이 나오길 기다렸다. 다들 화장실을 찾아 밖으로 나갔지만 나는 예외였다. 결벽증이 있는 탓에 화장실이라는 건물이 없다는 사전 정보를 듣고 지레 포기했기 때문이다. 아니나 다를까 나갔다 온 사람들의 무용담은 식욕을 뚝 떨어뜨렸다.

그래도 한 상 크게 차려 나온 수타면과 음식들은 꾀죄죄한 접시나 젓가락에 비해 무척 훌륭했다. 마치 우리나라 잔치국수처럼 손으로 빚은 면 위에 갖은 채소며 고기를 고명으로 얹은 국수였다. 위구르족의 주식인 양고기도 먹어봐야 할 것 같아 양고기 꼬치를 시켜 한 점 입에 물었는데 어찌나 역한지 밖에 나가 토해버렸다. 인도네시아의 자카르타에서 먹었던 것과는 소스가 다른지, 어쨌든 여행 내내 양고기 꼬치에는 손을 댈 수가 없었다.

식당 앞에는 양고기 꼬치를 굽는 천막이 줄지어 있었고, 추워서 불이 빨갛게 상기된 수많은 중국인들이 빗속에서 꼬치를 먹느라 정신이 없었다. 그들은 나를 보자 말을 걸었다. 아는 중국어라고는 "니하오", "워 아이니", "셰셰"밖에 없는 내게 뭐가 그리도 궁금한 게 많은지. 그중 한 명이 내게 꼬치를 건넸다. 아! 내가 방금 전에 그 꼬치를 먹고 토했다는 것을 어떻게 보디랭귀지로 설명할 수 있었겠는가. 결국 너무 배가 부르다는 제스처를 하고서야 그들의 과도한 친절에서 벗어날 수 있었다.

어쨌든 수타면으로 든든히 배를 채우고 오늘의 목적지인 카나쓰로 향했다. 반달 모양인 카나쓰 호수에는 괴물 물고기를 볼 수 있다는 관어정觀魚亭이 있는데, 그 전에 약 3,000개의 계단을 올라가야 한다. 그런데 계단을 오를 일보다 호수가 보이기나 할지 더 걱정스러웠다. 몇 년 전 일본 규슈의 아소산阿蘇山에 오른 적이 있는데, 빗속에 안개가 자욱해 케이블카가 운행되지 않아 눈물을 머금고 걸어 내려왔었다. 그러니 해발 3,500미터에 달하는 관어정에 비가 내리는 상황이 어떨지 짐작하고도 남았다. 그래도 버스는 관어정에서의 1박을 위해 묵묵히 산을 오르고 있었다.

이윽고 호수로 이어지는 하천이 보이기 시작했다. 물안개가 낀 깊은 계곡 아래로 하늘색과 연녹색이 합쳐진 하천에 와룡담臥龍潭과 신선담神仙潭이 보였다. 신선담은 칭기즈칸의 발 모양을 닮았다고 하는데 어느 방향으로 보아도 발은커녕 새끼발가락으로도 보이지 않았다. 빗속에서 신선담과 와룡담을 찍고 오후 4시쯤 드디어 카나쓰 호수 주변에 있는 리조트 마을에 들어섰다.

일행들은 관어정에 오르는 것을 포기했다. 그러나 나는 사진과는 상관

카나쓰의 관어정에 오르는 길에서 만난 투와족 남자들.
홀연히 나타나 사진을 찍을 새도 없이 사라져버렸다.
어쩌면 환상을 본 건지도 모른다.

없이 어떻게든 꼭 안개 속에 가려진 카나쓰를 보고 싶었다. 결국 현지가이드와 인솔자, 나, 그리고 60세쯤 되는 남자, 이렇게 네 명만이 정자에 오르게 되었다. 사실 빗속에서 우산을 들고 3,000여 개에 달하는 계단을 카메라까지 메고 올라가는 건 무리였다. 우리 넷은 이구동성으로 "여기까지 왔으면 조금이라도 올라갔다가 와야지"라고 했지만, 아마 속으로는 다들 '사서 고생'이라고 생각했을 것이다.

계단을 오르자 구름과 안개가 뒤덮인 산중에 간간이 카나쓰 호수의 끝자락이 보였다. 하지만 그 이상은 아무리 봐도 무리였다. 더욱 심해지는 안

카나쓰의 와룡담.
안개가 끼었으니 이제 용이 승천할 일만 남았는데
일어나 앉을 생각을 안 한다.

개로 결국 하산하기로 결정했다. 겨우 계단 300개 정도를 올랐을 뿐이었다. 그래도 홀연히 나타났다가 사라진 투와족과 안개 속 카나쓰 호수를 본 것만으로도 대가는 충분했다.

여행 셋째 날 새벽 6시, 우루무치로 돌아가기 위해 알타이공항으로 향했다. 신선담과 와룡담을 지나는데 전날에는 없었던 양 떼가 한가로이 풀을 뜯으며 안개 속에 모습을 드러냈다. 여름철 초저녁에 소독차가 마을 골목골목마다 소독약을 뿌리고 지나간 것처럼 새벽안개는 계곡에 몽롱한 분위기를 자아내고 있었다.

와룡담을 벗어나자 도로 주변에 한 무리의 양 떼가 나타났다. 셀 수도 없을 만큼 엄청나게 많은 양이 아침 식사를 하고 있었다. 그 모습을 멀리서 보니 갖가지 표어가 생각났다. "흩어지면 죽는다", "둥글게 둥글게" 등등 녀석들은 죽어도 같이 죽겠다는 결의라도 했는지 떼 지어 움직였다. 사실 이때는 제대로 촬영을 못했다. 그런 양들의 모습이 너무 웃겼고, 일행들이 "오른쪽 더 빨리 뛰어, 가운데는 천천히" 등 양들에게 하는 명령어가 너무도 어처구니없었기 때문이다.

오채탄의 안전요원과 169번 말 마부

2007년에 이 지역을 다시 여행했을 때는 카나쓰 호수 대신 허무샹禾木鄉에 들렀다 (그곳에 대한 이야기를 여기에 추가한다). 일정은 모꾸이청에서 부얼진의 오채탄五彩灘을 본 후 다음 날 허무샹에서 1박을 하고 다시 부얼진으로 돌아오는 것이었다.

오전 8시 부얼진으로 출발해 두 시간쯤 달리니 멀리 양 떼가 보였다. 사진을 찍을 시간이 30분밖에 없어서 서둘러 양 떼 곁으로 달려갔지만, 양들도 갈 길이 있는지라 점점 더 멀어져 가는 녀석들을 잡아둘 재주가 없었다. 마음과 마음이 다른 것은 사람 사이에만 존재하는 것이 아니었다. 초원 위에 두세 채의 게르가 나타났다. 다가가 보니 가족으로 보이는 사람들이 천막을 만들고 있었다. 양털을 고르게 편 후 온 식구가 달려들어 둥글게 조

오채탄의 안전요원.
망가진 우산과 파자마를 입고 관광객의 안전을 책임지고 있다.

금씩 말아가며 누르는 작업을 반복해야 했다. 학교에 다닐 나이로 보이는 아이들도 있었는데 학교가 있을 리 만무한 그곳에서는 부모와 형제를 따라 자연스럽게 인생을 배워가는 게 공부였다.

오후 6시쯤 오채탄에 도착했다. 오채탄은 모꾸이청처럼 해저 퇴적층이 융기한 지역으로, 다섯 빛깔의 다양한 모양의 바위들이 멀리 풍력발전소 아래로 흐르는 강물과 어우러져 모꾸이청과는 또 다른 분위기를 연출했다. 이곳에서도 역시 수많은 중국인 관광객을 볼 수 있었다. 오채탄은 모꾸이청과는 달리 바위 사이사이에 다리나 안전바를 잘 갖추어놓았고, 사고를 방지하기 위해 안전 요원들도 배치되어 있었다. 그런데 재미있는 것은 안전요원의 복장과 표정이었다. 한국에서라면 딱 파자마로밖에 보이지 않는 옷을 입고 커다란 우산을 쓰고는, 지나가는 관광객을 무심히 쳐다보는 것이었다. 더구나 지나치게 뚱뚱해 안전은 오히려 안전요원 자신에게 가장 필요해 보였다. 그 모습이 하도 재미있어 쳐다보는데 갑자기 바람이 불어 그가 들고 있던 우산이 뒤집어졌다. 쑥스러웠는지 서둘러 우산을 뒤집으려 애쓰는 모습은 더 안쓰러울 뿐이었다.

다음 날 아침 일찍 허무샹을 향해 북쪽으로 이동했다. 초원 위로 간간이 오아시스와 그 옆에 자리 잡고 있는 게르가 눈에 띄었다. 그 풍경은 '평온'하지만 '지난'하게 느껴졌다. 그들을 보는 내 눈이 문명의 안락함에 익숙해져 있기 때문이었을 것이다. 몇 개의 산을 넘어 평지에 들어서자 게르촌이 보이기 시작했다. 양젖을 끓여 치즈를 만들고 있는 할머니와 담배를 피워 문 할아버지의 얼굴은 새빨갛게 그을려 깊은 주름과 함께 살아온 세월을 말해주고 있었다. 주변은 온통 말똥 천지였는데 역겨운 냄새는 나지 않았다. 좀 고약한 냄새가 난다 싶어 보면 거기엔 틀림없이 인분이 있었다. 가장 냄새가 심한 변이 온갖 것을 먹는 사람의 것이고, 그걸 보며 찌푸리는 얼굴 또한 사람의 것이니 아이러니했다.

초원만 계속되던 풍경은 초원과 나무숲이 어우러진 모습으로 바뀌었다. 갑자기 오보Oboo가 보였다. 오보란 마을 입구에 돌을 둥그렇게 쌓은 후 그 위에 오색 깃발을 원추형으로 길게 늘어뜨린 것으로, 마을의 평화와 손님들의 행운을 기원하는 우리나라의 성황당과 비슷한 구조물이다. 따라서 오보가 있다는 것은 앞에 큰 마을이 있다는 것을 의미한다. 예상대로 오전 12시경 목적지인 허무샹에 도착했다. 이곳의 집들은 게르가 아닌 통나무로 만들어진 샬레 스위스 전통가옥 가 대부분이며, 관광객을 상대로 한 식당과 여관을 겸하고 있는 게 특징이다. 허무샹에 온 관광객들은 미려봉 美麗峰 이라는 작은 산 너머 초원까지 말을 타고 갔다 오는 투어를 하는 게 일반적이다. 우리 일행 역시 잠시 휴식을 취한 후 말을 타기로 했다.

오후 4시 (4시라고 해도 햇살은 너무 뜨거웠다) , 여관 앞에 예약해놓은 말과 마부가 집결해 있었다. 마부는 연령대가 다양했는데 열 살이나 되었을까 싶은 어린아이들도 있었다. 겁이 많은 내겐 다행히도 '악'이라는 잘생긴 카자흐인 청년이 마부로 뽑혔는데, 둘이 함께 타자니 우리에게 배정된 169번 말에게는 참으로 미안했다.

개울과 고개를 넘으며 한 시간가량 말을 달려 미려봉에 오르자 야생화며 푸른 초원이 눈앞에 펼쳐졌다. "저 푸른 초원 위에 그림 같은 집을 짓고 사랑하는 우리 님과 한 백년 살고 싶다"라는 노랫말이 절로 나올 정도였다. 아직 못 올라온 일행들을 기다리고 있는데 갑자기 악이 말에서 내리더니 나를 태운 채 말을 끌고 어디론가 이동했다. 악이 말고삐를 놓고 사라지자 169번 말은 풀을 뜯기 시작했고, 홀로 어정쩡하게 말 위에 남은 나는 뭘 해야 하나 머뭇거리고 있는데 갑자기 악이 들꽃을 한 다발 꺾어 왔다. 그러더니 구릿빛 얼굴에 검은 눈동자를 반짝이며 내게 들꽃을 주었다. 일행들은 축하한다느니 한국으로 돌아가지 말고 여기서 이 남자와 살아야 한다느니 농을 해가며 즐기고 있었다.

평소 소심함의 극치를 달리는 성격의 나로서는 이 남자가 내게 프러포즈를 한다고 생각하곤 당황하기 시작했다. 나이를 묻자 스물한 살이라고

허무샹의 마부.
내 마음을 심란하게 만든 169번 말의 마부 악.

했다. '자기보다 두 배나 나이가 많은 외국 여자에게 프러포즈를 하면 어쩌자는 것인가'라는 생각까지 했으니 나의 오버도 이쯤 되면 개그 수준이다 싶었다. 내려오는 길 내내 말 위에서 내 뒤에 앉아 은근히 팔에 힘을 죄어오고 있는 악에게, '미안하지만 당신의 프러포즈를 받아들일 수 없어요. 왜냐하면 당신처럼 작렬하는 태양에 노출되어 자글자글 주름져서 겉늙어 보이게 살 수 없고, 더구나 온수도 펑펑 나오지 않는 이곳은 무리예요'라는 말을 어떻게 전해야 할지 고민하느라 주변 풍경은 즐기지도 못했다. 선물로 목에 감고 있던 스카프와 팁 2달러를 몰래 주기로 마음먹고 있을 때쯤 여관에 도착했다.

하지만 준비한 것을 내밀며 미안한 표정까지 짓고 있는 내게, 악은 기다렸다는 듯 스카프와 돈을 받고는 뒤도 돌아보지 않고 동료들 속으로 169번 말을 끌고 가버렸다. 허무하기 그지없었다. 그날 저녁 나는 일기장에 마을 이름을 허무'썅'이라고 적어두었다. 그래도 악에게서 받은 꽃다발은 침대 머리맡에 두고 잤다.

우루무치 한족 할아버지들의 저주

한편 카나쓰에서 우루무치로 돌아와 처음으로 찾은 곳은 농산물시장이었다. 곡류와 채소, 기름 등 갖가지 농산물을 펼쳐놓고 파는 재래시장이었지만, 천막을 쳐놓은 데다 비까지 내려 왁자지껄한 분위기는 느끼기 어려웠다. 그래도 그 빗속에서 몇 개라도 더 팔아보겠다고 버티는 상인들의 안타까운 눈은 셔터를 누르게 만들었다.

중국은 땅도 땅이지만 농산물은 또 어찌나 크던지 씨름 선수들의 허벅지만 한 오이, 가지, 호박 들이 수레에 가득가득 실려 있었다. 재미있는 것은 양파 껍질이 주황색이 아닌 빨간색이라는 것과 복숭아가 동그랗지 않고 납작하다는 것이었다. 납작한 복숭아의 주산지는 우루무치라고 하는데 하나 얻어먹어 보니 그 맛이 꿀맛이었다.

호텔로 돌아온 후 저녁 식사 때까지 한 시간 반 정도의 휴식 시간이 주어졌다. 대충 짐을 푼 후 우산과 디지털 카메라만을 챙겨들고 혼자 호텔을 나섰다. 비는 좀 오지만 아직 햇살이 있어 구경 삼아 나서본 것이었다. 아…… 그 사소하고 순간적인 선택이 엄청난 사건이 될 줄은 그때는 상상도 못했다.

호텔 주변은 대형 쇼핑몰이며 넓은 도로가 있는 번화가였다. 구워 먹을 수 있는 모든 것은 여기에 다 있다는 듯, 거리의 포장마차에서 흘러나온 매캐한 연기가 흩뿌리는 비를 타고 공기 중에 가득했다. 역시 중국 사람들은 대단했다. 스산한 빗속에 서서 양이며 오징어며 참새 등의 구이를 먹고 있었다. 우산도 없이 벤치에 앉아 생선구이를 안주 삼아 강소주를 한 병씩 들이켜고 있는 60대의 한족 노인들을 보고 아무 생각 없이, 정말 아무 생각 없이 사진을 몇 장 찍었다. 이게 화근이었다.

약간 취기가 있던 할아버지 한 분이 셔터 소리를 듣고는 갑자기 험악한 얼굴로 내게 다가와 나는 알아듣지도 못하는 중국어로 화를 내기 시작했다. 표정과 몸짓으로 봐서 "너 왜 우릴 찍는 거야! 너 사진 찍은 거 맞지?"라고 하는 게 분명했다. 어설픈 발음으로 "한궈(한국사람)"라고 하며 죄송하다고 했지만 이 할아버지는 좋은 기회라고 생각했는지 내 카메라 끈을 잡고 놓아주지 않았다. 더구나 같이 술을 마시고 있던 할아버지마저 덩달아 합세해 내 우산을 잡고 흔들어대기 시작했다. 순간 "우두둑" 우산살이 부러지는 소리가 들렸다. 심각성을 깨닫기 시작했지만 우산과 카메라가 그들 손에 잡혀 있는 한 도망칠 수가 없었다.

그러는 사이 사람들이 점점 모여들어 대략 스무 명이 나를, 아니 우리를 둘러싸기 시작했다. 그때 마음씨 좋아 보이는 아저씨 한 분이 눈에 들어왔다. 다짜고짜 그 아저씨에게 달려가 "Could you help me?"라고 했지만 그 아저씬 나의 짧은 영어를 못 알아들었다. 하지만 상황을 보고 짐작했는지 할아버지들을 설득하기 시작했다. "외국인인데 그냥 보내줘요"라고 하는 듯했다. 하지만 할아버지들은 오히려 그 아저씨와 멱살잡이까지 하기 시작했다. 내 대신 싸우고 있는 사람들을 두고 도망칠 수도 없고, 영어가 통할 듯한 젊은 사람을 찾아 바로 뒤에 있던 안경점에 들어갔다. 서너 명의 여종업원이 있었지만 역시 영어는 안 통했다. 이젠 어쩔 수 없었다. 그 할아버지들의 사진을 잽싸게 삭제해버리고 마지막으로 찍은 다른 할아버지의 사진을 종업원들에게 보여주며 "내가 찍은 사람은 다른 할아버지예요"라고 호소했다. 순박한 안경점 직원들은 내 말을 믿어주었고, 합세해서 할아버지들에게 삿대질을 해가며 큰소리를 내기 시작했다. 한 할아버지는 급기야 젊은 여직원의 뺨까지 때렸다. "Oh My God!"이었다. 할아버지들은 계속 나를 노려보며 내가 자신들의 사진을 찍었다고 화를 냈지만 사람들은 술 취한 그들의 말을 믿어주는 것 같지 않았다.

할아버지들에 대한 죄책감과 여직원과 아저씨에 대한 미안함이 밀려들었지만 우선 터질듯 뛰고 있는 내 심장을 진정시키는 것이 더 급했다. 잠시 후, 뺨 맞은 여종업원이 와서는 내게 안경점의 구석진 자리를 가리키며 앉으라고 했다. 난 비에 젖은 한 마리의 불쌍한 강아지였다. 시키는 대로 앉아서 최대한 애처로운 표정으로 그녀의 처분을 기다려야 했다. 그녀는 갑자기 어디론가 전화를 하더니 내게 괜찮다며 위로하는 듯했다. 1분쯤 지났을까 갑자기 경찰이 나타났다. 세상에나, 내가 우루무치에서 중국 경찰을 만날 줄 상상이나 했겠는가. 그러나 중국 경찰의 위력은 실로 대단했다. 공산 국가의 경찰이란 일당 사십 명은 되는가 보았다. 모여들었던 사람들은 순식간에 자리를 떴고 할아버지와 안경점 종업원들만이 남았다. 할아버지들도 더 이상 버틸 수 없다고 판단한 것 같았다. 다 잡은 토끼를 놓친 것 같은 분함이 역력한 눈빛으로 나를 노려보고만 있었다.

할아버지들이 사라지고 경찰은 안경점에 들어와 나를 데려다주겠다는 제스처를 했다. 난 전자동 인형처럼 몇 번이고 종업원들에게 인사를 하고는 경찰의 팔짱을 끼고 호텔로 향했다. 뒤를 돌아보면 소금 인형이라도 되는 것처럼, 절대로 뒤를 돌아보지 말자고 다짐하면서. 호텔을 30미터 앞두고 경찰은 이쯤이면 되었다고 판단했는지 혼자 가라고 팔을 떨쳐냈다. 나는 이제 되었다는 안도감을 느끼며 가볍게 호텔 문을 향해 뛰어갔다.

그런데 호텔의 회전문을 겨우 몇 발자국 남겨두었을까? 갑자기 경찰이 내가 들어가는 모습을 지켜보고 있을까 궁금해서 뒤를 돌아보았다. 세상에나! 내가 기대했던 경찰은 온데간데없고 두 할아버지만 무서운 속도로 뛰어오고 있는 것이 아닌가. 겨우 열 발자국이나 떨어져 있을까 싶은 거리였다. 할아버지들은 내가 경찰과 헤어지는 걸 확인하고는, 돌아가시기 직전까지의 힘을 죄다 동원해서 달려오고 있었던 것이다. 등줄기에서는 식은땀이 흐르고 머리카락은 물론 온몸의 털이 죄다 서는 듯했다. 아…… 하지만 그때부터 다리는 왜 그리도 무겁던지. 마음은 우사인 볼트였는데 몸은 스모 선수 같았다. 몇 발자국 거리의 회전문이 턱없이 멀게 느껴졌다. 믿을 것은 호텔의 도어맨이 그 할아버지들을 저지해주는 일뿐이었다. 드디어 회전문을 밀고 미끄러지듯 호텔 안으로 들어갔다. 뒤를 돌아보니 내가 얼마나 세게 밀고 들어왔는지 회전문은 힘차게 빙글빙글 돌고 있는데, 그 너머로 두 할아버지들이 숨을 몰아쉬며 나를 노려보고 있었다. 회전문을 사이에 두고 한국 여자와 중국 할아버지들의 숨 몰아쉬기 대회라도 열린 듯했다.

잠시 후 두 할아버지는 약속이나 한듯이 오른손을 들어 검지를 펴더니, 나를 가리키며 생전 처음 보는 무서운 눈빛으로 뭐라 알 수 없는 저주의 말을 퍼부었다. 어처구니없게도 난, 그 순간 그 할아버지들의 눈빛을 찍고 싶어 카메라를 들어 올리려 하는 바보 같은 짓을 하며 고스란히 저주를 받았다. 들릴 리 없는 죄송하다는 말을 하며…… .

이제 그만 저주를 풀어주세요

여행 넷째 날 아침. 밤새 할아버지들에게 쫓기는 악몽을 꿔 머리가 띵했다. 식욕이 없어 죽만 한 그릇 먹고 짐을 싸기 시작했는데 속에서 울컥 뭔가 치밀어 올랐다. 아무래도 지난 저녁 너무 놀라고 긴장한 상태에서 밥을 먹은 것이 체한 것 같았다. 우차이청五彩城에 가서 텐트를 치고 야영을 해야 하는데, 몸이 견뎌낼지 걱정이었다.

서서히 파란 하늘이 보이고 있다는 데에 스스로를 위로하며 전날의 재래시장을 다시 찾았다. 앞발이 묶여 움직일 수 없는 말에게 깨진 수박 몇 조각을 던져준 못된 주인과, 가죽을 벗겨 거꾸로 매달아놓은 양의 항문을 과녁 삼아 칼을 던지는 느끼하게 생긴 청년을 찍으며 시장을 돌았다. 점심 식사는 커다란 냄비에 각종 채소와 얇게 썬 양고기를 넣어 익힌 후 독특한 소스에 찍어 먹는, 제법 풍성하게 차려진 양고기 샤브샤브였다. 하지만 속이

우루무치 시장의 야경.
가장 밝은 곳은 모스크, 사람들이 가장 많이 모이는 곳은 그 앞의 야시장이다.

좋지 않았던 나는 단 한 점도 먹지 못하고 따끈한 차만 마셨다.

오후 두 시, 버스는 이날의 목적지인 우차이청으로 향했다. 하지만 인솔자의 말에 의하면 이 지역에 폭우가 쏟아져 가는 길이 막혀버렸다고 했다. 꿩 대신 닭이라고 일정에는 없지만 훠사오火燒 산으로 가기로 했다. 하지만 내겐 훠사오산을 가든 달나라를 가든 중요하지 않았다. 머리가 빙빙 돌기 시작했기 때문이다. 몸은 춥고, 얼굴은 뜨겁고, 윗배는 고프고, 아랫배는 아프고, 도대체 어떻게 할 수 없는 상태가 되자 결국은 버스의 두 자리를 차지하며 누워버렸다. 내 의지와는 상관없이 신음 소리가 흘러나오고 서럽게

우루무치 시장에서 양 꼬치를 굽는 요리사.
진지한 표정만큼은 일류 호텔 요리사와 다름없다.

눈물까지 흘렀다. 그리고 이상하게도 두 할아버지의 얼굴이 계속 떠올랐다.

비포장도로를 몇 시간이나 달린 것일까. 비몽사몽 중에 뽑은 지 두 달밖에 안 된 버스가 불쌍하다는 이야기가 들려왔다. 그랬다, 버스도 불쌍했고 그 버스에 대책 없이 머리를 박고 있는 나도 불쌍했다. 시간이 가는 줄도 모르고 누워 있다가 훠사오산에 도착했다는 사람들의 말을 듣고 일어났다. 촬영보다 아랫배에서 꾸르륵대고 있는 내용물을 배출해내는 것이 더 급했다. 일행들이 사진을 찍는 동안 흙더미 하나를 정하고 그 뒤로 돌아가 설사를 시작했다. 사람의 항문에서 그렇게 강하고 힘차게 수분이 터져 나올 수 있다는 것을 처음 알았다. 그동안 채소만 먹어대서인지 마치 녹즙기에서 갓 뽑아낸 듯한 따끈한 녹즙이 뿜어져 나왔다. 온기를 가진 녹즙이 누런 흙 속에 스며들어 도무지 어울리지 않는 색상을 만들어냈다. 그 모습을 내 눈으로 확인하는 것은 그다지 유쾌한 경험은 아니었다. 녹즙의 건더기들이 신발이며 바지에까지 튀고 있는 것을 보면서도 자세를 바꿀 기운이 없었다. 그저 빨리 누군가가 나의 녹즙기를 멈춰주기만을 바랐다.

우리 팀은 결국 무리를 해서라도 우차이청까지 가서 야영을 하기로 결정했단다. 사실 기절 상태였기 때문에 그 이후의 것은 전혀 기억에 없었다. 내가 살아서 우차이청에 도착했다는 것을 안 것은 일행 중 한 분이 손가락을 따주고 나서였다. 정신을 차리고 보니 나는 버스의 맨 뒷자리 의자 다섯 개를 모두 차지하고 누워 있었다. 양손의 손가락을 따자 시커먼 피가 뿜어져 나왔다. 역시 민간요법이 최고였다. 꽉 막힌 듯했던 속에서 트림이 나오자 정신이 조금 맑아지는 듯했다. 자정에 가까운 시간, 일행들은 밖에서 텐트 치랴 저녁 준비하랴 분주했지만 난 침낭을 두 개나 덮고 바로 잠에 떨어졌다. 우차이청의 별은 꿈속에서나 볼 일이었다.

여행 다섯째 날. 해가 뜨고 있다는 누군가의 말에 눈이 떠졌다. 하지만 일출보다 더 급한 것은 설사였다. 화장실은 물론 없었기 때문에 전날과 마찬가지로 멀리 떨어진 바위 뒤로 달려가 볼일을 보기 시작했다. 사람은 위급한 상황이면 신을 찾는다. 하지만 쭈그리고 앉은 내 입에서 나온 말은, 뱉어낸 나조차도 웃음이 나는 것이었다. "할아버지 죄송해요, 이제 그만 용서하시고 저주를 풀어주세요." 그런데 그 기도 덕택이었는지 그다음부터 뱃속이 조금씩 편해지기 시작했다. 더욱이 사막의 신선한 새벽 공기를 맡아서 그런지 정신도 서서히 맑아지는 것을 느낄 수 있었다.

일출이 시작된다는 말에 허기로 인해 힘이 쭉 빠진 다리를 이끌고 그중 만만해 보이는 바위에 올랐다. 정상에 서고 보니 우차이청이라는 지역이 어떤 곳인지 제대로 눈에 들어왔다. 빨강, 노랑, 초록의 다채로운 색으로 퇴적된 바위가 끝없이 펼쳐진 곳이었다. 하지만 해가 뜨는 위치에 구름이 떡하니 보디가드 역할을 하고 있어 제대로 된 일출 장면을 찍을 수 없었다.

일행들은 텐트를 걷느라 분주했지만 난 환자라는 명분으로 천천히 걸으며 우차이청을 구경했다. 우차이청을 뒤로하고 전날보다는 덜 흔들리는 길을 찾아 다시 우루무치로 돌아오자 시간은 오후 3시를 가리키고 있었다. 일행들은 허겁지겁 늦은 점심을 먹었지만 난 죽만 한 그릇 먹었다. 그것만으로도 충분히 감사했다. 조금씩 몸이 회복되고 있다는 것을 느꼈기 때문이다. 저녁 무렵 드디어 쿠무타거庫木塔格 사막의 오아시스인 투루판吐魯番에 도착했다. 만 하루 만에 양치와 세수를 했다. 거의 이틀을 굶은 상태라 세수를 하고 나서 거울을 보니 두 눈은 퀭하고 볼도 쏙 들어가서 숙원이었던 다이어트에 초스피드로 성공해 있었다.

여행 여섯째 날. 서유기에 등장하는 훠예火焰, 화염산을 끼고 첸포둥千佛洞으로 향했다. 훠예산은 붉은 사암으로 이루어져 있는데, 햇살이 비치면 마치 불타는 것처럼 보인다고 해서 붙여진 이름이다. 서유기에 보면 손오공이 삼장법사와 서역으로 경전을 구하러 가는 도중 이곳을 지나가다 너무 뜨거워 파초선파초 잎으로 만든, 혹은 그런 모양의 부채으로 불을 껐다는 이야기가 나온다. 훠예산의 산자락은 오랜 풍화와 침식작용으로 마치 한복 치마를 이어

훠예산의 산자락.
한복 치마 같은 주름은 건조기후에서 일어난 기계적 풍화작용의 결과물이다.

놓은 듯해, 붉은 저녁 햇살을 받으면 붉은색 치맛자락처럼 너풀거렸다.

산을 바라보며 두 시간을 달렸다. 나무 하나 없는 산에 간간이 사막에서 자라는 풀만이 바짝 말라 있었다. 메뚜기들이 보이기 시작하더니 유전의 불꽃이 곳곳에서 피어올랐다. 풀 한 포기, 나무 한그루 없는 산에 유전의 뜨거운 불꽃까지 더해져 훠예산이란 이름이 이보다 더 잘 어울릴 수가 있을까 싶었다.

첸포둥은 석굴 사원으로 불상과 벽화가 엄청 많아 '천 개의 불상이 있는 동굴'이라 불린 곳이지만, 훠예산 계곡과 어우러진 멋진 외경과 달리 현재는 내부에 아무것도 없다(그런데도 곳곳에 감시원을 두고 촬영을 금지했다). 15세기에 이슬람교가 전파되면서 우상을 숭배하지 않는 이슬람교의 율법에 의해 불상이 파괴되고 벽화 속 부처의 눈이 훼손된 것이다. 생각해보면 인간이 만들어낸 종교는 공통적으로 이웃에 대한 사랑과 평등을 외치는데, 왜 종교로 인해 전쟁이 일어나며 유물이 파괴되는지 무신론자인 나로서는 이해가 안 된다. 그래서 전혀 이웃을 사랑하지 않으면서도 종교활동을 열심히 하는 사람들을 보면 좀 무섭다.

투루판에는 청포도 같은 사람들이 살고 있다

첸포둥을 출발해 투루판의 포도 농장이 있는 마을에 들렀다. 한족이 이주해 살고 있는 우루무치와 달리, 투루판 지역은 주로 위구르족이 모여 살고 있어 위구르족의 모습과 생활상을 제대로 볼 수 있는 곳이다. 투루판은 해수면보다 280미터나 낮은 분지 지역으로 지구의 가마솥이라 불릴 만큼 기온이 높은데, 이날 낮 기온은 섭씨 40도를 웃돌았다. 멀리 보이는 신기루는 보기에도 뜨거웠지만 다행히 습도가 낮아 불쾌한 날씨는 아니었다.

투루판 시장에서 낭nang: 빵을 굽는 남자의 멋진 순간을 포착하기 위해 계속 셔터를 눌러대고 있는데, 구걸하고 있는 할아버지가 있어 안쓰러운 마음에 빵을 몇 개 사서 드렸더니 할아버지는 물론 빵을 굽던 남자와 주변 사람들조차 고마워했다. 작은 일에 다들 반응을 보여주자 몸 둘 바를 몰라 서둘러 시장을 빠져나왔다.

마을에 도착하니 여유로워 보이는 인상의 위구르족이 반겨주었다. 수확기인지 알맹이가 작고 길쭉한 청포도를 손질해 색색의 바구니에 담느라 여념이 없었다. 포도는 이 지역의 특산물로 매년 8~9월에 수확해 중국 각지로 팔려 나간다고 한다. 워낙 과일을 즐기지 않는 데다 포도를 좋아하지 않는 나로서는 그다지 구미가 돌지 않았다. 천천히 마을을 돌아다니다 대문이 열린 한 집을 기웃거렸는데 안에는 나이 많은 할머니와 어린아이들, 그리고 십 대 후반으로 보이는 아가씨가 있었다. 싱긋 웃어 보이자 그들이 들어오라며 손짓을 했다. 망가진 포도를 고르고 있는 할머니와 담벼락을 통해 들어오는 햇살을 배경으로 아가씨를 찍은 후 나가려 하는데 할머니가 포도를 가져가라고 했다. 검붉은 포도도 시다고 안 먹는 내가 푸른 청포도를 가져가자니 차마 내키지 않았지만, 할머니의 성의라 어쩔 수 없이 맛있게 먹는 시늉을 하려고 포도 몇 알을 입에 넣어 깨물었다.

투루판 시장의 빵 가게.
위구르족들의 주식인 빵은 아침부터 밤까지 화덕에서 구워진다.
다 익은 빵은 꼬챙이로 찍어서 거둬낸다.

과연 그 맛을 뭐라고 표현할 수 있을까. 톡톡 터지는 껍질의 쌉싸래함과 씨 없는 알맹이의 신선한 과즙이 어우러져 마치 달달한 씀바귀를 씹는 맛 같다고 해야 할까. 아무튼 과일을 먹는 미각을 깨워줬다고 할 수 있는 맛이었다. 너무 맛있게 먹는 모습이 안쓰러웠는지 몇 송이 더 챙겨가라고 하는 할머니의 권유에 기다렸다는 듯 두세 송이 더 들고 나왔다. 나뿐만 아니라 일행 모두 배부르게 포도를 먹어서인지 그날 점심은 유달리 맛이 없었다.

오후 3시경 산산鄯善에 도착했다. 이 지역은 바다보다도 고도가 낮은 사막 지역으로 낮 기온은 섭씨 40도, 지열은 70도에 이른다고 한다. 과연

—
산산의 쿠무타거 사막.
석양을 받은 진한 고동색의 사구 위를 인간과 낙타가 서로 의지해서 가듯,
삶은 혼자서 가기엔 너무 스산하고 외롭다.

아스팔트 도로 위로 뜨거운 공기가 상승하는 것이 눈에 보일 정도였다. 시내에 사람이 거의 없어 돌아다니고 있는 사람들이 이상해 보일 지경이었다. 이 지역 사람들은 오전 5시부터 12시까지만 일을 한다고 하니 얼마나 더운지 짐작하고도 남았다. 에어컨을 켜서라도 부지런히 하루의 일당을 채우고야마는 우리의 삶과, 인간이 극복할 수 없는 더위라면 오히려 햇살을 즐기는 쪽을 택한 이들의 삶 중 어떤 것이 더 사람답게 사는 모습일까 하는 생각이 들었다.

오후 6시 반경 쿠무타거 사막의 일몰을 촬영하기 위해 움직였다.

쿠무타거 사막의 바르한.
사막이 아름다운 것은 바람의 흔적 말고는 아무것도 없기 때문이다.
우리 모두가 순수함을 추구하는 것처럼.

2005년에는 없었던 사막차가 일행을 태우기 위해 대기하고 있었다. 일몰 때까지는 시간이 남아 있어 사막차를 타고 제법 높은 사구까지 올라가 보기로 했다. 이곳의 사구는 바르한Barkhan으로 유명하다. 바람이 일정한 방향에서 불어오면 바람받이 쪽은 완경사가 되고, 바람의 그늘 쪽은 바람이 소용돌이치며 내리 불어 급경사의 말발굽 모양을 이루게 된다. 이 급경사와 완경사의 경계가 초승달 모양의 사구, 즉 바르한을 형성하는 것이다.

사막차는 바르한을 유원지의 청룡열차 타듯 오르락내리락하면서 점차 고도를 높여갔다. 올라갈 때는 시동이 꺼져 식겁하는 바람에, 그리고, 내려갈 때는 비싼 카메라를 맨 채 모래 속에 처박히면 어쩌나 걱정하느라 주변 풍경을 감상할 정신이 없었다. 겨우 정상에 올라 주변을 바라보니 말문이 막혔다. 도도하면서도 웅장한 자태, 햇살에 반짝이는 모래와 정확한 비율의 모래 물결에 그저 아름답다는 말만 생각났다. 이 아름다운 자연의 작품을 서툰 내 실력으로 밋밋하게 담게 될까 걱정되었다. 소심한 '찍사' 의 쓸데없는 생각이었다.

사구에서 내려오니 서서히 일몰이 시작되고 있었다. 낙타 세 마리를 이용해 연출 사진을 찍기로 했는데, 나타난 몰이꾼은 파란 민소매 티셔츠에 반바지를 입은 소년이었다. 금빛 사막에 어울리기에는 아무래도 튀는 복장이어서 결국 흰옷을 입히고 모자도 씌워서 촬영에 들어갔다. 석양빛에 길게 늘어진 낙타의 음영이 포인트였는데, 일행이 워낙 많아서 이쪽으로 돌아야 한다느니 저쪽 사구로 돌아야 한다느니 요구사항이 많았다. 한 시간여의 일몰 촬영을 끝내고 호텔로 돌아가 신발을 벗자 모래가 한가득 나왔다.

맑은 눈의 투위거우 아이들

여행 일곱째 날. 이날은 우루무치로 돌아가 여행을 마무리하는 여유로운 일정이었다. 오전 10시 반쯤 훠예산 계곡 건너편의 암벽 마을, 투위거우吐峪溝에 들렀다. 투위거우는 투루판에서 동쪽으로 30여 킬로미터 떨어진 훠예산 자락 한쪽 끝에 위치한 곳으로 신장웨이우얼 지역에서 가장 먼저 이슬람교를 받아들인 지역이다. 독실한 이슬람교도인 투위거우의 주민들은 마을의 가장 높은 곳에 모스크와 무덤을 만들고, 사암을 깎고 구멍을 내어 집을 지었다. 너무 뜨겁고 건조해 약간의 힘만 가해져도 무너질 것처럼 보이는 위태로운 마을이었다. 그런데도 이곳에서 대대로 살아가고 있다니, 이들에게 종교의 힘이란 절대적인 것으로 보였다.

마을 구석구석을 돌아다니다가 어느 집의 대문이 살짝 열려 있어 훔쳐보니 귀여운 남자아이가 책을 보며 공부하고 있었다. 가까이 다가가 사진을 찍으려 하자 아이는 단호히 책을 덮으며 경계했다. 그 책은 코란이라 찍으면 안 된다는 것이었다. 그러나 사탕과 볼펜으로 유혹하자 살짝 코란을 열어서 읽는 시늉을 했다. 뚫린 창으로 들어온 햇살을 받아 코란과 아이의 옆얼굴이 밝은 빛을 띠어 더욱 뚜렷한 윤곽과 분위기를 자아냈다. 하지만 이윽고 할아버지 훈장님의 호통으로 그 집을 나와야 했다. 녀석은 아쉬웠던지 밖에서 서성이는 내게 힐끗힐끗 눈길을 보냈다.

발길을 돌리자 구트라 ghutrah 를 쓰고 줄무늬 티셔츠를 입은 남자아이가 자기 몸의 3분의 2는 될 것 같은 짐을 등에 메고 걸어오는 게 보였다. 녀석은 자신을 찍고 있는 나를 발견하고는 해맑은 표정으로 웃어주었다. 한족과 달리 위구르족은 아무리 어린아이라 하더라도 잘생겼다는 느낌이 들었다. 학교에 갈 나이에 일을 하고 있는 아이가 안쓰러워 남아 있던 사탕이며 볼펜을 죄다 내주었다.

이제 버스로 돌아갈 시간이었다. 골목과 계단을 올라 차가 있는 곳으로 가는 길에 나무 기둥에 뭔가를 줄로 매달아놓고 서 있는 남자가 있어 자세히 보니 방금 잡은 것인지 작은 칼로 흑염소의 털을 벗기고 있었다. 피 한 방울 내지 않고 털만 벗겨내고 있는 능숙한 모습을 찍고 있는데 갑자기 남자가 뒤를 돌아보았다. 남자는 태양을 정면으로 바라보는 바람에 눈을 찡그리고 있었고 한 손에는 칼을 쥐고 있었다. 남자와 눈이 마주친 나는 나도 모르게 잽싸게 셔터를 누르고 뒤도 돌아보지 않고 버스를 향해 달렸다. 그가 내게 뭐라고 한 것도 아닌데 우루무치 할아버지들의 저주가 떠올라 무서웠다. 그래도 털이 벗겨진 양의 다리와 남자의 찡그린 얼굴까지 제대로 찍힌 사진을 보고는 내 대담함도 조금씩 진보하고 있다고 생각했다.

척박한 대지와 뜨거운 태양 아래 볼이 얼어 터지고 그 볼이 까맣게 그을리는 것이 반복되어도 이곳에서 살아가야 하는 사람들, 그들에게서 배운 것이 있다. '반드시 살아가야 할 이유를 알아야 하는가'이다.

그간의 여행 중 육체적으로 가장 고통스러웠던 여행이었기에 신장웨이우얼은 평생 잊을 수 없는 곳이 되었다. 하지만 기억이란 그리 길지 않을 것이다. 부얼진의 해바라기, 카나쓰의 산안개, 허무샹의 169번 말 마부, 우루무치의 할아버지들, 우차이청의 일출, 투루판의 포도, 그리고 쿠무타거의 사구까지…… 결국은 사진과 여행기만이 기억할 것이다.

투위거우의 아이.
코란을 공부하면 저렇게 눈이 빛나는 것인가.

9

딜리 두르헤, 라자스탄

"열심히 일한 당신 떠나라." 어느 텔레비전 광고에 나오는 이 문구는 여행의 느낌을 고스란히 전해준다. 기나긴 일상과 반복되는 희비, 무뎌지지 않는 그리움 속에서 가슴 졸이며 지낸 몇 개월의 시간을 보상해주듯 2006년 1월, 나는 내게 '떠날 수 있는' 여유를 주었다. 이 여행이 끝나고 나면 또 몇 개월은 버텨낼 수 있을 거라는 각오를 다져가며 차가운 새벽 공기를 긴 호흡으로 맞이했다. 밤에 눈이 온다는 예보를 들었는데 정말 눈이 내렸다. 이 정도 눈으로 비행기가 이륙하지 못하는 일이 발생해서는 안 된다고 항공사를 협박할 기세로 공항을 향해 출발했다.

새벽 6시에 치과에 오는 사람이 있을 리 없는데 밤새 불을 밝혀놓은 성질 급한 노란색 치과 간판이 눈에 들어왔고, 인천공항 가는 길에 안개가 짙으니 조심하라는 동료 버스 기사 아저씨의 무전기 소리가 귀에 들려왔다. 아무려면 어떠랴, 열심히 일한 나는 떠나는걸. 치과 간판이 내려진다 하더라도, 기사 아저씨 앞에 더욱 짙은 안개가 끼더라도, 그들에겐 삶이지만 내겐 그저 그림인 것을.

라자스탄Rajasthan도 마찬가지였다. 2주간의 머무름 속에 내게 그들은 내 삶의 인연이었지만, 그들에게 난 잠시 스쳐간 기억나지 않는 승객일 것이다. 그래서 두 번 다시 현세에서는 볼 수 없을 것 같은 사람들의 이야기를 남기려고 한다. 너무도 강렬한 색상의 라자스탄과 숨이 막힐 듯 강한 눈빛을 가진 사람들의 이야기를.

Introduction

인도는 세계에서 일곱 번째로 넓은 영토와 두 번째로 많은 인구를 갖고 있다. 따라서 여러 나라와 국경을 맞대고 있으며 인구가 많은 만큼 종교와 언어도 다양하다. 특히 종교는 인도의 역사와 깊은 관련이 있는데 마우리아 왕조(불교), 굽타 왕조(힌두교), 무굴제국(이슬람교), 영국의 식민지 시대 등을 겪으며 현재의 다문화 사회가 되었다.

라자스탄은 인도의 스물여덟 개 주州 중 면적이 가장 넓지만 인구 밀도는 가장 낮은 지역이다. 서쪽으로 파키스탄과 국경을 접하고 있고, 북동과 남서 방향으로 아라발리 Arāvalli 산맥이 뻗어 있으며, 전체적으로 건조 기후에 속한다. 라자스탄은 라지푸트 Rājpūt 족이 천년 넘게 지배한 지역으로 라자스탄이라는 지명은 '라지푸트인의 나라'라는 뜻이라 한다. 주민 대부분이 힌두교도지만 자이나교, 이슬람교, 시크교를 믿는 사람도 있다. 전사 집단인 라지푸트족에게는 남편이 죽으면 아내도 뒤따라서 분신해 순장되는 '서티 suttee'라는 풍습이 있는데, 비인간적인 행위라 하여 1829년에 법으로 금지되었다.

라자스탄은 요새 같은 성과 마하라자 Mahārāja: 대왕 또는 대군이란 뜻으로 인도 등지에서 왕을 이르던 칭호 들의 궁전, 사막과 스텝 지역에 사는 사람들의 생활과 화려한 색상의 의상, 그리고 종교적 신념과 어우러진 강렬한 눈빛 때문에 단 한 번의 여행으로는 절대로 라자스탄을 보았다고 할 수 없는 곳이다.

—
주 피사체가 있다면, 배경으로 쓰이는 부 피사체도 있는 법이다.
내 삶의 주연은 '나'지만 가끔 내가 '타인의 들러리'가 될 수 있는 것처럼.

타르 사막의 여인들(위)과 안개 낀 고속도로 위의 사람들(아래).
변화하는 인도에서 '딜리 두르헤(델리는 멀다)'는 더 이상 모든 이에게 통하는 말이 아닌 듯하다.

팔로디의 아이.
인도인의 눈빛은 아이나 어른이나 다 빨아들일 것처럼 강렬하다.

—

조드푸르의 푸른 담벼락 마을(위)과 초록색 스웨터를 입은 소녀(아래).
이곳 사람들은 자신들의 미소가 얼마나 아름다운지 알고 있을까.

라자스탄의 여인들과 아이.
이곳 사람들은 아이의 눈 주변을 검게 칠한다. 시력이 좋아질 거라 믿기 때문이다.

—
타르 사막에서 만난 집시들(위)과 여인(아래).

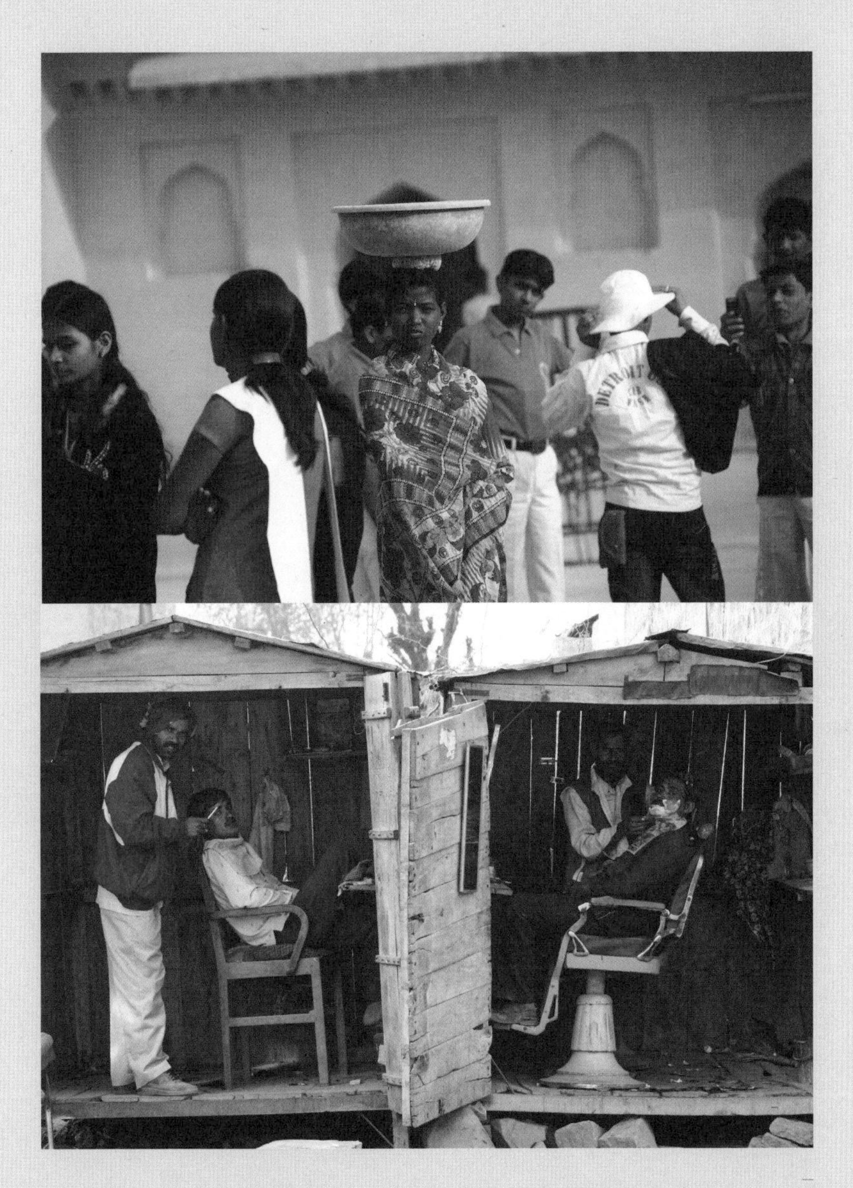

교복 입은 소녀와 노동자 소녀(위), 그리고 라낙푸르 가는 길의 이발소(아래).

요가할 시간입니다

여행 첫째 날. 홍콩에서 환승해 인도의 뉴델리New Delhi 국제공항에 도착한 것은 현지 시각으로 밤 9시였다. 뉴델리공항의 활주로가 꽉 차서 하늘에서 30분이나 기다려야 했다. 세계가 주목하는 나라, 연일 변화하는 인도의 현실을 공중에서부터 느끼기 시작한 것이다. 후각으로 경험한 것들은 아무리 끄집어내려 해도 기억할 수가 없었다. 뉴델리에 두 번째 와보는 것인데도 먼지 냄새, 쓰레기 태우는 냄새, 소똥 태우는 냄새, 향냄새, 사람 냄새가 모두 생소했다.

여행 둘째 날. 첫 번째 목적지는 2002년도 여름에 들렀던 험한 기억 속의 만다와Mandawa였다. 사실 험하다는 것은 나의 기준이다. 마하라자의 궁이었던 곳을 호텔로 개조한 최고의 숙소에 묵었지만 건조한 사막의 미세한 모래 먼지가 침대 시트며 테이블을 덮고 있었고, 무엇보다도 음식을 나르던 네팔 출신 종업원의 손톱에 새까맣게 때가 끼어 있었기 때문이다. 결벽증이 있는 나로서는 도저히 음식을 넘길 수 없어 껍질을 깐 과일조차 손에 대지 못했고, 유일하게 먹었던 것은 내 손으로 깐 바나나가 전부였다. 하지만 여행을 추억할 때 가장 유쾌한 것은 또 이런 기억이니 아이러니하다.

또다시 같은 호텔에 묵게 된 나는 4년 전 그 네팔인 아저씨가 아직도 일을 하고 있을지 아니면 청결 문제로 해고당해서 네팔로 돌아갔을지, 호텔 옥상에서 춤을 추던 할아버지는 아직 살아계시는지 등이 최고의 관심사였다. 사진 촬영은 뒷전이었다. 이 넓은 인도에서 두 번이나 만나는 인연을 갖게 될지도 모른다는 것은, 사소한 것에 감동하는 내 성격상 매우 중요한 일이었기 때문이다.

그런 의미에서 2주간 우리를 안내한 현지 가이드 라메쉬에 대한 이야기를 하지 않을 수가 없다. 라메쉬는 인도를 사랑하는, 똑똑하고 건강한 정신을 가진 잘생긴 남자였다. 1997년도에 한국에서 3개월 동안 공부를 했다는데, 놀라운 것은 그의 어휘력이 아니라 위트였다. 그의 위트에 박장대소하며 웃었던 순간이 얼마나 많았는지 모른다. 아침마다 그가 외친 "요가 할 시간입니다"라는 말은 아직도 귀에 생생하다. 라메쉬는 아침에 "하하하" 하며 배에 힘을 주고 소리를 내면 하루 종일 웃게 된다며 매일 아침 '하하 요가'를 강요했다. 이 요가는 전염성이 강해서 여행 내내 아침 분위기를 편안하게 해주었고, 신기하게도 정말 종일 웃게 되었다.

뉴델리에서 만다와로 가는 길은 수시로 '고스톱go and stop'을 외쳐야 했다. 인도는 모든 것이 촬영 거리였다. 사람들의 뚜렷한 이목구비와 그 어떤 고성능의 마스카라로도 흉내 낼 수 없는 짙고 긴 속눈썹, 검고 강한 눈동자, 화려한 색상의 사리를 입은 여인들과, 카스트 최하위 신분의 걸인이라 하더라도 인형처럼 생긴 예쁜 아이들, 분주한 시장 상인들까지…… 11억 명의 인도인을 모두 카메라에 담고 싶을 만큼 풍성한 볼거리가 가득했다.

아침 햇살이 가득 퍼져 있는데도 도심은 매연과 소똥 연기로 마치 안개가 낀 것처럼 희뿌연 상태였다. 도심을 빠져나가는데 도로 바로 옆에 비닐 천막으로 만든 슬럼가가 보였다. 현재 델리의 인구가 약 1,800만 명이라는데 늘어나는 인구로 도시가 확대되어 당분간 슬럼화는 어쩔 수 없을 것으로 보인다. 세계무대에서 경제적으로 급부상하고 있는 인도지만 국가 전체의 생활수준이 나아지려면 앞으로 몇 십 년은 더 있어야 할 것 같았다.

IT산업이 인도의 변화를 이끌어도 그로 인해 부를 얻는 것은 일부 계층일 뿐, 전체 국민에게 혜택이 돌아가는 건 저 빈민들 대부분이 죽고 난 후가 아닐까 하는 생각이 들었다.

오전 10시경 버스는 고속도로로 진입했다. 고속도로라고 해봐야 편도 2차선이었고, 차뿐만 아니라 소와 사람, 경운기도 다녔기 때문에 시속 80킬로미터 이상의 속력을 낸다는 것은 어림도 없었다. 오전 11시경 시장에 들러 사진을 찍기로 했다. 시장 촬영은 항상 어렵다. 피사체들이 정리가 안 되고 천막 때문에 빛이 부족해 초점이 어긋나기 일쑤라 내 실력으론 역부족이다. 사람 많은 인도 아니랄까봐 시장은 북적거리고 요란했다. 오토릭샤auto-rickshaw의 "빠라바라밤" 소리에 놀라랴, 툭툭 치고 가는 소와 녀석의 분비물을 피하랴, 아무 데나 누워 있는 개들(인도의 개들은 정말 잠자기 위해서 태어난 것처럼 비쩍 마른 몸으로 늘 잠만 잔다) 눈치 보랴, 루피나 볼펜을 달라고 달려드는 사람들 눈 피하랴, 정말 정신이 없었다.

인도의 신은 인도 사람만큼 많다고 누가 말했던가. 마주하고 있는 이들 중 환생해 잠시 사람의 모습을 하고 있는 신이 있을지도 모른다고 생각하면 몇몇에게 10루피씩이라도 주는 것이 후세를 위해 좋았을 텐데, 선불리 그러지 못한 것은 그걸 보고 달려들 수십 명의 손을 도저히 감당할 수 없었기 때문이다.

나무로 짠 한 평도 안 되는 조그만 구두수선 가게 안에서 할아버지는 구두약이 묻은 새까만 손으로 연방 구두를 닦는 데 여념이 없다가, 카메라를 들이대며 "나마스떼"라고 하자 그제야 싱긋 웃어주었다. 열심히 일한 내가 떠나올 수 있었듯, 아무리 씻어도 닦이지 않을 만큼 검은 손바닥을 가진 이 할

한쪽 눈에 돋보기를 '집어넣어' 신문을 보는 사람이 인도 사람이라면,
여행객은 그저 사진에 끼어든 소년처럼 불청객일지도 모른다.

참으로 소박한 저울이었다. 내 몸무게를 재기 위해서는
주변의 돌멩이를 다 모아도 부족해 보였다.

아버지가 후세에는 마하라자의 아들로 태어나길 바라는 마음이었다. 한 아이는 손에 이끌고 또 한 아이는 뱃속에 품고 있는 만삭의 아주머니는 담벼락에 그려진 병원 포스터("두 번째 출산은 우리 병원에서"같은 문구가 나옴직한) 모델 같았다. 그렇게 촬영을 하며 주 경계선을 넘어 라자스탄으로 진입했다.

라자스탄의 특색은 굽타 시대의 지배 세력이었던 라지푸트족에게서 비롯된다. 당시 무사 계급이었던 라지푸트족은 천년 동안 특권을 누렸고, 왕조가 바뀌면 전투를 벌이거나 세력을 영합하며 라자스탄의 전통적인 색채를 만들었다. 이들은 이슬람 왕조인 무굴 왕조 시절에도 시류를 잘 타 자이푸르Raipur: 인도의 중심 도시 중 하나를 건설했고, 영국 식민지 시절에도 여유로운 생활을 했다. 하지만 간디 수상이 이들의 기득권을 박탈하여 그간의 특권을 잃게 되었고, 이후 경제적으로 궁핍해진 라지푸트 후손들은 자신들의 성과 하벨리Haveli: 저택를 호텔로 개조해 살아가기 시작했다. 돈이 돈을 버는 법, 그들은 여전히 경제적 여유를 누리고 있다. 우리가 묵을 호텔도 그런 하벨리였다.

주변 풍경을 통해 점차 사막에 가까워지고 있다는 것을 알 수 있었다. 키가 작고 뿌리는 깊으며 줄기에 가시가 많이 난 나무들이 보이기 시작했다. 이 지역의 기후는 사막기후와 스텝기후와 사바나기후의 중간쯤에 해당되는 듯했다. 땅덩어리가 크니 다양한 기후에 다양한 동물에 다양한 사람이 사는 것은 당연한 일인데도, 좁은 땅에서만 살다가 이런 나라에 오면 마치 몰랐던 것을 알게 된 것처럼 신기하다.

비카네르의 재봉틀 가게.
이들의 모습은 제각각이지만 바라보는 곳은 하나다.
사랑한다면 같은 곳을 보는 법이
니까.

고팔 아저씨와 만다와

오후 5시쯤 드디어 만다와에 진입했다. 만다와는 무굴제국 시절에 실크로드의 영화를 누렸던 곳으로, 현재는 관광객들이 조드푸르 Jodhpur 나 자이푸르로 가는 길에 하루 쉬어 가는 지역으로 쇠락했다. 4년 전 여행 땐 비수기인 여름철이라 손님이라고는 우리 일행밖에 없었는데, 이번엔 서양 사람들이 꽤 많이 보여 주인도 아니면서 다행이란 생각이 들었다. 어쨌든 이날의 클라이맥스는 저녁 식사 때였다.

나는 호텔에 들어가면서부터 오가는 종업원들을 유심히 살피며 손톱 위생이 엉망이었던 그 네팔인 아저씨를 찾았는데, 어디에도 없는 걸 보고는 쫓겨났나 보다 했다. 그러다 호텔 정원에 마련된 근사한 뷔페로 저녁을 먹으러 갔다가 손님들에게 스프를 떠주고 있는 그 네팔인 아저씨를 발견했다. 반가움은 이루 말할 수 없었지만 내 눈은 그 순간에도 아저씨의 손톱을 훑고 있었다. 불빛이 어두워 잘 보이지 않았지만 아저씨의 손은 깨끗했고 손톱은 짧게 정리되어 있었다. 하지만 설령 더욱 진한 때가 끼어 있었다고 해도 아저씨가 떠주는 스프를 반갑게 먹었을 것이다.

아저씨 앞으로 간 나는 스프를 받는 것은 뒷전이고 "Do you remember me?"라고 물었다. 대답은 당연히 "Yes" 혹은 "No"여야 했는데 아저씨의 답은 뜬금없게도 "OK"였다. 도대체 뭐가 좋다는 것인지. 이 아저씬 나의 단순한 질문에 너무 심오한 대답을 한 것이었다. 아저씨는 그 사이 이마에 주름이 늘어 있었다. 터번 속에 감춰져 있어 안 보였지만 어쩌면 흰머리가 생겼을지도 몰랐다. 나를 기억한다는 긍정의 의미로 해석하고 더 말을 붙여보려 했지만, 뒤에 서 있는 사람들 때문에 일단은 테이블로 돌아왔다. 얼른 스프 한 접시를 비우고 다시 아저씨를 만나러 갔지만 보이지 않았다. 서운했지만 아침 식사 때를 기약해야 했다. 그런데 네팔인 아저씨는 "coffee or tea"를 외치며 양손에 주전자를 들고 나타났다.

반가워하는 나를 위해 인솔자는 4년 전에 이 사람이 여기 왔었다는 것과, 그때 당신 손톱 밑에 때가 많이 끼어 있어서 음식을 못 먹었다고 한다는 등 이야기를 전해주었다. 그런데 한참 듣던 아저씨가 한 말은 "Thank you"였다. 무슨 뜻인지 몰라서 한 "Thank you"인지 아니면 내가 아저씨를 만나러 4년을 벼르다가 다시 왔다고 생각해서 나온 "Thank you"인지, 아저씨는 알 수 없는 미소를 지으며 내게 질문했다. "coffee or tea?"라고. 참으로 멍청하고 순진한 나였다. 우리의 대화는 옆에 있던 라메쉬가 힌두어로 통역을 해줘 겨우 의사소통이 이루어졌다. 그제야 아저씨는 반가운 눈빛으로 나를 보았다. 순간 울컥 눈물이 고였다.

식사가 끝날 때쯤 또 한 사람의 반가운 얼굴이 등장했다. 옥상에서 춤을 추던 할아버지다. '마르와드'라고 하는 할아버지의 춤은 양손에 횃불을 들고 빠른 음악에 맞춰 아주 느리게 몸을 움직이는 것이 특징이다. 희고 긴 수염도 여전하고 라자스탄 사람 특유의 복장(빨간 터번을 쓰고, 허벅지는 넓고 종아리부터 좁아지는 승마복처럼 생긴 흰 바지를 입는다)도 그대로였다. 라메쉬에게 "저 할아버지도 많이 늙으셨네요" 했더니 "할아버지는 춤추다가 늙었어요"라고 했다. 몇 십 루피의 팁을 아낌없이 드렸다.

여행 셋째 날, 새벽에 일어나 만다와의 일출을 촬영했다. 서서히 해가 떠오르자 안개 속의 모스크와 함께 하벨리와 서민들의 주택가가 멀리 사막과 함께 눈에 들어왔다. 안개를 보자 마음이 가라앉기도 하고 조급해지기도 했다. 머물고 싶기도 하고, 떠나고 싶기도 했다. 살고 싶기도 하고, 그만 죽고 싶기도 했다. 태양이 강해질수록 안개가 실체를 잃어가는 것이 세월에 견딜 수 없는 사람과 같기에 드는 생각이었다. 내 존재감이 무력하게 느껴졌다. 시작도 끝도 없이 그저 해가 뜨고 지는 것을 황망히 바라보다 보면 또 하루가 갈 것이었다. 안개는 사람을 지나치게 감상적으로 만든다.

호텔 계단을 내려가는데 네팔인 아저씨가 나를 기다리고 있었다. 아저씨는 다짜고짜 "photo!"라고 외쳤다. 아저씨의 보디랭귀지에 의하면 자신의 사진을 찍어서 보내줄 수 있느냐는 것이었다. 누구의 부탁인데 거절하겠는가. 아저씨는 종이에 자신의 주소를 정성스럽게 적어주었다. 종이에 적힌 것을 보고 아저씨의 이름이 '고팔'인 것을 알았다. 그리고 왜 "OK"와 "Thank you"만을 말했는지도. 아저씨는 "May name is GOPAL"이라고 썼다.

프레스코 벽화가 그려진 세가바티 가문의 저택과 만다와의 사람들을 찍으며 골목을 빠져나왔다. 이른 아침인데도 아이들은 루피나 펜을 달라며 줄줄이 따라왔다. 인도의 아이들 대부분은 안 그래도 검은 눈가에 검은 무언가를 칠한다. 이것을 칠하고 있으면 눈이 좋아진다고 한다. 여하튼 이 때문에 아이들의 커다란 눈은 더욱 강조되어 보였고, 살짝 웃기라도 하면 인형이 따로 없을 정도로 예뻤다. 하지만 이날의 모델인 아이들은 누런 콧물을 길게 늘어뜨린 자매였다. 너무 꼬질꼬질해서 어렸을 적에 갖고 놀던 못난이 인형처럼 보였다. 목욕을 시키고 머리를 빗기면 아동복 광고 모델을 해도 될 것 같다고 생각했다. 작은 눈에 밋밋한 얼굴을 가진 한국인다운 발상이었다.

무심히 걷다가 문득 뒤를 보니 안개 속에서 남자아이가 걸어오고 있었다. 아스라한 풍경 사진이 되겠다 싶어 카메라를 '조준'하고 있는데 갑자기 녀석이 환히 웃더니 두르고 있던 담요를 들췄다. 아이는 혼자가 아니었다. 담요 속에는 조그마한 남동생이 자다 깨서 깜짝 놀란 눈을 하고 있었다. 아이는 차가운 새벽안개 속에서 어린 동생을 담요에 싸안고 걸어오고 있었던 것이다. 착한 형의 행동은 칭찬 받아 마땅한 일이므로 볼펜과 사탕을 주고 오른손으로 머리를 쓰다듬어주었다. 인도에서는 악수

만다와의 프레스코 벽화.
할아버지는 살아계실 것이다. 벽화처럼.

를 하거나 쓰다듬을 때 반드시 오른손을 써야 한다. 왼손은 불결한 손이라 믿기 때문이다.

오전 10시 반경 파테푸르 Fatehpur 에 도착했다. '파테'는 승리, '푸르'는 도시라는 뜻으로 조드푸르 Jodhpur , 자이프르 Jaipur, 우다이푸르 Udaipur 등의 지역명도 같은 식의 조합이다. 파테푸르의 건물들은 무굴 양식으로 이슬람 양식과 힌두 양식이 섞여 있는데 언뜻 보면 공주풍이다. 아치형의 기둥 윗부분에 입체감을 살려 조각을 해 넣었기 때문인데, 이런 건축물은 라자스탄에서 종종 볼 수 있다.

만다와의 소년들.
형아는 자신의 동생이 얼마나 예쁜지 보여주고 싶었나 보다.

파테푸르의 아이들은 델리나 만다와의 아이들과 달리 여행객을 쫓아 다니지 않았다. 그러고 보니 도시도 깨끗하고 고급스러운 것이 이곳 사람들은 과거의 영화에 대한 자존심을 지키며 살아가는 듯했다. 비슷하게 살아간다는 것은 많은 위안과 안정감을 준다. 빈부의 차이는 물질에 대한 욕심은 불리고 정신은 굶주리게 만드는 게 아닐까.

쥐들의 천국, 비카네르

비카네르Bikaner에 도착한 우리들은 점심을 먹은 후 오토릭샤를 타고 올드타운을 돌기로 했다. 느끼해 보이는 젊은 청년이 운전을 했는데 이 남자가 이대로 엉뚱한 곳으로 가서 나를 감금이라도 하면 어쩌나 겁이 났다. 사실 느끼하게 생긴 인도 남자를 보면 일단 움츠러든다. 4년 전 처음 인도에 갔을 때 무서운 경험을 한 나로서는 무조건적인 반사였다. 다행히 이 청년은 내 외모를 보자 그럴 의도는 추호도 없다는 듯이 눈길 한 번 주지 않았다.

여기서 잠깐 4년 전의 그 사건을 소개하자면, 그땐 여름이었고 나는 반바지에 민소매 티셔츠를 입고, 긴 머리에 하얀 모자를 쓰고 거리를 걷고 있었다. 일행들은 이미 버스에 타고 있었고 나도 열 발자국 정도면 버스에 닿을 수 있는 거리에 있었다. 그런데 갑자기 뒤따라오던 시커먼 인도 남자가 내 엉덩이 양쪽을 꾹 잡아보고 지나갔다. 어찌나 놀랐는지 비명도 못 내고 멈춰 서버렸다. 그런데 또 다른 남자가 뒤이어 똑같은 행동을 하고 지나가는 것이 아닌가.

굴욕감과 불결함으로 정신없이 뛰어서 버스에 올라 현지 가이드에게 "이곳 남자들은 왜 남의 엉덩이를 함부로 만지냐"고 항의했더니, 가이드는 빙긋이 웃더니 "그게 그렇게 화낼 일만은 아니에요"라고 하는 것이었다. 이유를 들어보니 인도 남자들이 생각하는 미인은 세 가지 요건이 있다고 했다. 까맣고 긴 생머리, 통통한 몸매, 하얀 피부. 두 번 다시 볼 수 없을 미인을 한 번만이라도 만져보고 싶었다는데 더 이상 할 말이 없었다. "나도 인도에서는 예쁜 사람"이라는 말로 자긍심을 나타내는 한국에서의 내 초

팔로디의 남자들.
이들의 표정으로 내가 인도 남자 기준의
완벽한 조건을 갖춘 여자라는 것을 알 수 있다.

라한 현실이 아쉽지만 말이다.

오토릭샤를 타고 30분가량 올드타운을 돌았다. 올드타운의 골목은 오토릭샤 두 대가 간신히 빠져나갈 만큼 좁았다. 골목에서 시바신 siva : 파괴의 신 이 타고 다녔다는 소를 만나면 저절로 비명이 나왔다. 달리는 오토릭샤에 얼굴을 들이밀며 되새김질하는 여유를 부리는 소에 비하니, 행여 사고라도 날까 연방 "slowly slowly"를 외쳐대는 나 자신이 웃겼다. 한국에서는 "빨리 빨리"에 익숙한 사람이 말이다.

올드타운을 둘러본 후 세계 유일의 쥐 사원, 카르니마타 Karnimata 사원에 들렀다. 시바의 아내인 두르가Durha 여신의 아바타인 카르니마타의 자손이라고 믿는 쥐들을 돌보는 사원인데, 쥐들이 목을 축일 수 있게 항상 커다란 대야에 흰 우유를 부어놓으며, 사원에 기도하러 오는 사람들이 먹을 것을 공양해 쥐들을 먹여 살린다. 이곳에 살고 있는 쥐들은 3,000마리 정도로 하나같이 살들이 포동포동 올랐고 사람을 무서워하지 않았다. 세상에서 가장 무서워하는 것이 쥐인 터라 크게 심호흡을 하고 사원에 들어갔지만 너무 많은 쥐를 한꺼번에 보게 되니까 생각만큼 무섭진 않았다. 오히려 나를 괴롭힌 건 쥐가 아닌 쥐의 분비물 냄새였다. 신발을 벗고 들어가야 해서 덧버선을 챙겨 신었는데도 쥐의 그것을 밟을까봐 머리끝이 쭈뼛쭈뼛 솟는 것은 어쩔 수 없었다. 그래도 하얀 대리석과 정교한 조각으로 치장한 사원의 입구는 매우 아름다웠다. 종교의 힘이란 실로 위대해서 불가능한 것도 가능한 것으로 만든다. 실험용 쥐가 무척 안됐다고 느꼈다.

쥐 사원을 나와 한 시간여 사막을 달렸다. 이런 곳에 호텔이 있다는 게 믿기지 않았지만 느닷없이 오아시스가 보이더니 커다란 건물이 나타났다. 이곳은 220여 년 전에 마하라자의 여름 별장으로 지어진 건물로, 붉은 사암을 사용해 전체적으로 붉은 벽돌색을 띠고 있으며 현재 호텔로 쓰인다고 했다. 황량하기 그지없는 사막에 이렇게 화려하고 아름다운 호텔이 있다는 것이 너무 사치스럽고, 이런 곳에서 잠을 자는 나 또한 더없이 사치스러웠지만 저절로 입이 벌어지며 웃음이 나는 것은 어쩔 수 없었다. 사막에 이런 별장을 짓기 위해 얼마나 많은 노동력이 필요했으며 또 얼마나 많은 사람들이 죽었을까 생각하면 안쓰럽지만, 그 사람들은 환생해서 잘 먹고 잘 살고 있으리라 스스로 위로하며 아름다운 호텔에서의 저녁을 맞았다.

채식주의자들의 도시, 팔로디

여행 넷째 날. 이날의 목적지는 자이살메르Jaisalmer였다. 자이살메르까지 296킬로미터 남았다는 표지판이 눈에 들어왔다. 이번 투어의 총 이동거리가 대략 3,000킬로미터였는데 그중 10분의 1을 이동한 셈이었다. 여전히 '하하 요가'로 긴 하루를 시작했다. 가다가 휴게소에 들러 '차이'도 마셨다. 인도의 차이는 홍차에 우유와 생강, 설탕, 물 그리고 카르다몸Carudamon이라는 독특한 향료를 넣어서 만드는데, 그 맛을 설명하자면 약간 쌉싸래하고 멀건 초코우유 같다고나 할까? 재료의 양 조절에 따라 그 맛이 달라지니 요리사 마음이라고 할 수 있겠다.

주변 풍경을 보다보니 라자스탄 지역의 도로는 만들기 쉬웠을 것 같다는 생각이 들었다. 산은커녕 언덕도 없어 각도기로 재면 0도가 나올 것 같은 평야이기 때문이다. 더구나 흙과 모래가 섞인 듯한 건조한 토양 위로 간간이 키 작은 가시나무가 자라고 있어, 멀리서 보면 나뭇잎으로 만든 둥근 지붕의 집들이 드문드문 늘어선 것처럼 보였다. 그러다 실제 마을이 나타났다. 일반적으로 마을이라고 하면 가옥이 어느 정도 모여 있는 것을 상상하는 게 당연할 텐데, 이곳은 산촌散村도 이런 산촌이 없을 정도로 집과 집 사이가 멀었다. 집 사이의 토지가 그만큼 넓은 건가 싶어도 실상은 쓸모도 없어 보이는 불모지 같은 땅만 덩그러니 있으니, 도대체 이 사람들은 뭘 해서 먹고사나 걱정이 앞섰다.

마을로 들어서자 일곱 살쯤 되어 보이는 남자아이가 일행 쪽으로 다가왔다. 모두들 카메라를 메고 있다는 것을 확인하자 갑자기 녀석은 자신의 집을 향해 뒤돌아서서 뛰기 시작했다. '수줍어하는 것인가?' 싶었는데 예상은 보기 좋게 빗나갔다. 녀석은 어린 양 한 마리를 잽싸게 안고 나오는 게 아닌가. 녀석의 뒤를 따라 사내아이 몇몇이 양을 들고 나와 포즈를 취했다. 자신을 찍어달라는 의미와 함께, 그에 대한 보상까지 이미 계산을 하고 서 있는 맹랑한 녀석들이었다.

애쓴 녀석들이 안쓰러워 결국 사진을 몇 컷씩 찍어주고 사탕을 안기고 버스로 되돌아오는데, 도로를 사이에 둔 건너편 마을까지 어떻게 전달이 되었는지 한 무리의 아이들이 달려오고 있었다. 하지만 아이들이 도착하기도 전에 버스가 달리기 시작했다. 일 년에 한두 번 정도만 비가 오는 이 곳에서 깊디깊은 우물을 파서 목을 축이며 살아가는 이 아이들에게 이날은 더욱 목마른 날이 되었을 것이다.

키 작은 나무와 어우러진 사막은 마치 풍랑이 심한 바다의 물결처럼 보였다. 그런데도 군데군데 마을이 있었다. 우리가 도시를 떠나온 지도 벌써 세 시간이 넘었는데 이 사람들은 필요한 음식과 옷가지 등을 사기 위해서 얼마나 오랜 시간을 걷거나 기다릴까. 간혹 도로에 쭈그리고 앉아 있던 사람들이 일어서서 손을 흔들며 태워달라는 손짓을 하기도 했다. 인도의 시외버스나 관광버스에는 모두 "TOURIST"라고 쓰여 있기 때문이다.

오전 12시쯤 팔로디Phalodi라는 조그만 소도시에 들러 하벨리를 개조한 호텔에서 인도식으로 점심 식사를 했다. 팔로디의 브라만들은 채식주의자라 이 호텔의 음식은 모두 채소로 만든 것뿐이었다. 그간 양고기와 닭고기로 만든 음식만 먹어서인지 채소로 만든 음식이 오히려 맛깔스럽고 담백했다. 채식은 인도의 브라만들에게 정淨의 문화로 인식되어 있다. 모두 그

비카네르 인근 마을의 아이.
어미젖을 빨고 있던 어린 양은 갑작스러운 사진 촬영이
황당하기 그지없다.

팔로디의 아이.
가네쉬(Ganesh: 재능의 신) 앞에서 침을 흘리는 아이는
분명 뛰어난 특기를 갖고 있을 것이다.

런 것은 아니지만 육식을 하더라도 양고기와 닭고기 정도만 먹는다. 채식주의자인 라메쉬는 물 만난 고기처럼 음식을 맛있게 먹었다. 인도인들은 손으로 음식을 먹는 것이 일반적인데, 그래서 그런지 치아가 고르고 깨끗하다. 뜨거운 음식이 치아를 많이 상하게 하는데, 손으로 음식을 먹게 되면 자연히 뜨거운 음식은 피할 수밖에 없으니 인도인들의 치아가 깨끗할 수밖에 없다는 말이 그럴듯했다.

식사 후 팔로디의 주택가 골목으로 들어섰다. 과연 이 지역은 지금까지 본 어느 도시보다 깨끗하고 정돈되어 있었으며, 아이들 또한 깨끗하

팔로디의 초등학교 아이들.
브라만 계급의 아이들은 얼굴이 곱고 예쁘다.

고 예뻤다. 골목을 헤매다가 얼결에 초등학교에 들어섰는데 선생님이 먼저 들어오라고 권했다. 아이들은 갓 배운 영어인지 신나서 "Hello, What's your name?"을 외쳐댔다. 도대체 내 이름을 알아서 어디다 써먹으려고 어딜 가나 이름을 묻는 것인지 알 수 없었다. 아이들에게선 외국인에 대한 두려움은 찾아볼 수가 없었다. 월등한 수적 우세가 자신감을 주기 때문일 것이다. 인형 같은 아이들이 방긋방긋 웃으면 왠지 행복한 느낌이 든다. 덕분에 갖고 있던 사탕이며 볼펜은 동이 났다.

마을에는 푸른색 집이 유난히 많았는데, 힌두교에서 시바신의 얼굴을 푸른색으로 표현하고 있기 때문에 브라만 계급의 집들은 대부분 푸른색으로 집을 칠한다고 했다. 이 푸른색 집들은 여인들이 입은 사리의 주황, 노랑, 초록, 파랑과 환상적으로 어울려 총천연색의 색감과 묘한 조화를 연출하고 있었다.

사람 냄새 물씬 나는 좁은 골목골목은 소나 개도 점유하고 있어 빠져나가기가 쉽지 않았다. 하지만 이상하게도 개들이 짖지를 않았다. 인도의 개는 한국의 똥개와 비슷한 얼굴을 하고 있어서 좀 불쌍한 마음이 들었다. 이곳의 개들은 누가 기르는 것도 아니고 저 혼자 골목의 쓰레기를 뒤지며 스스로 큰다. 그렇다고 개고기를 먹는 나라도 아니니 개들은 비쩍 말라 하루 종일 잠을 잘 수밖에 없다. 카르니마타 사원에서 쥐 대신 개를 신성시했다면 배불리 사랑 받으며 살 텐데 하는 생각이 들었다.

새로운 탄생의 출발지, 자이살메르 화장터

버스는 다시 목적지인 자이살메르를 향해 출발했다. 자이살메르는 18세기까지 실크로드의 주요 요충지로 최고의 전성기를 누렸으나, 뭄바이를 중심으로 한 해상교통로의 발달로 쇠퇴하기 시작해 현재는 관광업으로 그 명맥을 이어가는 곳이다.

오후 5시쯤 사막의 지평선이었던 도로의 경사가 조금씩 높아지더니 도로 끝에 예고도 없이 성이 나타났다. 바로 자이살메르성이었다. 자이살메르성은 인도에서 유일하게 사람이 거주하는 성으로 유명하다. 대부분의

가디사가르 호수의 반영.
완벽한 대칭이 아름답다.

성은 관광지화되어 있기 마련이며 보존을 위해서라도 철저하게 관리하는 것이 일반적인데 아직도 성 안에 사람이 살고 있다니. 과거와 현재의 공존이라는 거창한 표현을 하지 않더라도, 어찌 보면 가장 정당하고 당연한 모습이 아닐까 싶었다. 과거는 현재의 거울이라는 명목 아래 성 안에 살던 사람들을 쫓아내 스산하게 만들어놓지 않고, 오히려 과거와 현재를 이어가는 살아 있는 역사를 보여주는 성이라고 생각했다.

여행 다섯째 날. 이른 새벽에 '바다'라는 뜻의 가디사가르 Gadi Sagar 호수에 들렀다. 낮엔 겨드랑이에 땀이 찰 정도로 덥지만 새벽엔 건조기후답게

자이살메르성의 할아버지.
악기를 연주하는 이 할아버지는 사실 실속 있는 부자라는 소문이 있다.

제법 쌀쌀했다. 붉은 태양을 후광으로 받은 자이살메르 성곽은 마치 〈반지의 제왕〉에 나오는 사우론의 왕국 같았다. 그리고 가디사가르 호수에 반영된 붉은 구름과 색색의 배들은 한 폭의 서양화처럼 아름다웠으며, 호수 가운데의 화장터와 파란 하늘과 구름이 만들어낸 반영은 어디가 하늘이고 어디가 호수인지 구분이 되지 않을 정도였다. 아침부터 너무 아름다운 장면을 보았다. 관광객들이 몰리기 전에 일찌감치 성 안으로 들어갔다.

커다랗고 끝없이 긴 성벽에 점점이 붙어 있는 진회색의 비둘기들이 일순간 날아올라 장관을 연출했다. 수레자폴 태양의 문 을 거쳐 하와폴 바람의 문로 들어서니 골목골목 정말 사람들이 살고 있었다. 성벽을 가게 삼아 카펫을 널어놓은 상인들, 아들과 함께 구걸에 나선 아주머니, 좁은 골목을 물청소하는 사람들, 깔끔한 교복을 입고 등교하는 아이들까지 모두 살아 있는 성 안의 사람들이었다. 반면 팁을 얻기 위해 조그만 북을 두들기며 열심히 춤을 추는 열 살이나 되었을까 싶은 남자아이들도 있었다. 성 안에 살고 있는 사람들의 계급은 브라만과 크샤트리아로 한눈에 봐도 귀티나게 생겼지만, 구걸하거나 춤을 추는 아이들은 성 밖의 수드라 계급이어서 입은 옷이 달랐다.

인간은 태어날 때부터 공평하지 않다. 예전 일본 여행 중에 교토의 히가시혼간지東本願寺라는 절에서 다음과 같은 글귀가 벽에 걸려 있는 것을 보았다. "自分の存在に感動する, そこに南無阿弥陀仏がある." "자신의 존재에 감동하는 것, 그곳에 나무아미타불이 있다"라는 의미인데 이 문장을 읽고 그동안의 번민이 많이 정리되었었다. 태어나는 것은 공평하지 않지만 존재하는 것만은 누구에게나 공평한 일이라고 생각한다. 누구도 자신의 생명이 언제 다할지 모르며, 자신이 존재하지 않는다면 세상의 의미는 없기 때문이다. 그러니까 자신의 존재에 감동하는 것만이 유일하게 공평한 일인 것이다. 어쩌면 이곳 아이들은 이미 깨달은 것을 나는 그제야 알게 되었는지도 모르겠다.

망루에 오르니 한 할아버지가 성을 배경으로 악기를 연주하고 있었다. 제대로 걷지도 못할 만큼 다리가 아픈데도 매일같이 이곳에 올라 연주를 하고 돈을 번다고 했다. 할아버지는 자신이 앉아 있어야 할 위치를 정확하게 알고 있었다. 아마 사진을 찍는 사람이 이곳에 온다면 누구나 같은 피사

자이살메르의 아름다운 일몰과 건축물.
하지만 이곳은 화장터다. 어쩌면 그래서 더 아름다운지 모르겠다.

체를 렌즈 안에 담을 것이다. 망루와 할아버지를 넣고 성 아래 서민들이 살고 있는 수많은 집을 넣는 것이다. 물론 나도 그렇게 했다. 가까이서 할아버지를 보니 지난 세월을 말해주는 듯 낙타가죽 신발은 헤져 있었고, 복사뼈에는 두툼한 굳은살이 박여 있었다.

이른 새벽부터 서둘러야 여유 있게 사진을 찍을 수 있을 거라는 인솔자의 판단은 옳았다. 성을 나올 때쯤 외국인 관광객들이 몰려왔기 때문이었다. 성을 빠져나와 호텔로 가는 길에 바이샤와 수드라 계급이 살고 있는 거리를 지나갔다. 성 안의 상류층 집들은 튼튼한 돌벽으로 그들의 권력을

자이살메르의 야경.
멀리 보이는 것이 자이살메르의 성이고 가까운 것이 바이샤와 수드라의 마을이다.

자랑하는 반면, 성 밖의 집들은 지푸라기로 얼기설기 엮어놓은 지붕에 금세라도 무너질 듯한 흙벽으로 그들의 존재감을 드러내는 것 같아 마음이 아팠다. 공사장에는 사암을 깨는 아이들과 대야에 자갈을 담아 나르는 사리를 입은 여인들이 한창 일하는 중이었다.

인도의 여인들은 장식품이 여인을 상징하는 모든 것인 양 모두 금붙이를 하고 있다. 코걸이와 귀걸이는 기본이고 팔찌는 양팔에 열 개씩 하는 듯했다. 게다가 샌들을 신은 발에는 발찌까지 했다. 하지만 온몸이 흙과 먼지투성이여서 반짝이는 금과 은은 제 빛을 뽐내지 못하고 묻혀버렸다. 차라리 금붙이를 팔아 먹을 것을 사서 살을 찌웠으면 싶었다.

마침 보름달이 뜨는 날이라 밤에 자이살메르 성곽의 야경을 촬영하기로 했다. 하지만 가는 날이 장날이라고 정전이었다. 그래도 야경은 근사했다. 만약 정전이 안 되어서 성은 화려하고 성 밖의 주택가는 여전히 작은 불빛만 반짝였다면 서글펐을 것 같다. 잠들고 꿈꾸는 이 시간마저도 계급이 지배한다면 너무한 일이지 않을까. 성 안의 사람들도, 성 밖의 사람들도, 그리고 일행도 공평하게 잠을 청해야 할 시간이 되었다. 나는 호텔로 돌아가는 버스 안에서 낮에 라메쉬와 나누었던 이야기를 떠올렸다. 힌두교의 윤회에 따르면 사람이 현세에 악한 일을 했을 경우 다음 생에 나쁘고 힘들게 살아가는 동물로 태어난다고 했다. 문득 내가 탈 낙타는 어떤 사람이 환생한 것인지 그의 전생이 궁금해졌다.

타르 사막의 모래바람과 낙타 레이싱

여행 여섯째 날 오전 6시 반. 이날은 타르Thar 사막의 텐트에서 1박을 해야 하기 때문에 일찍 서둘렀다. 버스를 타고 타르 사막의 입구에 도착한 후 그곳에서부터는 3시간 정도 낙타를 타고 이동하는 것이었다. 라메쉬는 "타르 사막의 텐트는 별 6개짜리 호텔"이라고 했다. 유머가 넘치는 가이드였다. 버스에서 내리자 기다렸다는 듯이 모래바람이 심하게 불기 시작했다. 말로만 듣던 사막의 모래바람이었다. 10미터 앞도 볼 수 없을 정도였고 무엇보다 우선 눈을 뜬다는 것 자체가 너무 힘들었다. 실눈을 뜨고 콧구멍을 최대한 오므린 채 주위를 둘러보니 뿌연 모래 먼지 속에서 낙타 몰이꾼과 집시, 구경나온 마을의 꼬마 삼십여 명이 우리를 기다리고 있었다.

카메라 가방이며 입안, 머리카락 사이로 점차 모래가 채워지고 있는 게 느껴졌다. 이런 모래바람에 카메라가 과연 성할까 싶었지만 누런 모래바람 속의 작은 나무, 그 나무 아래에 서 있는 아이들, 바람에 날리는 아이들의 옷자락을 보고 어떻게 카메라를 들지 않을 수 있겠는가. 언덕 위에는 ㄷ 자 형태의 천막이 있었는데 그 안에 우리를 위한 점심 식사가 준비되어 있었다. 단 한마디 말도 통하지 않는 이들에게, 모래바람 속에서 우리를 위한 만찬을 준비해주셔서 너무 감사하다는 말을 하고 싶었지만 마음과 얼굴 표정은 따로 놀았다. 스프, 밥, 달 등 여러 가지 음식이 놓여 있었지만 모든 음식에 잔뜩 후추를 친 것처럼 모래가 곱게 앉아 있어 어디 하나 숟가락을 내밀 수가 없었기 때문이다. 예의상 두어 술 떴지만 써걱써걱 씹히는 모래는 식욕을 뚝뚝 떨어뜨렸다. 이 많은 음식을 전부 모래에 묻을 수밖에 없는 것이 참 미안했다.

대충 식사를 끝내고 낙타를 타고 떠날 준비를 했다. 선물로 받은 9미터짜리 터번을 쓰니 머리 크기가 두 배는 되어 보였다. 이렇게 긴 터번을 쓰는 데에는 다 그럴 만한 이유가 있었다. 강한 햇살로부터 얼굴을 가리기도 하고 모래바람이 불 때는 터번의 끝자락을 풀어서 얼굴에 감는 것이었다. 터번을 쓰고 타고 갈 낙타를 고르려는데 못생긴 데다 나보다 키가 작은 아저씨가 와서 툭툭 쳤다. 자신의 낙타를 타라는 뜻이었다. 이런 상황에서 외모를 따진다는 게 어이없긴 했지만, 나는 귀여운 남자아

타르 사막에서의 고단함을 풀어줄 악단.
이들은 노래, 춤, 연주에 요리까지 못하는 것이 없다.

이 몰이꾼을 택했다. 하지만 이게 웬일인가. 그 아인 일행 중 다른 사람을 택하는 것이었다. 뒤를 돌아보니 낙타 몰이꾼들은 이미 손님을 한 명씩 태우고 있었다. 그들은 우리가 도착했을 때 이미 자신이 태울 사람들을 정해놓았던 것이다. 나는 키 작고 외모가 안 따라주는 이 아저씨의 낙타를 탈 수밖에 없는 운명이었던 것이다. 그런데 몇 분 후 이 운명은 행운으로 바뀌었다.

생전 처음 낙타를 타보는 터라 허리나 엉덩이가 얼마나 아플까 조금 걱정이 되었다. 다리를 접고 앉아 있는 낙타에게 무거운 내 몸을 실었더니

타르 사막의 낙타와 몰이꾼들.
그만 쉬고 싶다고 울부짖는 낙타는 '팔자'라는 단어를 모른다.

낙타는 작게 신음 소리를 냈다. 하지만 몰이꾼이 내 뒤에 타자 포기했는지 머리를 한 번 흔들었다. 몰이꾼이 내게 "Are you ready?" 하고 물었다. 물론 난 항상 준비되어 있다. 고삐를 끌자 낙타가 뒷다리를 먼저 폈다. 순간적으로 모래에 고꾸라질 것 같았다. 하지만 낙타의 걸음은 안정적이었고 그 흐름에 몸을 맡기니 금세 편안해져 5분쯤 지나자 양손을 놓고도 탈 수 있을 만큼 여유를 부리게 되었다. 과거 실크로드를 왕래하던 상인들처럼 일행들의 낙타는 두 줄로 행렬을 이루었고, 흥을 돋우는 악단까지 앞세우니 그야말로 장관이었다.

내가 그 못생긴 아저씨와 낙타를 타게 된 것이 행운이라 한 것은 그가 바로 몰이꾼들의 대장이었기 때문이다. 맨 앞에 악단이 서고 바로 뒤에 내가 탄 낙타가 따랐기 때문에, 사막을 왕복하는 내내 나는 무리의 선두에서 음악과 춤과 사막의 탁 트인 전경을 만끽할 수 있었다. 하지만 모래바람은 여전해 터번의 끝자락으로 얼굴을 가리고 손수건으로 입을 막아도 침과 함께 모래가 목구멍으로 계속 넘어가는 듯했다. 그 와중에도 악단은 노래를 계속했고, 그러자니 수시로 침을 뱉어냈다. 한 시간쯤 지났을까. 오두막처럼 생긴 집이 군데군데 있는 작은 마을이 나타났다. 모래바람 속에서, 게다가 길도 보이지 않는 사막에서 용케도 마을을 찾아냈다.

사진 전문가가 아닌 나로서는 이런 경우 좀 황당하다. 내 눈으로 본 피사체, 주변 분위기와 햇살, 무엇보다 피사체를 본 느낌 그대로를 카메라에 담고자 하지만 유독 좋았던 풍경이 막상 사진으로 보면 실망스러울 때가 있고, 어떤 경우에는 별반 느낌 없이 기록용으로 찍어두었던 사진이 당시의 정황을 그대로 드러내주어 실감날 때가 있다. 이 마을에서 찍은 사진이 그랬다. 발찌를 한 맨발의 두 여인이 모래바람 속에서 물항아리를 머리에 이고 가는 옆모습을 찍었는데, 바람에 날리는 여인들의 사리와 희미하게 드러난 초라한 그들의 집이 어우러져 이번 여행에서 가장 마음에 드는 사진이 되었다. 사실 카메라가 망가지면 어쩌나 하는 마음에 겨우 한두 컷 찍은 것인데, 말 그대로 얻어걸린 사진이었다.

타르 사막에는 소수민족인 비슈노이족이 살고 있는데, 이들은 자연에서 얻을 수 있는 것만큼만 얻고 환경을 보호하며 살아가는 민족이었다. 몇 마리의 양을 기르는 것이 전부이며, 사람들은 모두 바싹 말라 있으나 표정들은 편안해 보였다. 두 시간 정도 더 이동하자 주변이 한눈에 내려다보이는 높은 사구가 나타났다. 우리가 1박을 하게 될 곳으로 이미 텐트까지 쳐 있었다. 그때 갑자기 뒤쪽에 있던 낙타 한 마리가 달려 나가기 시작했다. 그러자 가끔 눈만 맞추던 그 못생긴 아저씨가 슬쩍 내 귓가에 대고 이야기했다. "Do you like racing?" 역시 난 운이 좋았다. "Of course"라고 대답하자 낙타는 갑자기 경주마가 되었다. 우리는 엄청난 속도로 순식간에 앞서가던 낙타를 따라잡았고, 제일 먼저 텐트에 도착한 최고의 낙타와 몰이꾼이 되었다.

인도에 오면 누구나 철학자가 된다

오후 4시였지만 모래바람 때문에 누렇게 변한 하늘은 여전히 가라앉지 않고 있었다. 일행들은 모래바람 속의 이동이 피곤했는지 쉬고 있었지만, 나는 그냥 좀 걸어보고 싶었다. 저 멀리 집 한 채가 보였다. 저녁 식사 때까지 딱히 할 일도 없었기에 푹푹 발이 빠지는 모래를 밟고 그 집까지 한번 가보기로 했다. 타고난 길치여서 계속 뒤를 돌아보며 몇 십 분 걷자, 덤불로 지붕을 이고 벽과 담벼락은 소똥으로 만든 조그마한 집이 나타났다.

이 넓은 사막 어디서 철을 구했는지 제법 대문다운 구색을 갖추고 있었으며 소똥으로 마당까지 만들어놓은 조그마한 집이었다. 안에는 자매인지 본처와 후처 사이인지 알 수 없는 두 여인이 각자의 아이를 데리고 놀고 있었다. 여자아이는 열 살쯤 되어 보였고 남자아이는 두 살 정도로 이제 걸음마를 시작한 듯했다. 사내아이는 눈 밑을 검게 칠하고 아랫도리는 그대로 드러낸 채, 구멍 뚫린 아버지의 커다란 신발을 신고서 장난을 치고 있었다. 여인들이 들어오라며 손짓을 하기에 문을 열고 들어가서 집 안 구석구석을 살펴보았다. 외양간 하나, 목욕탕 하나, 방 하나, 부엌 하나, 있을 건 다 있는 소박한 집이었다. 그런데 나무로 만든 간소한 침대는 달랑 하나여서 다들 잠을 어떻게 자는 것인지 궁금했지만 말이 안 통하니 혼자 상상할 수밖에 없었다.

사진을 찍어도 되냐고 제스처를 해보였더니 밝게 웃으며 허락했다. 역시 그 어떤 거래도 없이 자연스러운 피사체와 '찍사'와의 관계에서 찍은 사진들은 작품성을 따지기에 앞서 포근하고 따뜻한 감동을 준다. 디지털 카메라로 찍은 것을 보여주자 자신의 얼굴을 카메라로 본 것은 처음인 듯 신기해하고 좋아했다. 잠시 후 남편인 듯한 사람도 들어왔기에 카메라를 자동으로 설정해두고 가족들과 함께 사진을 찍었다.

여러 가지로 고마워 갖고 있던 50루피를 주었더니 세 번씩이나 사양을 하며 받지 않았다. 내 마음이라는 것을 어렵게 표현해서 결국은 받게 만들고 텐트로 돌아가기 위해 집을 나섰다. 가족 모두 내가 보이지 않을 때까지 손을 흔들어주었다. 돌아서서 오는 내내 가족들의 표정이 눈에 선했다. 돈을 내밀었을 때 그들은 '우리들이 왜 이것을 받느냐, 당신은 손님인데'라며 굳은 얼굴로 말하는 듯했다. 그동안 돈 달라, 사탕 달라, 볼펜 달라 하던 사람들만 보아서인지 처음으로 마음을 담은 사례를 했다는 느낌이 들었다.

타르 사막의 비슈노이족.
이 가족과 찍은 사진은 액자에 담겨 나와 함께 살고 있다.

여행 일곱째 날 새벽 4시 반. 옆 텐트의 인기척에 얕게 들었던 잠이 달아나버렸다. 모래 위에 매트리스를 깔고 침낭 속에서 잤지만 등이 배겨서 깊이 잠들지 못했다. 하긴 좁은 침낭 속에서 푹 잠드는 것은 어지간히 무딘 사람에게도 무리일 것이다. 텐트 밖으로 나와 보니 간밤의 구름바다는 수많은 별과 교대라도 했는지 별들이 보름달과 함께 사막을 비추고 있었다.

사실 사막에서 일출이나 월몰을 배경으로 찍은 낙타 사진은 흔해서 그다지 찍고 싶은 마음이 없었지만, 지금 이 순간을 두 번 다시 볼 수 없다고 생각하자 철학적 사명감 같은 게 느껴져 카메라 장비를 챙겼다. 낙타 몰이

—
타르 사막 사파리를 끝낸 낙타와 주인.
주인은 참 따뜻한 사람일 것이다.

꾼들을 동원해 오른쪽으로 가라, 왼쪽으로 가라, 뒤돌아서서 정지하라 등의 요구를 해가며 월몰을 찍고, 이번엔 일출이라고 반대편으로 이동해 또 사진을 찍었다. 몰이꾼도, 낙타도, 찍사도 어지간히 지쳤을 무렵엔 해가 완전히 떠 있었다.

사막에서 하룻밤을 자서인지 갑자기 라자스탄 사람들에게 '산다는 것의 재미'란 무엇일까 궁금해졌다. 산다는 것의 재미란 원하는 어떤 것을 얻었을 때 느끼는 감정이 아닐까. 대개 아이들 성적이 올랐을 때, 승진을 했을 때, 목돈이 들어왔을 때, 사고 싶은 카메라를 샀을 때, 헬스를 해서 몸이 좋아졌을 때 등등 뭔가 보이는 것에서 재미를 느끼는데, 과연 이곳 라자스탄의 사막에서는 무엇이 재미있을까? 어쩌면 재미란 갖지 못했을 때의 우울과 불행에 대비되는 보상적인 감정이 아닐까. 욕망이 채워지지 않았을 때는 지난날에 대한 기억까지 다 끄집어내어 산다는 것에 대한 원초적인 질문을 하지만, 무언가를 얻었을 때 우리는 불행했던 순간들은 모조리 잊은 채 그저 웃고만 있지 않은가. 그렇다면 애초에 욕심과 비교 대상이 없다면 불행을 느끼지 못할 테고, 더불어 산다는 것의 재미도 느끼지 못하지 않겠는가. 그저 순간순간 숨쉬고 밥 먹고 사랑하며, 모래처럼 나무처럼 산처럼 살아 있는 것이 우주의 원리 속에 사는 인간의 역할이 아닌가 하는 생각도 들었다.

인도에 오면 누구나 철학자가 된다는 말이 전염병처럼 머리를 지배하기 시작했다. 이제 그만 생각해야 했다. 더 이상 생각하다가는 한국으로 돌아가자마자 출가해야 할지도 모를 일이기 때문이다.

오후 1시쯤 킴사르Khimsar 에 도착했다. 킴사르는 블루 시티의 조드푸르 왕의 여덟 번째 아들이 세운 도시로, 당시 성의 요새킴사르포트를 개조해 만든 호텔은 구석구석 요새의 흔적이 남아 있어 중후한 느낌을 주었다. 시장통의 시계방엔 두 할아버지가 앉아 있었다. 그들의 등 뒤에 걸려 있는 커다란 괘종시계는 할아버지들처럼 먼지를 뽀얗게 뒤집어쓴 채 힘겹게 바늘을 돌리고 있었다. 나도 언젠가는 저런 모습으로 가게 앞을 쉼터 삼아 앉아 있게 될 거라는 생각을 하자 카메라 파인더가 젖어왔다. 오전의 생각이 아직 떨쳐지지 않은 듯했다.

킴사르포트는 본래 다른 지역에 있었는데 이곳으로 그대로 옮겨와 현재의 호텔로 건설한 것이라고 한다. 좀처럼 믿기지 않지만 적의 동태를 살필 수 있는 망루까지 있으니 믿어줄 수밖에. 여하튼 그 망루 같은 곳이 식당으로 변했으니 더 아이러니했다. 사암으로 만들어진 망루는 마치 커다란 빗살무늬토기 같은 모습이었고, 망루였다는 것을 증명이라도 하듯 군데군데 네모난 구멍까지 나 있었다. 실내는 어두컴컴한 데다 테이블마다 놓인 촛불이 불빛의 전부여서 어떤 음식이 나왔는지 구별이 안 갔지만 다들 제 입으로 정확히 음식을 넣었다.

따뜻한 마음씨를 가진 인도 신사, 라메쉬

여행 여덟째 날. 라자스탄에서 가장 크며 가장 전통적인 도시, 조드푸르로 향했다. 인도에는 색깔로 표현하는 세 도시가 있는데 블루의 조드푸르, 화이트의 우다이푸르, 핑크의 자이푸르가 그것이다. 그중 조드푸르의 블루는 1년에 한 번씩 5만 마리 규모의 낙타 시장이 열리는 푸쉬카르Pushkar에서 연유한다. 푸쉬카르는 창조의 신 브라흐마의 사원이 있는 곳으로, 이곳에서 파괴의 신인 시바신을 믿는 브라만 계급의 사람들을 모아 이주시킨 곳이 조드푸르다. 이주해 온 사람들은 자신들의 믿음을 상징하기 위해 시바신의 얼굴색인 푸른색으로 모든 건물을 칠했는데, 이로 인해 'Blue City'라고 불리게 되었다.

이곳의 푸른색은 흰색 페인트를 칠한 후에 파란색을 칠하기 때문에 맑은 하늘처럼 파랗다기보다는 파스텔 톤의 불투명한 푸른빛이 감돌고, 오랜 시간 빛에 바래고 덧칠이 되어 전체적으로 다양한 채도의 푸른빛을 띤다. 세계적인 다큐사진작가 스티브 맥커리Steve McCurry가 인도에서 가장 좋아하는 도시라는 조드푸르는 아름다운 사람들과 푸른색이 조화를 이룬 곳이었다.

우리는 라메쉬로부터 인도의 결혼식에 대한 이야기를 들으며 조드푸르로 향했다. 인도인들의 대표적인 종교는 힌두교, 이슬람교, 시크교다. 이 중 이슬람교도들과 시크교도들은 낮에 결혼식을 하지만 수적으로 가장 많은 힌두교도들은 밤에 결혼식을 한다고 했다. 저녁 5시부터 다음 날 아침 7시까지 식이 진행되는데, 밤 12시경 별자리를 보고 좋은 시간을 택해 식을 치르고 힌두교의 경전인 라마야나를 4시간 정도 들은 후 아침이 되어서야 신부를 데리고 집으로 간다고 했다. 변화하는 요즘엔 신분과 종교가 달라도 결혼하는 이들이 많다고 했다. 또한 이슬람교도들 사이에서는 근친상간이 이루어지는데, 이 때문에 이슬람 여인에게 부르카burka: 이슬람 여성들의 전통 복식으로 전신을 덮어쓰는 통옷를 씌워 서로를 못 알아보게 한다는 설이 있다고 했다.

그런가 하면 여인을 사원에 들어가지 못하게 하는 데에는 사원 안에서 남자를 만날 수 있기 때문이라고도 했다.

라메쉬는 인도의 학교에 대한 이야기도 했는데, 관광지에서 구걸하며 돌아다니는 아이들은 부모가 나쁘기 때문이라고 했다. 한 달에 4~5달러 정도만 내면 공립학교에 다닐 수 있는데도 부모들이 돈벌이 수단으로 아이를 관광지로 내몬다며 가슴 아파했다. 현재 인도에서 가장 필요한 것은 병원과 학교라는 그의 말대로 IT 최강의 인도보다는 기본 인프라가 구비된 인도, 하지만 인도의 색채를 버리지 않는 인도가 되었으면 좋겠다고 생각했다.

한 시간가량 달렸을까, 마른 흙 위에 빨간 고추를 펼쳐 말리고 있는 여인들이 눈에 띄었다. 상한 고추를 고르고 있는 모양이었다. 우리가 도착한 것을 어떻게 알았는지 조그마한 여자아이가 달려 나왔는데, 머리를 감다가 뛰어왔는지 머리카락에 비누가 그대로 묻어 있었다. 딱히 줄 만한 것이 없어 사탕을 건네고 있는데, 언제 왔는지 초록색 스웨터를 입은 소녀가 긴 머리를 하나로 묶고 수줍은 듯이 서 있었다. 다른 때라면 사리를 입은 여인이 아니어서 눈에 띄지 않았을 텐데 빨간 고추와 함께 있으니 컬러의 조화가 그 아이를 더욱 고혹적이게 만들었다. 영문도 모르는 그 아가씨를 고추밭에 앉혔다 일으켰다 반복하며 촬영을 마치고 드디어 조드푸르에 도착했다.

Blue City, 조드푸르에서 길을 잃다

조드푸르는 메헤랑가르성Meherangar Fort 과 올드 시티로 나뉘어 있는데 한눈에 보아도 온통 푸른빛이었다. 과연 블루 시티다웠다. 우선 올드 시티를 둘러보고 점심 식사 후 성 안으로 들어가기로 했다. 인솔자는 골목이 매우 복잡하니 앞사람을 잘 따라오라고 신신당부했다. 심각한 길치인 나로서는 조금 겁이 났지만 설마 무슨 문제가 있으려니 싶었다. 그렇게 쉽게 생각한 것, 그게 바로 문제였다.

올드 시티로 들어선 나와 일행들은 라메쉬의 뒤를 따라 푸른색 파스텔톤의 벽과 계단과 집과 골목 사이사이를 구경 겸 촬영 겸 걸었다. 그날따라 검은 티셔츠에 검은 바지를 입고 나온 나의 패션이 원망스러울 정도로 밝은 햇살에 푸른 집들은 더욱 빛났다. 깨끗한 차림새의 이곳 사람들은 외국인에게 익숙해서인지 눈도 별로 맞추지 않았다. 특이한 것은 주택마다 제법 큰 네모난 혹은 아치형의 구멍이 있었는데 어디 한 곳 유리가 끼워져 있는 집이 없다는 것이었다. 사막의 모래바람이라도 불어오면 집 안에 모래가 들어올 텐데 개의치 않나 보다.

아침 햇살을 받으며 신문을 읽거나 청소를 하는 사람들을 찍다가 담벼락에 숨어서 우리를 훔쳐보는 다섯 살쯤 되었을 법한 사내아이를 발견했다. 녀석은 맨발인 채 갈색 스웨터에 감색 면바지를 입고 있었는데, 유난히 눈동자가 커서 보고 있자니 빨려들 것 같았다. 녀석을 찍을까 말까 잠시 망설이다 앞서 가는 일행들이 오른쪽 골목으로 들어서는 것을 확인하고는 '그래, 저 녀석 잠깐만 찍고 따라가자' 했다. 그게 화근이었다.

조드푸르 미아 사건의 주범.
호기심 가득한 눈으로 푸른 건물들 속에 나타난 소년 덕에 길을 잃었다.

녀석은 내가 자신을 찍는다는 것을 알고는 커다란 눈을 더욱 동그랗게 뜨고 쳐다보았다(이 녀석의 사진은 두 번 다시 외국에 나가서 길을 잃지 말자는 경고용으로 우리 집 벽에 붙여놓았다). 뭐 그리 대단한 사진을 찍는다고 열심히 셔터를 누르고는 아이에게 손을 흔들며 일행들이 이동했던 골목으로 들어섰다. 그런데 정말 신기하게도 일행들이 흔적도 없이 사라졌다. 어이가 없었다. 내가 지체했던 시간은 고작해야 1~2분 정도일 테니 빨리 뛰어가면 만날 수 있을 것이라 생각했다. 하지만 그 골목을 다 지날 때까지 일행은커녕 인도인들도 보이지 않았다. 마치 가위에 눌리는 꿈을 꾸고 있는 듯했다. 이젠 어쩔 수 없었다. 조금

코지 하우스에서 내려다본 조드푸르.
이곳에서는 길을 잃지 않는 것이 더 이상하다.

창피하지만 인솔자와 라메쉬의 이름을 부를 수밖에. 하지만 내 목소리에 놀란 주민들만 1층, 2층에서 얼굴을 내밀며 뭐라 알 수 없는 말을 했다.

도저히 이해할 수가 없었다. 일행 모두 축지법이라도 써서 내 목소리가 안 들릴 만큼 멀리 갔나 싶었다. 골목은 좁고, 집들은 다닥다닥 붙어 있고, 사람들은 자꾸 쳐다보고, 좀 어지러워졌다. 그러던 사이 골목 끝에 닿았고 그곳에서 길은 경사진 상태로 위아래로 갈라졌다. '아…… 어디로 가야 하지? 위로 갈까? 아래로 갈까?' 그때 뷰 포인트가 좋은 곳으로 갈 거라는 인솔자의 말이 떠올랐다. '그래, 그렇다면 높은 곳으로 가자. 일단 높은 곳으로 가면 일행들이 보이거나 소리를 질렀을 때 들리지 않을까.' 나는 단숨에 오르막길을 헉헉대며 올랐다.

이십 대 후반으로 보이는 사리 입은 여인이 내려오다 이쪽 길은 "The end"라고 말해주었지만 믿을 수 없었다. 과연 조금 더 올라가니 정말 막다른 길이 나왔다. 이때의 내 얼굴을 사진으로 찍어두었다면 영락없는 공포물이었을 것이다. 서둘러 내리막길로 갈 수밖에 없었다. 좀 전의 여인에게 눈인사를 하고는 내 평생 가장 빠른 걸음으로 달리기 시작했다. 아, 하지만 내리막길을 다 내려오자 또다시 길이 갈라져 있는 게 아닌가. 역시 올드 시티다웠다. 나뭇가지처럼 매번 갈림길이 나오면 도대체 어떻게 하라는 것인가. 정말이지 손바닥에 침을 뱉어 점을 치던가, 인도의 모든 신에게 기도라도 하고 싶은 심정이었다. 심장은 빠르게 뛰고 이마에는 땀이 배기 시작했고, 금세라도 소변이 나올 것 같은 어이없는 상황이었다.

그때 전생의 어딘가에서 꼭 한 번은 인연이 있었을 것 같은 아까의 여인이 다가와 "Do you want to go to Cosy Guest house?"라고 물었다. '세상에나. Cosy코지는 우리 동네에 있는 호프집 이름인데 이런 곳에서 듣다니!' 그곳에 가면 한국인 배낭 여행객이 있을지도 모른다고 생각하고 그 여인을 따라가기로 했다. 그녀에게 "Thank you"라고 말할 여유 따윈 없었다. 한국인은 고사하고 코지의 주인인 듯한 커다란 남자가 나와 방이 몇 개나 필요한지, 몇 명의 일행이 머물 것인지 물었기 때문이다.

주인은 내가 길을 헤매고 있다는 것을 알고는 올라오라고 했다. "very nice view point"라며. 선택의 여지는 없었다. 조드푸르 최대의 전망지라고 쓰여 있는 것을 믿고 일행이 마을 어디에 있는지 찾기로 했다. 밖에서만 보던 푸른 벽은 안까지 연결되어 있었다. 좁은 계단은 3층 옥상까지 연결되어 있었는데 문득 4년 전 인도에서 남자 4명에게 엉덩이를 꼬집혔던 기억이 되살아나며, 혹시 여기에 갇혀 주인 남자의 놀이 상대가 되다가 죽는 건 아닐까 하는 망상이 들었다. 일행들에게 "날 인도에 두고 가라"고 했던 농담이 현실로 다가오는 것 같았다.

옥상은 정말 환상적인 전망지였다. 구시가지에서 가장 높은 주택인 데다 조드푸르의 시내와 멀리 메헤랑가르성까지 보였다. 이곳에서 보이는 네모나고 푸른 집들은 마치 인공위성에서 촬영한 빛바랜 사진 같았다. 하늘 또한 푸르러서 잠시 넋을 잃고 보았다. 하지만 코지 하우스를 중심으로 커다란 원형을 이루고 있는 이 푸르디푸른 주택가의 미로 속에서 어쩌면 빠져나갈 수 없을지도 모른다는 공포가 동시에 몰려왔다. 그런데도 내 손가락은 자동으로 카메라의 셔터를 눌러대고 있었다. 지금 생각해도 무슨 정신으로 사진을 찍었는지 모르겠다.

그렇게 얼마나 시간이 지났을까. 주인아저씨가 "What's your friend's name?"이라고 물었다. 아, 라메쉬가 날 찾아서 왔구나 하는 생각이 들었다. 서둘러 "라메쉬"라고 답하자 아저씨는 밑에 있는 누군가와 이야기를 했다. 잠시 후 누군가가 계단을 올라오는 소리가 들렸다. 한국에서부터 일행을 이끈 인솔자였다. 반가움과 안도감은 이루 말할 수 없는데도 내 입에서 튀어나온 말은, "여기 올라와보세요, 너무너무 멋있어요"였다. 사람의 마음과 머리 그리고 입은 제멋대로인가 보다. 마음이 하는 말은 '찾아줘서 너무 고마워요'였고, 머릿속의 말은 '고생시켜서 정말 미안해요'였는데, 입에서 나온 말은 '너무너무 멋있어요'였다.

인솔자가 내 앞에 서자 그제야 눈물이 쏟아지기 시작했다. 창피한 줄도 모르고 어찌나 서럽게 울었던지 화장은 지워지고 다리는 풀렸다. 그런데 더 황당한 것은 울고 있는 나를 다독이며 인솔자가 한다는 말이 "어떻게 이렇게 높은 곳까지 올라왔어요? 근데 여기 전망 끝내주네"였다. 그러고는 카메라의 셔터를 눌러대는 것이 아닌가. 도대체가 날 걱정하기나 했는지 의심스러웠지만 아마 인솔자의 입과 마음도 제멋대로인가 보다 했다.

눈물 콧물 범벅인 탓에 파인더의 초점도 제대로 맞추기 힘들었지만 그제야 블루 시티가 제대로 보였다. 그때의 기분을 무엇에 비유할 수 있을까? 한참 야단을 맞은 아이가 건네받은 사탕을 빨아 먹으면서도 여전히 울고 있는 기분이랄까? 어쨌든 이날의 교훈은 담벼락에 기대어 있는 남자아이는 찍지 말자는 것이었다.

화려함의 극치 자이나교 사원, 라낙푸르

여행 아홉째 날. 탈 많았던 조드푸르를 출발해 자이나교Jainism 사원이 있는 라낙푸르Ranakpur로 향했다. 우마이드바완성Umaid Bhawan Palace의 일출을 촬영하기 위에 잠시 버스에서 내렸는데 빈민가의 아이들과 그 아이들보다 더 어린 아이를 안고 있는 여인들이 이른 아침부터 일행을 맞고 있었다.

라낙푸르의 자이나교 사원.
화려함의 극치다.

이들의 집은 천막과 지푸라기로 얼기설기 엮어 초라하기 그지없었다. 머리는 얼마나 오랫동안 감지를 않은 것인지 빗질조차 불가능한 상태였고, 검은 피부색은 이들의 카스트를 알 수 있게 했다. 인도의 신분 제도인 카스트는 본래 'color'라는 뜻으로 신분이 높을수록 피부색이 밝기 때문이다. 안쓰러운 마음에 사탕을 꺼내자 아이들이 우르르 몰려들어 순식간에 둘러싸이고 말았다.

순간 라메쉬의 표정이 궁금했다. 슬픈 눈을 하고 있는 라메쉬는 일행을 대신해서 아이들을 쫓아내고 있었다. 흔히들 인도인은 가난하지만 행복해한

자이푸르 가는 길의 양 떼.
서서 풀을 뜯는 양과 이에 눈을 떼지 못하는 목동.
특이한 녀석은 꼭 신경을 쓰게 만든다.

다고 한다. 과연 그 행복의 척도는 누가 정하는 것이고 무엇이 척도인가. 어쩌면 그들은 행복과 불행을 구별하지 않는 것이 아닐까. 비교 대상이 있는데도 신의 뜻이라 믿고 모든 것을 받아들일 수 있을까. 정말 그게 가능하다면 인도인은 모두 해탈의 경지에 오른 초인이라고 할 수 있지 않을까. 하지만 펜, 루피, 캔디 등을 외치고 다니는 아이들을 해탈의 경지에 오른 초인이라고 할 수 있을지 의심스러웠다. 생각할수록 종교가 무서웠고, 문명의 변화도 무서웠고, 점점 심각하게 생각하고 있는 나 자신도 무서웠다. 라메쉬에게 "저

라낙푸르 가는 길.
유채를 이고 오는 여인에게 염소가 제 밥을 내놓으라며 울었다.

아이들도 과연 행복할까요" 하고 물어보았다. 그의 대답은 "이 사람들은 살아 있으니까 행복한 거예요"였다. 역시 라메쉬였다.

라낙푸르는 자이나교 사원이 세워지면서 형성된 도시로 종교와 시장 등 모든 것이 사람이라는 매개체로 엮여 있는 세상이었다. 자이나교는 기원전 6세기경에 마하비라 Mahavlra 가 불전을 정비해 세운 종교로 최고의 완성자를 지나 Jina, 최고의 완성자 라고 부른 데에서 연유한다. 불교와 여러모로 비슷한 면이 많지만 중용을 중시하는 불교와 달리 살생과 폭력을 극단적으로 거부하는 점이 특징 중 하나인데, 공기 중의 미생물을 죽일까 걱정해 마스크를 쓰는 신자도 있다고 했다. 라낙푸르는 가장 크고 오래된 자이나교 사원이 있는 곳으로, 이 사원은 1,444개의 대리석 기둥과 이 기둥마다 장식된 섬세한 조각으로 유명하다.

오후 3시경 드디어 자이나교 사원에 도착했다. 외관만 보아도 정말 아름다운 사원이었다. 단조로워 보이는 이슬람 사원과도, 거대한 성당과도, 무거워 보이는 불교 사원과도 구분되는 인도만의 색채가 느껴지는 사원이었다. 이곳에서는 신발을 벗지 말라고 해도 벗고 싶었다. 안으로 들어서니 정말로 기둥이 1,444개나 있는 게 맞는지 세다가 돌아버릴 만큼 기둥이 많았다. 다른 종교의 사원과는 달리 군데군데 햇살이 들어올 수 있는 공간을 위와 옆에 두어 조명이 따로 없는데도 밝았으며 바닥은 대리석이라 차가웠다. 햇살이 들어오는 곳에 불전함 같은 것이 있었는데 그 옆에서 낮잠을 자면 돈벼락 맞는 꿈을 꿀 수 있을 듯했다.

사원을 둘러본 후 호텔 근처의 한적한 마을에 들어가 보았다. 파란 하늘과 은근한 석양에 물들어 있는 조용한 마을이었다. 하지만 수많은 셔터 소리가 그 고요함을 깨뜨렸다. 조그맣고 귀여운 여자아이가 우물에서 펌프질을 해 놋쇠로 된 물항아리에 물을 채우고 있었는데 그 모습이 너무 예뻤기 때문이다. 이 아이는 라낙푸르에 살고 있는 소수민족인 라이카족이었다. 라이카족 여인들은 검은 피부에 뭉툭한 코, 은으로 만든 목걸이와 발찌로 치장을 하는 것이 특징이다.

분명 카메라 세례는 처음 받아봤을 텐데 아이는 어느 광고 모델보다 훌륭했다. 어쩌면 카메라가 낯설었기 때문에 표정이 더욱 살아 있는 듯했

라낙푸르의 라이카족 소녀.
사진 욕심에 그만 청동 항아리를 머리에 인 소녀를 힘들게 만들었다.

을 것이다. 수줍게 웃는 모습이 어찌나 예쁘던지 몇 십 컷은 족히 찍었던 것 같다. 필름 갈아 끼우랴, CF카드 교체하랴, 무거운 항아리를 머리에 이고 있는 아이를 그대로 세워두고 있다는 것도 잊었다. 나중에 들어보니 항아리는 아이가 들고 다니기에 꽤 무거웠다.

칸과 쑤실에게 박수를

여행 열째 날. 포근하고 아담한 추억을 선사해준 라낙푸르를 떠나 화이트 시티, 우다이푸르로 향했다. 흰 양떼구름이 파란 하늘에 떠다니는 환상적인 날씨였다. 혼자 떠난 여행이라면 라낙푸르에서 며칠 더 묵고 싶었지만 매인 몸이어서 그럴 수 없었다. 호텔을 나서는데 형제자매로 보이는 서너 명의 아이들이 물을 길어 가고, 한 녀석은 타이어를 굴리며 옮기고 있었다. 사진을 몇 컷 찍고 사탕을 주고 있는데 옆에서 구경하던 커다란 녀석들이 작은 아이의 사탕을 뺏어 가고 말았다. 내가 째려보자 자기는 뺏은 것이 아니라 받았다는 제스처를 했다. 할 수 없이 사탕 하나를 작은 아이에게 다시 줬더니 바보같이 주머니에 넣어버리고 말았다. 아껴서 먹으려는 마음은 알지만 또 빼앗기고 말 것을 알기에 사탕을 하나 더 꺼내 아예 껍질을 까서 입에 넣어줬다. 아이는 빙긋이 웃었다.

오전 12시경 우다이푸르의 시티 팰리스City Palace 궁전에 도착해 피촐라Pichola 호수를 바라보며 점심을 먹었다. 우다이푸르는 1592년에 우다이 싱 왕이 건설한 도시로 인도에서 가장 아름다운 휴양지로 꼽히는데, 영화 〈007 옥토퍼시〉의 촬영지로도 유명하다. 화이트 시티답게 건물들은 하얗게 페인트칠이 되어 있었고, 특히 시티 팰리스 내부의 화려한 모자이크들은 매우 아름답고 정교했다.

보트를 타고 피촐라 호수를 한 바퀴 돈 후 호수 궁전이었던 레이크 팰리스Lake Palace 호텔에서 커피를 한 잔 마셨다. 이번 여행에서 촬영 없이 여유롭게 시간을 보낸 것은 이날이 처음이었다. 도시와 웅장한 건물을 사진으로 담는 것은 별로 당겨하지 않는 성향 탓이었다. 대신 따사로운 햇살과 구름, 비둘기 떼를 보며 휴양지에 들른 보람을 찾았다. 호텔로 들어가기엔 좀 이른 시간이었는지 라메쉬는 일정에도 없던 몬순 팰리스Monsoon Palace를 보러 간다고 했다. 몬순 팰리스는 피촐라 호수 건너편 산에 있는 마하라자의 궁전이었다. 이곳에서의 일몰이 환상이라고 하기에 들러 보기로 했다.

해발 고도 990미터에 위치한 몬순 팰리스로 오르는 길은 경사가 매우 급하고 한쪽은 절벽이며, 도로의 폭이 좁고 커브의 각도가 너무 깊어 35인승 버스가 한 번에 커브를 돌기에는 도저히 불가능해 보였다. 나중에 내려오고 나서 들으니 버스로 정상까지 오른 이들은 우리가 처음이라고 했다. 하지만 우리의 운전기사 칸은 단 두 번의 핸들 조작으로 수십 번의 커브를 돌아 정상에 올랐다. 생각해보니 버스에는 일행과 인솔자 등 스무 명이 타고 있었고 20킬로그램이 넘는 각자의 캐리어 가방이 18개 이상, 무거운 카메라 장비까지 실려 있었다. 그 상태로 정상에 오르는 것은 너무 무모한 일이었다. 중간에 모두 내려 버스를 밀고 올라가야 하는 것은 아닌지 내내 걱정이 되었다. 그렇다고 후진해서 급커브 길을 내려간다는 것은 그 어떤 유능한 운전기사라고 해도 불가능한 일이었다. 드디어 타이어에서 연기가 나기 시작했고 고무 타는 냄새는 불안감을 더욱 부추겼다. 일행들은 숨죽인 듯 고요했다. 아마 각자가 믿는 신에게 기도를 하고 있는 듯했다. 그렇게 10여 분을 올랐을까, 드디어 몬순 팰리스에 도착했다. 칸에게 박수 칠 만반의 준비는 되어 있었다. 우레와 같은 환호에 우리의 칸은 환한 미소로 답해주었다.

하지만 그 고생을 하며 올라갔던 몬순 팰리스는 그다지 인상적인 모습이 아니었다. 그도 그럴 것이 그 높은 곳까지 돌과 대리석을 올리기가 쉽지 않았을 것이기 때문이다. 그래도 우리는 무척 운이 좋았다. 오르자마자 일몰이 시작됐던 것이다. 종일 파란 하늘을 수놓았던 깃털, 양 떼, 도넛 모양의 구름들이 석양으로 붉게 물들어 환상적인 일몰을 만들었다. 하지만 마음 편히 일몰을 감상하기엔 하행길이 너무 부담스러웠다. 더 어두워지기 전에 내려가야 했다. 운전 보조기사인 쑤실이 어디서 사람 머리만 한 커다란 돌덩이를 갖고 탔다. 커브에서 후진할 때 차가 앞으로 밀릴 것을 대비한 버팀목용 돌이었다. 칸도 쑤실도 내심 걱정되었을 것이다. 올라갈 때보다 내려갈 때의 커브는 더욱 위협적이어서 다들 숨죽이고 있었다.

하지만 우리의 칸은 이번에도 실망시키지 않았고, 버팀목용 돌덩이는 단 한 번도 제 역할을 못하고 커브를 벗어나자 버려졌다. 정말 칸에게 감사한 마음이 가득했다. 만약 그 절벽에서 버스가 굴렀다면 "한국인 관광객을 태운 버스 급커브에서 추락, 생존자는 없음"이라는 제목의 뉴스가 인도 및 전 세계에 속보로 방송되었을 것이다. 호텔로 돌아온 후 파테사가르 FatehSagar 호수를 바라보며 저녁을 먹고 잠이 들었다. 스쿠터를 타고 몬순 팰리스에 오르는 꿈을 꾸었다.

고속도로 휴게소의 화장실

여행 열한째 날. 핑크 시티, 자이푸르로 향했다. 출발한 지 한 시간쯤 지났을까 백여 마리는 될 법한 양 떼와 빨간 터번을 두른 잘생긴 양치기를 만났다. 피부색이 좀 검어서 그렇지 한국에서라면 분명 영화배우를 해도 될 외모였다. 하지만 워낙 이목구비가 뚜렷한 나라에서 이 정도 외모는 양치기 수준이었다. 무리에서 꼭 하나씩 튀는 사람이 있듯 풀을 뜯는 수많은 양 떼 가운에 두 발로 일어서서 나뭇잎을 따 먹는 양 한 마리가 보였다. 모두가 "YES"라고 해도 "NO"라고 할 자신이 있다는 듯 녀석은 안간힘을 쓰며 고집을 부리고 있었다. 때마침 양떼구름이 펼쳐져 있어 광각렌즈로 양 떼와 함께 찍으니 제법 예쁜 사진이 되었다.

4시간가량 이어진 이동에 지친 일행들은 휴식을 취하고 급한 볼일도 보기 위해 고속도로 주변의 휴게소에서 잠시 쉬었다 가기로 했다. 휴게소라고 해봐야 나뭇가지와 지푸라기로 대충 만든 가게에서 차이와 차파티 chapāti: 밀가루를 반죽해 얇고 둥글게 밀어 만든 인도의 빵 정도를 파는 수준이었지만, 중요한 것은 그게 아니라 화장실이 없다는 것이었다. 결국 남자들은 가게 앞에서, 여자들은 뒤에서 볼일을 보기로 했다. 여자들이 한 줄로 흰 엉덩이를 보이고 앉아 있는 모습은 가관이었지만, 참을 만큼 참아 한꺼번에 쏟아지는 소변은 기세 좋게 주변의 돌들을 침식시키고 신발에까지 튀었다.

조금 찝찝했지만 뭐 어떠랴. 어차피 내가 밟고 온 땅도 인도인의 똥과 오줌으로 덮여 있었는데. 자세히 보니 가게의 주변은 똥투성이였다. 하지만 별로 더럽다는 생각이 들지 않았다. 휴지가 없었기 때문이다. 인도인들은 대변을 본 후에 손으로 닦기 때문에 휴지가 보이지 않았던 것이다. 사실 휴지는 뭔가 더러운 것을 닦는 데 사용하므로 그것이 보이지 않는 한 똥은 더 이상 더러운 것이 아닐 것이다. 인도에 와서 별걸 다 철학적으로 생각하는 버릇이 생겼다.

오후 3시, 드디어 라자스탄의 주도 자이푸르에 들어섰다. 자이푸르성의 정문을 통과하자 하와마할 Hawa Mahal 궁전이 나타났다. 하와마할은 마치 벌집처럼 격자형 창문이 줄지어 있어, '바람의 궁전 Palace Of Wind'이라는 애칭으로도 불리고 있다. 궁전의 부녀자들은 이 창을 통해 시가지에서 벌어지는 축제나 행진을 지켜보았다고 한다. 이곳을 중심으로 1층에는 상가, 2~3층에는 주택인 핑크색 건물들이 양쪽으로 늘어서 있었다. 자이푸르가 핑크 시티가 된 것은 1876년 영국 웨일스 왕자의 방문을 기념해 환영을 나타내는 그들의 전통색인 분홍으로 건물들을 칠한 것에서 연유한다.

여행 열두째 날 아침 7시, 암베르 Amber 성에 올랐다. 이 성은 아침의 부드러운 햇살을 받으면 보석인 호박처럼 투명한 갈색빛을 띤다고 해서 '앰버 amber성'이라고도 불린다. 코끼리를 타고 올라갔다가 걸어 내려오는데 수학여행을 왔는지 초등학교 고학년쯤으로 보이는 깔끔한 교복을 입은 아이들이 우르르 올라왔다. 이 아이들에게 엽서를 팔고 있는 아이는 그들과 또래였다. 안쓰러운 마음에 그 아이에게 사탕을 몇 개 쥐어주었다. 버스가 막 출발하려 할 때 초콜릿을 먹으려다 무심코 창밖을 쳐다보았는데 중년의 비쩍 마른 아주머니가 먹을 것을 입에 넣는 시늉을 하며 눈물을 글썽였다. 입에 넣으려던 초콜릿을 주며 "그래도 인도인은 행복하다"고 할 수 있는지 묻고 싶었다.

점심 식사 후 유채밭이 있는 작은 마을에 들렀다. 노란 유채밭 사이로 유채단을 머리에 이고 나오는 아주머니, 소똥을 벽에 펴서 바른 후 그림을 새긴 벽 등등을 카메라에 담고 나서 무심코 고개를 뒤로 돌렸는데 말린 소똥을 나르고 있는 할머니가 보였다. 마치 접시 몇 장을 손가락에 끼워서 묘기를 부리는 듯했다. 그 모습을 보자 소똥이 마른 피자처럼 보여 이젠 나도 아무렇지 않게 소통을 만질 수 있을 것 같았다.

피로가 쌓였는지 버스에서 내내 곯아떨어졌다. 얼마나 잤을까, 칸은 버스를 멈추고 통행료를 내고 있었다. 라자스탄을 벗어나 우타르프라데시 Uttar Pradesh 주로 들어섰던 것이다. 무굴제국 최초의 수도, 아그라 Agra 에서 인도 여행의 마지막 밤이 흐르고 있었다.

뭄타즈 마할이 꿈꾸는 세상

여행 열세째 날. 새벽 5시에 호텔을 나서 타지마할 Tāj Mahal 로 향했다. 타지마할을 끼고 오른쪽으로 돌아 야무나 Yamuna 강을 건너 강에 반영된 타지마할을 찍기로 했다. 반영된 타지마할을 보자 나를 빼고 온 세상이 뒤집힌 것처럼 느껴져 외로웠다. 야무나 강의 흐름 때문에 이 견고한 타지마할이 흔들려 보이듯, 우리 모두는 이렇게 흔들리며 살아가고 있는 것이다. 그러니 더 이상의 외로움은 사치라는 생각이 들었다. 참고로 지금의 야무나 강은 철조망을 쳐놓아 새벽에 건널 수 없게 되었다고 한다. 그래서 오지 여행은 하루라도 빨리 떠나야 더 오지다운 모습을 만나게 되는 것이다.

아침인데도 타지마할은 사람들로 북적였다. 테러에 대비해 밤에는 모든 등을 꺼놓는다는 인도의 보물 타지마할. 이를 지키기 위해 곳곳에 장총을 든 군인들이 경비를 서고 있었다. 타지마할은 궁전이 아니라 무굴제국의 샤자한 Shah Jahan 이 사랑했던 왕비, 뭄타즈 마할 Mumtax Mahal 의 무덤이다.

야무나강에서 바라본 타지마할.
왕비 뭄타즈마할은 이런 세상을 기대했을까.

왕비의 무덤은 정문과 일직선에 두고 자신의 무덤은 그 옆에 두었으니 왕비를 위해 왕의 권위를 양보한 셈이다. 이토록 아름다운 세계문화유산에 잠들었으니 뭄타즈마할은 죽어서까지 모든 여성의 부러움을 살 수밖에 없었다. 하지만 개똥밭에 굴러도 이승이 좋다는 말이 있듯 살아 있을 때 사랑받고 그리워하는 것이 더 행복하지 않을까.

힌두교에서는 살인은 잘못이지만 그로 인해 누군가가 좋아질 수 있다면 그 살인은 죄가 아니라고 한다. 그러니 힌두교의 기준에서는 현세의 도덕적 시비是非가 어려울지도 모르겠다. 오로지 신에 대한 격렬한 마음과 기도만이 진실일 뿐이다. 그래서 인도를 '신들의 나라'라고 하는 것이며 인도인들의 눈빛이 불교 국가인 라오스나 미얀마 사람들과는 다른 게 아닐까 생각한다. 조용한 불심과 격렬한 힌두이즘의 차이가 가난한 라오스와 변화하는 인도의 차이를 만든 게 아닐까.

인도인들에겐 '딜리 두르헤'라는 말이 널리 알려져 있다. '델리는 멀다'라는 뜻이다. 이 말이 언제부터 퍼졌는지는 알 수 없지만 두 가지의 의미로 해석할 수 있을 듯싶다. 하나는 인도 땅이 드넓어 무굴제국의 수도였던 델리까지 가는 길이 너무 멀다는 뜻이고, 다른 하나는 델리가 풍요롭고 발전된 도시이긴 하지만 꿈을 이루기에는 가혹한 곳이란 의미다. 지금의 인도는 후자의 의미가 더 와 닿는다. 그렇기에 그들이 그렇게 신들에게 의지해 고통스러운 현세를 잊고자 하는 게 아닐까. '딜리 두르헤'는 인도만의 이야기는 아닐 것이다.

두 번의 라자스탄 여행을 통해 라메쉬와 나는 친구가 되었다. 이젠 그도 아저씨 대열에 들어섰지만, 그가 명석하고 유머러스하면서도 따뜻한 마음을 가진 올바른 지식인이라는 믿음은 여전히 변함이 없다. 인도인들에게 브라만, 비슈누, 시바, 그리고 갠지스강이 영원히 흐르는 것처럼 말이다.

지은이

남경우

현재 연수여자고등학교에서 사회(지리)를 가르치고 있는 저자는 학습 효과를 높일 방법보다 어떤 이야기로 학생들에게 재미와 감동을 줄까 고민하는 조금 별난 선생이다. 교과서 내용으로 수업을 시작하기보다 삶에 대한 이야기로 공감대를 형성한 후 학생들을 가르치는 것이 훨씬 중요하다고 생각하기 때문이다.

저자가 여행과 사진에 빠지게 된 것은 서른 중반, 다소 늦은 나이였다. 십 년간의 교직 생활에 지쳐 있을 때 일본으로 떠난 일 년 반 동안의 연수 생활은 이후의 인생을 바꾸어놓았다. "앞으로 나아가지 않아도 좋다, 머무를 때 비로소 보이는 것들이 있으니. 그것은 우리를 행복하게 한다"라는 삶의 모토가 생긴 것이다. 그리하여 재미있게 살아가던 중 2002년에 떠난 인도 여행을 계기로 사진을 배우기 시작했다. 자신이 본 문화적 충격을 담아내기에 '똑딱이' 카메라로는 한계가 있다는 것을 느낀 것이다.

저자는 늘 자신의 사진 속 사람들을 그리워한다. 이방인인 자신에게 눈물과 웃음을 보여준 그들이 고맙고, 그들의 삶에 감사하며, 그들을 만나 그들의 시간을 기록할 수 있었던 행운에 행복해한다.

유별나다 싶을 만큼의 결벽증을 가진 저자가 지금껏 다닌 여행지는 아이러니하게도 번화한 도시가 아닌, 소수민족이 모여 살거나 수도승이 몰려드는 벽촌이다. 나라마다 지역마다 시골 마을은 하나같이 경이로울 정도로 다채롭다. 그런데도 포근하면서도 서글픈 시골만의 정서는 어쩌면 그리도 한결같은지 떠나고 나면 늘 눈물나게 그립다. 그러니 그녀의 시골 여행은 계속될 것이다. 지구촌 곳곳 좀 더 깊숙한 곳에 살고 있는 사람들을 만나기 위해.

남경우
홈페이지 _www.namkyungwoo.net
블로그 _http://blog.daum.net/adlong
홈페이지와 블로그에 오시면 책 속에 다 싣지 못한 사진을 보실 수 있습니다.

아시아 시골 여행

지은이 | 남경우
펴낸이 | 김종수
펴낸곳 | 한울엠플러스(주)

초판 1쇄 발행 | 2011년 6월 20일
초판 2쇄 발행 | 2016년 11월 30일

주소 | 10881 경기도 파주시 광인사길 153 한울시소빌딩 3층
전화 | 031-955-0655
팩스 | 031-955-0656
홈페이지 | www.hanulmplus.kr
등록 | 제406-2015-000143호

Printed in Korea.
ISBN 978-89-460-6239-9 03980

* 가격은 겉표지에 표시되어 있습니다.

뉴욕 사람들: 미국학자가 쓴 뉴욕 여행

이현송 지음/ 376면/ 2012.7 발행

뉴요커의 삶은 드라마 속에서처럼 정말 화려할까? 새로운 시선으로 바라본 뉴욕, 뉴욕 사람들

뉴욕은 그곳에 살고 있거나 그곳을 찾는 다양한 사람들로 더욱 빛나는 도시다. 이 책은 뉴욕 사람들의 문화를 음미함으로써 뉴욕이라는 장소를 새로운 시선으로 바라보게 한다. 더불어 미국의 문화와 사회에 대한 깊이 있는 이해를 제공한다.

세계의 도시를 가다 1: 유럽과 아프리카의 도시들

국토연구원 엮음/ 강현수 · 경신원 · 고영석 외 지음/ 280면/ 2015.2 발행

세계의 도시를 가다 2: 아시아, 아메리카, 오세아니아의 도시들

국토연구원 엮음/ 강미나 · 강현수 · 권대한 외 지음/ 280면/ 2015.2 발행

경험과 애정을 바탕으로 한, 삶으로서의 도시 읽기

이 책은 대륙별로 분류된 총 54개 도시를 두 권으로 나누어 소개한다. 각 도시가 지닌 다양한 속성을 쉽게 이해할 수 있도록 인위적인 분류를 피했고 해당 도시의 개성이 드러나는 키워드를 제목으로 한 것이 특징이다. 여행자의 시각이 아닌 도시계획가의 시각으로 도시를 바라봄으로써 도시의 또 다른 매력과 생명력을 느낄 수 있을 것이다.

가족과 함께 떠나는 유럽 배낭여행

이범구 · 예은영 · 이채은 · 이시현 지음/ 200면/ 2012.8 발행

(사회의 역사로 다시 읽는) 독일 프로테스탄트 교회의 역사

장수한 지음/ 448면/ 2016.3 발행

종교개혁, 길 위에서 길을 묻다

열흘간의 다크 투어리즘

장수한 지음/ 382면/ 2016.10 발행

유럽 커피문화 기행

장수한 지음/ 348면/ 2008.11 발행